"十三五"应用型人才培养规划教材

软件工程

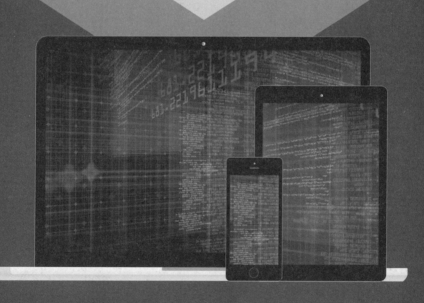

陈恒 骆焦煌 主编

景雨 刘海燕 连和谬 副主编

清华大学出版社
北京

内容简介

本书采用"教学做"一体化模式编写，合理地组织学习单元，并将每个单元分解为核心知识、能力目标、任务驱动、实践环节4个模块。全书共10章，第1章是软件工程基本概念，第2~7章顺序介绍了软件生命周期各阶段任务、过程、结构化方法和工具，第8章讲述了面向对象方法学，第9章介绍了软件项目管理，第10章给出了经典的软件工程实验以及一个综合实例。书中实例侧重实用性和启发性，通俗易懂，使读者能够快速掌握软件工程的基础知识与项目管理技能，为适应实战应用打下坚实的基础。

本书适合作为高等院校"软件工程"课程的教材或教学参考书，也适合作为有一定经验的软件工作人员的参考用书。

本书封面贴有清华大学出版社防伪标签，无标签者不得销售。

版权所有，侵权必究。举报: 010-62782989, beiqinquan@tup.tsinghua.edu.cn。

图书在版编目(CIP)数据

软件工程/陈恒，骆焦煌主编. —北京: 清华大学出版社，2017(2025.1重印)
("十三五"应用型人才培养规划教材)
ISBN 978-7-302-47285-8

Ⅰ.①软… Ⅱ.①陈… ②骆… Ⅲ.①软件工程－高等学校－教材 Ⅳ.①TP311.5

中国版本图书馆 CIP 数据核字(2017)第 122637 号

责任编辑: 田在儒
封面设计: 牟兵营
责任校对: 赵琳爽
责任印制: 杨 艳

出版发行: 清华大学出版社
网　　址: https://www.tup.com.cn, https://www.wqxuetang.com
地　　址: 北京清华大学学研大厦 A 座　　　　　邮　编: 100084
社 总 机: 010-83470000　　　　　　　　　　　邮　购: 010-62786544
投稿与读者服务: 010-62776969, c-service@tup.tsinghua.edu.cn
质量反馈: 010-62772015, zhiliang@tup.tsinghua.edu.cn
课件下载: https://www.tup.com.cn, 010-83470410

印 装 者: 大厂回族自治县彩虹印刷有限公司
经　　销: 全国新华书店
开　　本: 185mm×260mm　　印　张: 17.75　　字　数: 402 千字
版　　次: 2017 年 7 月第 1 版　　　　　　　　印　次: 2025 年 1 月第 6 次印刷
定　　价: 49.00元

产品编号: 073627-02

本书按照"教学做"一体化模式精编了软件工程的核心内容,以核心知识、能力目标、任务驱动和实践环节为模块组织本书的体系结构。核心知识体现最重要和实用的知识,是教师需要重点讲解的内容;能力目标提出学习核心知识后应具备的能力;任务驱动给出了教师和学生共同来完成的任务;实践环节给出了需要学生独立完成的实践活动。

全书共10章。第1章概括地介绍了软件工程基本概念,包括软件、软件危机、软件工程、软件生命周期与常用模型。第2~7章按软件生命周期的顺序讲解了各阶段的任务、过程、方法和工具。其中,第2章重点讲述了如何使用系统流程图和数据流图分别描绘系统的物理模型和逻辑模型;第3章是需求分析与建模的有关知识,包括需求分析过程、需求获取方法、结构化分析建模工具以及软件需求规格说明书的内容框架;第4章和第5章是有关软件设计的知识,详细地介绍了软件设计的原理、工具、方法和文档,包括模块化设计原理、软件结构及描绘它的图形工具、面向数据流的设计方法、面向数据结构的设计方法以及设计文档的内容框架;第6章是关于系统实现的知识,重点讲述了系统实现的原理、技术和方法,包括编码、单元测试、集成测试、白盒测试、黑盒测试以及JUnit单元测试工具;第7章是有关软件维护的知识,包括维护策略与方法。第8章系统地讲解了面向对象方法学的有关知识,包括面向对象的基本概念、面向对象分析建模的原理与方法、面向对象程序的设计模式以及设计模式的应用。第9章讲述了软件项目管理的概念、原理、方法与技术,包括成本管理、进度管理、配置管理、风险管理、过程管理以及管理工具Microsoft Project的应用。第10章由实验和综合实例组成,其目的是训练学生综合运用知识的能力,巩固本书前9章所学知识,提高工程实践与管理的能力。

本书特别注重引导学生参与课堂教学活动,适合高等院校相关专业作为"教学做"一体化的教材,也可以供软件工程爱好者、从业者自学使用。

为了便于教学,本书配有教学课件和实践环节与课后习题参考答案,读者可从清华大学出版社网站免费下载。

由于编者水平有限,书中难免存在错误和疏漏之处,敬请广大读者给予批评指正。

编 者
2017年5月

目 录 CONTENTS

第 1 章　软件工程基本概念 ………………………………………………… 1

  1.1　软件危机与软件工程 ………………………………………………… 1
      1.1.1　核心知识 ………………………………………………… 1
      1.1.2　能力目标 ………………………………………………… 3
      1.1.3　任务驱动 ………………………………………………… 3
      1.1.4　实践环节 ………………………………………………… 3
  1.2　软件生命周期 ………………………………………………… 3
      1.2.1　核心知识 ………………………………………………… 3
      1.2.2　能力目标 ………………………………………………… 5
      1.2.3　任务驱动 ………………………………………………… 6
      1.2.4　实践环节 ………………………………………………… 6
  1.3　常用的软件开发模型 ………………………………………………… 6
      1.3.1　核心知识 ………………………………………………… 6
      1.3.2　能力目标 ………………………………………………… 7
      1.3.3　任务驱动 ………………………………………………… 7
      1.3.4　实践环节 ………………………………………………… 8
  1.4　小结 ………………………………………………… 9
  习题 1 ………………………………………………… 10

第 2 章　可行性研究 ………………………………………………… 12

  2.1　可行性研究概述 ………………………………………………… 12
      2.1.1　核心知识 ………………………………………………… 12
      2.1.2　能力目标 ………………………………………………… 15
      2.1.3　任务驱动 ………………………………………………… 15
      2.1.4　实践环节 ………………………………………………… 15
  2.2　可行性研究报告 ………………………………………………… 15
      2.2.1　核心知识 ………………………………………………… 15
      2.2.2　能力目标 ………………………………………………… 16
      2.2.3　任务驱动 ………………………………………………… 16

        2.2.4 实践环节 ………………………………………………… 16
   2.3 系统流程图 ……………………………………………………… 17
        2.3.1 核心知识 ………………………………………………… 17
        2.3.2 能力目标 ………………………………………………… 19
        2.3.3 任务驱动 ………………………………………………… 19
        2.3.4 实践环节 ………………………………………………… 19
   2.4 数据流图及数据字典 …………………………………………… 20
        2.4.1 核心知识 ………………………………………………… 20
        2.4.2 能力目标 ………………………………………………… 24
        2.4.3 任务驱动 ………………………………………………… 25
        2.4.4 实践环节 ………………………………………………… 27
   2.5 成本/效益分析 …………………………………………………… 28
        2.5.1 核心知识 ………………………………………………… 28
        2.5.2 能力目标 ………………………………………………… 29
        2.5.3 任务驱动 ………………………………………………… 29
        2.5.4 实践环节 ………………………………………………… 29
   2.6 小结 ……………………………………………………………… 29
   习题 2 ………………………………………………………………… 29

第 3 章 需求分析 ………………………………………………………… 34
   3.1 需求分析概述 …………………………………………………… 34
        3.1.1 核心知识 ………………………………………………… 34
        3.1.2 能力目标 ………………………………………………… 36
        3.1.3 任务驱动 ………………………………………………… 36
        3.1.4 实践环节 ………………………………………………… 37
   3.2 需求获取方法 …………………………………………………… 37
        3.2.1 核心知识 ………………………………………………… 37
        3.2.2 能力目标 ………………………………………………… 38
        3.2.3 任务驱动 ………………………………………………… 39
        3.2.4 实践环节 ………………………………………………… 39
   3.3 需求分析与建模 ………………………………………………… 40
        3.3.1 核心知识 ………………………………………………… 40
        3.3.2 能力目标 ………………………………………………… 43
        3.3.3 任务驱动 ………………………………………………… 43
        3.3.4 实践环节 ………………………………………………… 44
   3.4 软件需求规格说明 ……………………………………………… 45
        3.4.1 核心知识 ………………………………………………… 45
        3.4.2 能力目标 ………………………………………………… 46
        3.4.3 任务驱动 ………………………………………………… 46

3.4.4　实践环节 ··· 46
3.5　需求验证与管理 ·· 46
　　　3.5.1　核心知识 ··· 46
　　　3.5.2　能力目标 ··· 47
　　　3.5.3　任务驱动 ··· 47
　　　3.5.4　实践环节 ··· 47
3.6　案例分析——图书管理系统需求分析 ································· 47
3.7　小结 ·· 52
习题 3 ·· 52

第 4 章　概要设计 ·· 56

4.1　设计概述 ··· 56
　　　4.1.1　核心知识 ··· 56
　　　4.1.2　能力目标 ··· 57
　　　4.1.3　任务驱动 ··· 57
　　　4.1.4　实践环节 ··· 58
4.2　设计原理 ··· 58
　　　4.2.1　核心知识 ··· 58
　　　4.2.2　能力目标 ··· 62
　　　4.2.3　任务驱动 ··· 62
　　　4.2.4　实践环节 ··· 63
4.3　设计工具 ··· 64
　　　4.3.1　核心知识 ··· 64
　　　4.3.2　能力目标 ··· 67
　　　4.3.3　任务驱动 ··· 67
　　　4.3.4　实践环节 ··· 67
4.4　设计方法 ··· 67
　　　4.4.1　核心知识 ··· 68
　　　4.4.2　能力目标 ··· 75
　　　4.4.3　任务驱动 ··· 75
　　　4.4.4　实践环节 ··· 76
4.5　设计文档 ··· 76
　　　4.5.1　核心知识 ··· 76
　　　4.5.2　能力目标 ··· 77
　　　4.5.3　任务驱动 ··· 77
　　　4.5.4　实践环节 ··· 77
4.6　案例分析——图书管理系统概要设计 ································· 77
4.7　小结 ·· 79
习题 4 ·· 79

第 5 章 详细设计 82

5.1 设计概述 82
5.1.1 核心知识 82
5.1.2 能力目标 83
5.1.3 任务驱动 83
5.1.4 实践环节 83

5.2 设计工具 83
5.2.1 核心知识 83
5.2.2 能力目标 87
5.2.3 任务驱动 87
5.2.4 实践环节 88

5.3 设计方法 88
5.3.1 核心知识 88
5.3.2 能力目标 93
5.3.3 任务驱动 93
5.3.4 实践环节 94

5.4 设计文档 95
5.4.1 核心知识 95
5.4.2 能力目标 95
5.4.3 任务驱动 95
5.4.4 实践环节 95

5.5 McCabe 方法 95
5.5.1 核心知识 96
5.5.2 能力目标 96
5.5.3 任务驱动 97
5.5.4 实践环节 98

5.6 案例分析——图书管理系统详细设计 98
5.7 小结 100
习题 5 100

第 6 章 编码与测试 102

6.1 编码 102
6.1.1 核心知识 102
6.1.2 能力目标 104
6.1.3 任务驱动 104
6.1.4 实践环节 104

6.2 测试概述 104
6.2.1 核心知识 104

    6.2.2 能力目标 …………………………………………………………… 107
    6.2.3 任务驱动 …………………………………………………………… 107
    6.2.4 实践环节 …………………………………………………………… 107
  6.3 单元测试 ………………………………………………………………… 107
    6.3.1 核心知识 …………………………………………………………… 107
    6.3.2 能力目标 …………………………………………………………… 110
    6.3.3 任务驱动 …………………………………………………………… 110
    6.3.4 实践环节 …………………………………………………………… 111
  6.4 集成测试 ………………………………………………………………… 111
    6.4.1 核心知识 …………………………………………………………… 111
    6.4.2 能力目标 …………………………………………………………… 114
    6.4.3 任务驱动 …………………………………………………………… 114
    6.4.4 实践环节 …………………………………………………………… 114
  6.5 白盒测试技术 …………………………………………………………… 115
    6.5.1 核心知识 …………………………………………………………… 115
    6.5.2 能力目标 …………………………………………………………… 119
    6.5.3 任务驱动 …………………………………………………………… 119
    6.5.4 实践环节 …………………………………………………………… 120
  6.6 黑盒测试技术 …………………………………………………………… 120
    6.6.1 核心知识 …………………………………………………………… 121
    6.6.2 能力目标 …………………………………………………………… 124
    6.6.3 任务驱动 …………………………………………………………… 124
    6.6.4 实践环节 …………………………………………………………… 125
  6.7 JUnit 单元测试 ………………………………………………………… 125
    6.7.1 核心知识 …………………………………………………………… 125
    6.7.2 能力目标 …………………………………………………………… 136
    6.7.3 任务驱动 …………………………………………………………… 136
    6.7.4 实践环节 …………………………………………………………… 137
  6.8 案例分析——图书管理系统测试 ……………………………………… 138
  6.9 小结 ……………………………………………………………………… 138
  习题 6 ………………………………………………………………………… 139

第 7 章 维护 ………………………………………………………………………… 144

  7.1 维护概述 ………………………………………………………………… 144
    7.1.1 核心知识 …………………………………………………………… 144
    7.1.2 能力目标 …………………………………………………………… 146
    7.1.3 任务驱动 …………………………………………………………… 146
    7.1.4 实践环节 …………………………………………………………… 147
  7.2 维护实施过程 …………………………………………………………… 147

		7.2.1 核心知识	147
		7.2.2 能力目标	149
		7.2.3 任务驱动	150
		7.2.4 实践环节	150
	7.3	软件的可维护性	150
		7.3.1 核心知识	150
		7.3.2 能力目标	151
		7.3.3 任务驱动	151
		7.3.4 实践环节	151
	7.4	小结	152
	习题 7		152

第 8 章 面向对象方法学 …… 154

8.1	面向对象方法概述	154
	8.1.1 核心知识	154
	8.1.2 能力目标	157
	8.1.3 任务驱动	157
	8.1.4 实践环节	157
8.2	面向对象分析建模	157
	8.2.1 核心知识	157
	8.2.2 能力目标	159
	8.2.3 任务驱动	159
	8.2.4 实践环节	159
8.3	建立对象模型	160
	8.3.1 核心知识	160
	8.3.2 能力目标	163
	8.3.3 任务驱动	163
	8.3.4 实践环节	163
8.4	建立动态模型	164
	8.4.1 核心知识	164
	8.4.2 能力目标	166
	8.4.3 任务驱动	166
	8.4.4 实践环节	167
8.5	建立功能模型	167
	8.5.1 核心知识	167
	8.5.2 能力目标	169
	8.5.3 任务驱动	169
	8.5.4 实践环节	170
8.6	设计模式简介	170

8.6.1 核心知识 …………………………………………………………… 171
　　　8.6.2 能力目标 …………………………………………………………… 183
　　　8.6.3 任务驱动 …………………………………………………………… 183
　　　8.6.4 实践环节 …………………………………………………………… 185
　8.7 面向对象的程序设计与实现 …………………………………………………… 185
　　　8.7.1 核心知识 …………………………………………………………… 185
　　　8.7.2 能力目标 …………………………………………………………… 188
　　　8.7.3 任务驱动 …………………………………………………………… 188
　　　8.7.4 实践环节 …………………………………………………………… 193
　8.8 案例分析——图书管理系统分析与设计 ……………………………………… 193
　　　8.8.1 图书管理系统分析 ………………………………………………… 193
　　　8.8.2 图书管理系统设计 ………………………………………………… 199
　8.9 小结 ……………………………………………………………………………… 202
　习题 8 ………………………………………………………………………………… 202

第 9 章 软件项目管理 ………………………………………………………………… 203

　9.1 软件项目管理概述 ……………………………………………………………… 203
　　　9.1.1 核心知识 …………………………………………………………… 203
　　　9.1.2 能力目标 …………………………………………………………… 206
　　　9.1.3 任务驱动 …………………………………………………………… 207
　　　9.1.4 实践环节 …………………………………………………………… 207
　9.2 软件项目成本管理 ……………………………………………………………… 207
　　　9.2.1 核心知识 …………………………………………………………… 208
　　　9.2.2 能力目标 …………………………………………………………… 213
　　　9.2.3 任务驱动 …………………………………………………………… 214
　　　9.2.4 实践环节 …………………………………………………………… 215
　9.3 软件项目进度管理 ……………………………………………………………… 215
　　　9.3.1 核心知识 …………………………………………………………… 215
　　　9.3.2 能力目标 …………………………………………………………… 219
　　　9.3.3 任务驱动 …………………………………………………………… 219
　　　9.3.4 实践环节 …………………………………………………………… 220
　9.4 软件项目配置管理 ……………………………………………………………… 220
　　　9.4.1 核心知识 …………………………………………………………… 220
　　　9.4.2 能力目标 …………………………………………………………… 224
　　　9.4.3 任务驱动 …………………………………………………………… 224
　　　9.4.4 实践环节 …………………………………………………………… 224
　9.5 软件项目风险管理 ……………………………………………………………… 224
　　　9.5.1 核心知识 …………………………………………………………… 225
　　　9.5.2 能力目标 …………………………………………………………… 232

9.5.3 任务驱动 ·· 232
9.5.4 实践环节 ·· 233
9.6 CMM 与 CMMI ·· 233
9.6.1 核心知识 ·· 233
9.6.2 能力目标 ·· 236
9.6.3 任务驱动 ·· 236
9.6.4 实践环节 ·· 236
9.7 项目管理工具 Microsoft Project 及使用 ·· 236
9.7.1 核心知识 ·· 236
9.7.2 能力目标 ·· 245
9.7.3 任务驱动 ·· 245
9.7.4 实践环节 ·· 245
9.8 小结 ·· 245
习题 9 ·· 246

第 10 章 软件工程实验 ·· 248

10.1 结构化分析实验 ·· 248
10.1.1 实验目的 ·· 248
10.1.2 实验环境 ·· 248
10.1.3 实验内容 ·· 248
10.1.4 实验成果 ·· 250
10.2 数据库概念结构设计实验 ·· 250
10.2.1 实验目的 ·· 250
10.2.2 实验环境 ·· 250
10.2.3 实验内容 ·· 250
10.2.4 实验成果 ·· 250
10.3 结构化设计实验 ·· 251
10.3.1 实验目的 ·· 251
10.3.2 实验环境 ·· 251
10.3.3 实验内容 ·· 251
10.3.4 实验成果 ·· 251
10.4 软件测试实验 ·· 251
10.4.1 实验目的 ·· 251
10.4.2 实验环境 ·· 252
10.4.3 实验内容 ·· 252
10.4.4 实验成果 ·· 254
10.5 软件项目管理实验 ·· 254
10.5.1 实验目的 ·· 254
10.5.2 实验环境 ·· 254

		10.5.3 实验内容 ………………………………………………………… 255

        10.5.3 实验内容 ………………………………………………………… 255
        10.5.4 实验成果 ………………………………………………………… 255
  10.6 综合实例——网上书店系统 ……………………………………………… 255
        10.6.1 问题定义 ………………………………………………………… 255
        10.6.2 系统需求分析 …………………………………………………… 256
        10.6.3 软件设计 ………………………………………………………… 260
        10.6.4 系统测试 ………………………………………………………… 264

参考文献 ……………………………………………………………………………… 267

软件工程基本概念

主要内容

(1) 软件危机与软件工程。
(2) 软件生命周期。
(3) 软件工程的常用模型。

随着计算机科学技术的迅速发展,如何更有效地开发软件产品越来越受到人们的重视。同时,由于软件复杂程度的不断增加,开发和维护的一系列严重问题(软件危机)随之产生。软件工程正是致力于解决软件危机,研究如何更有效地开发和维护计算机软件的一门新兴学科。

本章将介绍软件工程的基本概念,包括软件、软件危机、软件工程、软件生命周期与常用模型等。

1.1 软件危机与软件工程

1. 计算机软件的发展

随着计算机硬件性能的极大提高和计算机体系结构的不断更新,计算机软件系统更加成熟和更为复杂,从而促使计算机软件的角色发生了巨大的变化,其发展历史大致可以分为如下四个阶段。

第一阶段是 20 世纪 50 年代初期至 60 年代初期的十余年,是计算机系统开发的初期阶段。计算机软件实际上就是规模较小的程序,程序的编写者和使用者往往是同一个(或同一组)人。由于程序规模小,程序编写起来比较容易,也没有什么系统化的方法,对软件的开发过程更没有进行任何管理。这种个体化的软件开发环境使得软件设计往往只是在人们头脑中隐含进行的一个模糊过程,除了程序清单之外,没有其他文档资料。

第二阶段跨越了从 20 世纪 60 年代中期到 70 年代末期的十余年,多用户系统引入了人机交互的新概念,实时系统能够从多个源收集、分析和转换数据,从而使进程的控制和输出的产生以毫秒而不是分钟来运行,在线存储的发展产生了第一代数据库管理系统。

第三阶段是 20 世纪 70 年代中期至 80 年代末期,分布式系统极大地提高了计算机系统的复杂性,网络的发展对软件开发提出了更高的要求,特别是微处理器的出现和广泛应用,孕育了一系列智能产品。硬件的发展速度已经超过了人们对软件的需求速度,使硬件价格下降,软件的价格急剧上升,导致了软件危机的加剧,致使更多的科学家着手研究软件工程学的科学理论、方法和时限等一系列问题。软件开发技术的度量问题受到重视,最著名的有软件工作量估计 COCOMO 模型、软件过程改进模型 CMM 等。

第四阶段是从 20 世纪 80 年代末期开始的。这个阶段软件体系结构从集中式的主机模式转变为分布式的客户机/服务器模式(C/S)或浏览器/服务器模式(B/S),专家系统和人工智能软件从实验室走出来进入了实际应用,完善的系统软件、丰富的系统开发工具和商品化的应用程序的大量出现,以及通信技术和计算机网络的飞速发展,使计算机进入了一个大发展的阶段。

2. 计算机软件的定义及特点

软件是计算机系统中与硬件相互依存的一部分,包括程序、数据及其说明文档。其中程序是能够完成特定功能的指令序列;数据是程序能正常操纵信息的数据结构;文档是与程序设计、开发及维护有关的各种图文资料。

软件同传统的工业产品相比,具有以下特点。

(1) 软件是一种逻辑产品。软件产品是看不见、摸不着的,因而具有无形性。它是脑力劳动的结晶,是以程序和文档的形式出现的,保存在计算机存储器和光盘介质上,通过计算机的执行才能体现其功能和作用。

(2) 软件产品的生产主要是研发,软件产品的成本主要体现在软件研发所需要的人力上。软件一旦研发成功,通过复制就能产生大量软件产品。

(3) 软件在使用过程中,没有磨损、老化的问题。但在使用过程中为了适应硬件环境以及需求的变化需要进行修改。当修改的成本变得难以接受时,软件就被抛弃。

(4) 软件的开发主要是脑力劳动。

(5) 软件会越来越复杂。软件涉及人类社会的各行各业、方方面面,软件开发常常涉及其他领域的专门知识,这对软件工程师提出了很高的要求。

(6) 软件的成本相当昂贵。软件研发需要投入大量、高强度的脑力劳动,成本非常高,风险也很大。

(7) 软件工作牵涉很多社会因素。软件的开发和运行涉及机构、体制和管理方式等问题,还会涉及人们的观念和心理等因素。

3. 软件危机与软件工程

20 世纪 60 年代中期,大容量、高速度计算机的出现,使计算机的应用范围迅速扩大,软件开发急剧增长。软件系统的规模越来越大,复杂程度越来越高,软件可靠性问题也越来越突出。原来的个人设计、个人使用的方式不再能满足要求,迫切需要改变软件生产方式,提高软件生产率,致使软件危机爆发。事实上,软件危机几乎从计算机诞生的那一天起就出现了,只不过到了 1968 年,北大西洋公约组织的计算机科学家在联邦德国召开的国际学术会议上才第一次提出了"软件危机"这个名词。

软件危机是指在计算机软件的开发和维护过程中所遇到的一系列严重问题。这类问题绝不仅仅是"不能正常运行的软件"才具有的,几乎所有软件都不同程度地存在这类问题。

概括来说,软件危机包含两方面问题:如何开发软件,以满足对软件日益增长的需求;如何维护数量不断膨胀的已有软件产品。

具体地说,软件危机主要有下列典型表现。

(1) 软件开发进度难以预测,软件开发成本难以控制。开发成本超出预算,实际进度比预订计划一再拖延。

(2) 用户对产品功能难以满足。

(3) 软件产品质量无法保证。

(4) 软件产品难以维护。

(5) 软件缺少适当的文档资料。

(6) 软件的成本不断提高。

(7) 软件开发生产率的提高赶不上硬件的发展和人们需求的增长。

之所以出现软件危机,其主要原因一方面是与软件本身的特点有关;另一方面是与软件开发和维护的方法不正确。

为了消除软件危机,既要有技术措施,又要有组织管理措施。软件工程正是从技术和管理两方面研究如何更有效地开发和维护计算机软件的一门新兴学科。

1968年秋季,第一届NATO(北约)会议上第一次提出了软件工程这个概念。概括地说,软件工程是一门指导计算机软件开发和维护的学科。它采用工程的概念、原理、技术和方法来开发与维护软件,把先进的、正确的管理理念和当前最好的技术结合起来,以最小经济代价开发出高质量的软件并维护它。

1.1.2 能力目标

了解计算机软件的发展历史,理解软件危机产生的原因,掌握软件、软件危机以及软件工程的概念。

1.1.3 任务驱动

任务1:试想自己平时写的计算机应用程序,是计算机软件吗?

任务2:在平时生活中,你使用过哪些软件?它们出现过问题吗?请举例说明。

1.1.4 实践环节

上网查阅资料,了解软件工程与传统工程的区别是什么。

1.2 软件生命周期

1.2.1 核心知识

同任何事物一样,软件也有其孕育、诞生、成长、成熟和衰亡的生存过程,一般称其为"软件生命周期"。软件工程采用的生命周期方法学就是从时间角度对软件开发和维护的复杂问题进行分解的,把软件生命周期划分为软件定义(软件计划)、软件开发和软件维护3个时期,每个时期又划分为若干个阶段。每个阶段的任务相对独立,而且比较简单,便于不同人员分工协作，从而降低了整个软件开发工程的困难程度；在软件生存周期的每个阶段都采用科学的管理技术和良好的技术方法，而且在每个阶段结束之前都从技术和管理两个角度进行严格的审查，合格之后才开始下一阶段的工作，这就使软件开发工程的全过程以一种有条不紊的方式进行，保证了软件的质量，特别是提高了软件的可维护性。

1．定义时期

定义时期主要是确定待开发的软件系统要做什么；确定系统开发是否成功；弄清系统的关键需求；估算软件开发的成本；制定软件开发进度表。这个时期的工作通常又称为系统分析，由系统分析员负责完成。定义时期通常进一步划分成 3 个阶段，即问题定义、可行性研究和需求分析。

(1) 问题定义。系统分析员通过对实际用户的调查，提出关于软件系统的性质、工程目标和规模的书面报告，同用户协商，达成共识。

(2) 可行性研究。系统分析员需要制订软件项目计划，包括确定工作域、风险分析、资源规定、成本核算、工作任务和进度安排等。

(3) 需求分析。对待开发的软件提出的需求进行分析并给出详细的定义。开发人员与用户共同讨论决定哪些需求是可以满足的，并对其加以确切的描述。这个阶段的一项重要任务是用正式文档准确地记录系统的需求，这份文档通常称为需求规格说明书。

2．开发时期

开发时期主要是确定待开发的软件应怎样设计与实现，这个时期通常由概要设计、详细设计、编码和单元测试以及综合测试组成。总体设计与详细设计又称为系统设计，编码和单元测试与综合测试又称为系统实现。

(1) 概要设计。概要设计又称为总体设计。这个阶段的主要任务是设计程序的体系结构，即确定程序由哪些模块组成以及模块间的关系。

(2) 详细设计。详细设计又称为过程设计或模块设计。这个阶段的主要任务是设计出程序的详细规格说明，即确定实现模块功能所需要的算法和数据结构。

(3) 编码和单元测试。在这个阶段，程序员根据实际需要选取一种高级程序设计语言，把详细设计的结果翻译成用选定的语言书写的程序，并且仔细测试编写出的每一个模块。

(4) 综合测试。这个阶段的主要任务是通过各种类型的测试及相应的调试，以发现功能、逻辑和实现上的缺陷，使软件达到预定的要求。

3．维护时期

这个阶段的主要任务是进行各种修改，使系统能持久地满足用户的需要。维护阶段要进行再定义和再开发，所不同的是在软件已经存在的基础上进行。

通常有四类维护活动。改正性维护，即诊断和改正在使用过程中发现的软件错误；适应性维护，即修改软件使之能适应环境的变化；完善性维护，即根据用户的新要求扩充功能和改进性能；预防性维护，即修改软件为将来的维护活动预先准备。

在软件工程中的每一个阶段完成后，为了确保活动的质量，必须进行评审。为了保证系统信息的完整性和软件使用的方便，还要有相应的文档资料。各阶段需要编写的文档与软件生命周期的关系如表 1.1 所示。

表 1.1　软件生命周期各阶段与文档编制的关系

文档＼阶段	可行性研究	需求分析	概要设计	详细设计	编码和单元测试	综合测试
可行性研究报告	√					
项目开发计划书	√	√				
需求规格说明书		√				
测试计划		√	√	√		
概要设计说明书			√			
详细设计说明书				√		
数据库设计说明书			√	√		
用户手册		√	√	√	√	
操作手册			√	√	√	
测试分析报告						√
开发进度月报	√					√
项目开发总结						√

每个软件文档最终要回答如下问题。

① 为什么要开发与维护软件,即回答为什么(why)。
② 最终目标要满足哪些需求,即回答做什么(what)。
③ 功能需求应如何实现,即回答怎么做(how)。
④ 开发与维护软件计划由谁来完成,即回答谁来做(who)。
⑤ 工作时间如何安排,即回答何时做(when)。
⑥ 工作在什么环境中进行,所需信息从哪里来,即回答何处做(where)。

表 1.1 中的文档要回答哪些问题,读者参考表 1.2 的内容。

表 1.2　软件文档所回答的问题

文档＼问题	为什么	做什么	怎么做	谁来做	何时做	何处做
可行性研究报告	√	√				
项目开发计划书		√		√	√	
需求规格说明书		√				√
测试计划			√	√	√	
概要设计说明书			√			
详细设计说明书			√			
数据库设计说明书			√			
用户手册			√			
操作手册			√			
测试分析报告		√				
开发进度月报		√			√	
项目开发总结		√				

1.2.2　能力目标

理解软件生命周期每个阶段所完成的核心任务。

1.2.3 任务驱动

任务1：试想："在软件开发中，编写出正确的程序即可完成任务。"这句话正确吗？说明理由。

任务2：为什么要把软件生命周期划分成若干个阶段？

1.2.4 实践环节

假设你是一家软件公司的项目经理(PM)，当让手下的软件工程师们撰写详细设计文档时，有人说："写这些文档没有用，直接写代码吧！"怎么反驳他？

1.3 常用的软件开发模型

1.3.1 核心知识

软件开发模型是贯穿整个软件生存周期（开发、运行和维护）所实施的全部工作和任务的结构框架，它描述了软件开发过程各阶段之间的关系。目前，常见的软件开发模型有：瀑布模型、快速原型模型、增量模型、螺旋模型、喷泉模型、第四代技术过程模型等。下面简单介绍瀑布模型与快速原型模型。

1. 瀑布模型

瀑布模型即生存周期模型，其核心思想是按工序将问题简化，将功能的实现与设计分开，便于分工协作，即采用结构化的分析与设计方法将逻辑实现与物理实现分开。瀑布模型规定了软件生命周期各阶段的工作自上而下、相互衔接的固定次序，如同瀑布流水逐级下落。采用瀑布模型的软件过程如图1.1所示。

瀑布模型是最早出现的软件开发模型，在软件工程中占有极其重要的地位，它提供了软件开发的基本框架。瀑布模型的本质是一次通过，即每个活动只执行一次，最后得到软件产品，也称为"线性顺序模型"或者"传统生命周期"。其过程是从上一项活动接收该项活动的工作对象作为输入，利用这一输入实施该项活动应完成的内容，给出该项活动的工作成果，并作为输出传给下一项活动。同时评审该项活动的实施，若确认，则继续下一项活动；否则返回前面，甚至更前面的活动。

瀑布模型有利于大型软件开发过程中人员的组织及管理，有利于软件开发方法和工具的研究与使用，从而提高了大型软件项目开发的质量和效率。然而软件开发的实践表明，上述各项活动之间并非完全是自上而下且呈线性图式的，因此瀑布模型存在严重的缺陷。

瀑布模型软件开发方法适合在软件需求比较

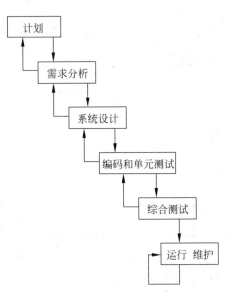

图1.1 瀑布模型

明确、开发技术比较成熟、工程管理比较严格的场合下使用,如二次开发或升级型的项目。

2. 快速原型模型

快速原型模型的第一步是快速建立一个能满足用户基本需求的原型系统,使用户通过这个原型初步表达出自己的需求,并通过反复修改、完善,逐步靠近用户的全部需求,最终形成一个完全满足用户需求的新系统。

通过建立原型,可以更好地和客户进行沟通,澄清一些模糊需求,并且对需求的变化有较强的适应能力。原型模型可以减少技术、应用的风险,缩短开发时间,减少费用,提高生产率,通过实际运行原型,提供了用户直接评价系统的方法,促使用户主动参与开发活动,加强了信息的反馈,促进了各类人员的协调交流,减少误解,能够适应需求的变化,最终有效提高软件系统的质量。

快速原型模型软件开发方法适用于软件需求不明确的情况。从图1.2可以看出,快速原型模型的开发步骤如下。

(1) 快速分析。在分析人员与用户的密切配合下,迅速确定系统的基本需求,根据原型所要体现的特征描述基本需求以满足开发原型的需要。

(2) 构造原型。在快速分析的基础上,根据基本需求说明尽快实现一个可行的系统。这里要求具有强有力的软件工具的支持,并忽略最终系统在某些细节上的要求,如安全性、坚固性、异常处理等,主要考虑原型系统能够充分反映所要评价的特性,而暂时删除一切次要内容。

(3) 运行原型。这是发现问题、消除误解、开发者与用户充分协调的一个步骤。

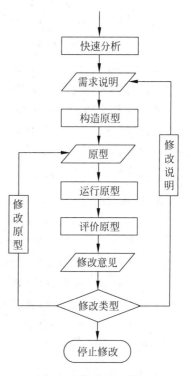

图1.2 快速原型模型

(4) 评价原型。在运行原型的基础上,考核评价原型的特性,分析运行效果是否满足用户的愿望,消除和纠正过去交互中的误解与分析中的错误,增添新的要求,并满足因环境变化或用户的新想法引起的系统要求变动,提出全面的修改意见。

(5) 修改。根据评价原型的活动结果进行修改。若原型未满足需求说明的要求,就说明对需求说明存在不一致的理解或实现方案不够合理,则根据明确的要求迅速修改原型。

1.3.2 能力目标

理解常用的软件开发模型的特点与开发流程。

1.3.3 任务驱动

1. 任务的主要内容

假设有这样的软件开发案例,客户(C)与开发人员(D)对话如下。

C:我想找你帮我开发一个图书销售网站,可以吗?

D:就是和××网站类似的吗?

C：差不多吧,功能可能不需要那么强大,具体什么样我也不是很清楚。

D：要不这样吧！我给你先做一个雏形,你看看行不行。

C：好吧,多长时间给我看看。

D：两周吧。

C：好的。

两周过去了,开发人员拿着网站的雏形来找客户。

D：看看你要的网站是不是这样的?

C：嗯,我试一试。哦?怎么没有对图书的销量进行排序啊?

于是,开发人员回去了,几天后拿着改好后的网站再找客户,客户看完后又说：怎么随便对书进行评论啊?为了客观,不买书的会员不让评论吧?

开发人员心想：Oh,my God！顾客就是上帝！于是,开发人员又回去了……

就这样,客户反反复复地提出新的要求,开发人员不断地修改网站。最后,客户终于满意了图书销售网站的功能。

该图书销售网站的开发过程是属于哪种开发模型?

2．任务分析

从上述案例分析得知以下内容。

(1) 客户并不是很清楚自己网站的需求。

(2) 开发人员快速开发出网站的雏形。

(3) 客户运行雏形,提出新的需求。

(4) 开发人员修改网站的雏形。

(5) 再运行雏形、提出需求、修改雏形,一直到客户满意为止。

因此,该案例的开发过程应属于快速原型模型。

3．任务小结或知识扩展

瀑布模型中每个阶段的结果是一个或多个经过核准的文件。直到上一个阶段完成,下一阶段才能启动。在实际过程中,这些阶段经常是重叠的,彼此间有信息交换的。在设计阶段,需求中的问题被发现；在编程阶段,设计问题被发现,以此类推。软件过程不是一个简单的线性模型,它包括开发活动的多个反复。因此它的缺点是：委托事项需要在过程的早期阶段清晰给出,响应用户需求的变更比较困难。快速原型模型就是为了克服瀑布模型的缺点而提出来的。

总之,当需求不太明确的时候,应采用快速原型模型；当需求比较明确的时候,应采用瀑布模型。由于瀑布模型反映了工程的实际情况,所以在大型系统工程项目中,软件开发仍采用瀑布模型。

4．任务的参考答案

【答案】 快速原型模型。

1.3.4 实践环节

分析如下软件开发案例,判断该案例的开发过程是属于哪种软件开发模型?

某个老师(T)想要考查一个同学(S)的学习情况和技术水平,于是交给该学生一个任务。

1．两个人的对话

T：我想要一个单词统计软件，统计功能包括：单词总数、单个单词重复出现的个数并按字典顺序排序。你能做这样一个软件吗？

S：就是这样的软件吗？如，一篇文章内容如下：How are you? Fine, thank you. 统计结果为：单词总数为6、are为1、Fine为1、How为1、thank为1、you为2。

T：嗯，可以。

S：这个我上网查查相关资料，应该没有问题，很简单的。

T：好的，给你10天时间，两天之后你再来一趟，讲一下你的工作进度。

2．工作清单

这位同学非常明白老师的意图，回去后想了一下，并列出了一个清单，工作清单如下。

(1) 功能。

① 统计单词总数。

② 统计单个单词的数目。

(2) 其他说明。

① 界面尽量简洁，容易操作。

② 处理速度尽量快。

③ 开发文档尽量齐全。

(3) 开发工具。

Eclipse3.7。

(4) 开发环境。

普通PC。Window 7/xp系统，JDK1.5。

(5) 工作量。

① 研究一下文档(存放文章内容)文件的格式。

② 设计一个解析器类，解析这些文件格式。

③ 设计一个文档类，实现读取功能。

④ 设计一个统计类，实现统计功能。

⑤ 设计一个视图类，实现按要求显示功能。

3．案例的实际情况

一切顺利，学生S按期交付了软件，经过一两周的检查、试用、修改、完善，该软件在老师那里成为得心应手的工具。

1.4 小　　结

生命周期方法学把软件生命周期从时间角度划分为软件定义、软件开发和软件维护3个时期，每个时期又划分为若干个阶段。每个阶段结束之前都从技术和管理两个角度进行严格的审查。

瀑布模型有利于大型软件开发过程中人员的组织及管理，有利于提高大型软件项目开发的质量和效率。然而实践表明,软件开发的各项活动之间并非完全是自上而下且呈线性图式的,因此瀑布模型存在严重的缺陷。

快速原型模型就是为了克服瀑布模型的缺点而提出来的。它通过快速建立一个能满足用户基本需求的原型系统,用户通过这个原型初步表达出自己的要求,并通过反复修改、完善,逐步靠近用户的全部需求,最终形成一个完全满足用户要求的新系统。

习 题 1

一、单项选择题

1. 软件是( )。
   A. 处理对象和处理规则的描述　　　B. 程序
   C. 程序、数据及文档　　　　　　　D. 计算机系统
2. ( )是软件开发中存在的不正确的观念、方法。
   A. 重编程、轻需求　　　　　　　　B. 重开发、轻维护
   C. 重技术、轻管理　　　　　　　　D. 以上三条都是
3. ( )阶段不属于软件生存周期的三大阶段。
   A. 计划　　　　　　　　　　　　　B. 开发
   C. 编码　　　　　　　　　　　　　D. 维护
4. 开发软件所需高成本和产品的低质量之间有着尖锐的矛盾,这种现象称作( )。
   A. 软件工程　　　　　　　　　　　B. 软件周期
   C. 软件危机　　　　　　　　　　　D. 软件产生
5. 以下属于软件危机典型表现的是( )。
   A. 软件开发进度难以预测　　　　　B. 软件产品难以维护
   C. 软件缺少适当的文档资料　　　　D. 以上三条都是
6. 计算机系统就是( )。
   A. 主机、显示器、硬盘、软驱、打印机等
   B. CPU、存储器、控制器、I/O 接口及设备
   C. 计算机硬件系统和软件系统
   D. 计算机及其应用系统
7. 以下对软件工程的解释正确的是( )。
   A. 软件工程是研究软件开发和软件管理的一门工程科学
   B. 软件工程是将系统化的、规范化的、可度量化的方法应用于软件开发、运行和维护的过程
   C. 软件工程是把工程化的思想应用于软件开发
   D. 以上三条都正确
8. 软件生存周期包括问题定义、可行性分析、需求分析、系统设计、编码和单元测试、( )、维护等活动。
   A. 应用　　　　　　　　　　　　　B. 检测
   C. 综合测试　　　　　　　　　　　D. 以上答案都不正确

9. 一个软件从开始计划到废弃为止,称为软件的( )周期。
   A. 开发　　　　　B. 生存　　　　　C. 运行　　　　　D. 维护
10. 软件定义时期的主要任务是:分析用户要求、新系统的主要目标以及( )。
    A. 开发软件　　　　　　　　　　B. 开发的可行性
    C. 设计软件　　　　　　　　　　D. 运行软件

二、判断题
1. 软件就是计算机系统中的程序、数据及其文档。　　　　　　　　　　　( )
2. 程序是指计算机为完成特定任务而执行的指令的有序集合。　　　　　( )
3. 数据是指被程序处理的信息。　　　　　　　　　　　　　　　　　　( )
4. 软件工程是为研究克服软件危机应运而生的。　　　　　　　　　　　( )
5. 软件危机是 20 世纪 60 年代以前产生的。　　　　　　　　　　　　　( )
6. 软件缺少适当的文档资料属于软件危机现象之一。　　　　　　　　　( )
7. 软件工程是把工程化的思想应用于软件开发。　　　　　　　　　　　( )
8. 软件工程是研究软件开发和软件管理的一门管理科学。　　　　　　　( )
9. 一个好的开发人员应具备的素质和能力不包括具有良好的书面和口头表达能力。
　　　　　　　　　　　　　　　　　　　　　　　　　　　　　　　　( )
10. 软件工程学是理论研究,没有实际用途。　　　　　　　　　　　　　( )
11. 软件生存周期包括需求分析、系统设计、程序设计、测试、维护 5 个阶段。　( )
12. 软件生存周期是指根据某一软件从被提出并着手开始实现,直到软件完成其使命被废弃为止的全过程。　　　　　　　　　　　　　　　　　　　　　　　( )

三、简答题
1. 什么是软件危机？它有哪些典型表现？如何解决软件危机？
2. 什么是软件？什么是软件工程？软件生命周期有哪几个时期,每个时期又分哪几个阶段？
3. 常用的软件开发模型有哪几个？试比较瀑布模型和快速原型模型的优缺点,并说明每种模型的适用范围。

可行性研究

主要内容

(1) 可行性研究的目的、任务、要素及过程。
(2) 可行性研究报告的编写。
(3) 系统流程图。
(4) 数据流图。
(5) 数据字典。
(6) 成本/效益分析。

对于确定的问题,判断是否值得解决,能否解决,是可行性研究的根本任务。例如,癞蛤蟆想吃天鹅肉,它日复一日地坐在井底胡思乱想,最终老去也没有吃到天鹅肉。作为可行性分析员不能像癞蛤蟆那样不切实际,要果断、务实。因此,可行性研究的目的是用极少的代价在最短的时间内确定问题是否能够解决。

可行性研究是运用多门学科(技术科学、社会学、经济学及系统工程学等)对一项工程项目的必要性、可行性及合理性进行技术经济论证的综合科学。

2.1 可行性研究概述

1. 可行性研究的目的及任务

在澄清问题之后,分析员应该导出软件系统的逻辑模型。然后依据逻辑模型,探索出若干供选择的系统实现方案。每个实现方案都应该仔细研究其可行性。

在软件项目开发过程中,只要资源和时间不加以限制,所有的项目基本都可以成功开发,然而,资源和时间不可能是无限的,因此,尽早对软件项目的可行性做出谨慎的评估是十分必要的。

可行性研究的目的是用极少的代价在最短的时间内确定被开发的软件能否开发成功,以避免盲目投资带来的巨大损失;可行性研究的目的不是解决问题,而是确定问题是否值得解决。

可行性研究的任务是从技术、经济、应用以及法律等方面分析应解决的问题是否有可行的解,从而确定该软件系统是否值得开发。可行性研究最根本的任务是对以后的行动方针提出建议。当问题没有可行的解时,分析员应该建议停止项目的开发,以避免时间、资源、人力和金钱的浪费。当问题值得解时,分析员应该推荐一个较好的解决方案,并且为工程制订一个初步的计划。

2．可行性研究的要素

一般来说,软件领域的可行性研究主要考虑 5 个要素：经济、技术、社会、法律以及操作。

(1) 经济可行性。进行开发成本估算及可能取得的经济效益评估,确定待开发系统是否值得投资开发。

(2) 技术可行性。对待开发的系统进行功能、性能和限制条件分析,确定使用现有的技术能否实现该系统。

(3) 社会可行性。社会的可行性至少包括两种因素：市场与政策。

市场又分为未成熟的市场、成熟的市场和将要消亡的市场。涉足未成熟的市场要冒很大的风险,要尽可能准确地估计潜在的市场有多大？自己能占多少份额？多长时间能实现？挤进成熟的市场,虽然风险不高,但利润也不高。

政策对软件公司的生存与发展影响非常大。政策不当将阻碍软件公司的健康发展,最怕的是政府干预企业的正当行为。

(4) 法律可行性。研究在系统开发过程中可能涉及的各种合同、侵权、责任以及各种与法律相抵触的问题。

(5) 操作可行性。系统的操作方式在用户组内能否行得通。

3．可行性研究的过程

如何进行可行性研究呢？典型的可行性研究步骤如图 2.1 所示。

1) 复查系统规模和目标

分析员对关键人员进行调查访问,认真阅读和分析有关材料,以便进一步确认系统的规模和目标,改正有歧义或错误的描述,确保解决问题的正确性。

2) 研究目前正在使用的系统

对现有系统功能特点的充分了解是成功开发新系统的前提。通过收集、研究和分析现有系统的文档资料,实地考察现有系统,总结出现有系统的优缺点。在此基础上,访问关键人员,描绘现有系统的高层系统流程图(见 2.3 节),与有关人员一起审查该系统流程图是否正确。最后了解并记录现有系统和其他系统之间的接口情况,这是设计新系统的重要约束条件。

3) 导出新系统的高层逻辑模型

如图 2.2 所示,软件系统的设计过程通常是从现有的物理系统出发,导出现有系统的逻辑模型,再根据现有系统的逻辑模型,设想新系统的逻辑模型,最后根据新系统的逻辑模型实现新的物理系统。

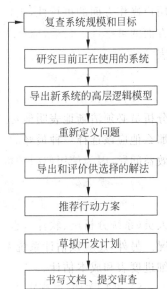

图 2.1 可行性研究的步骤

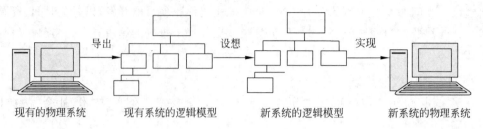

图 2.2　导出新系统的逻辑模型

通过第二步骤的工作,分析员对目标系统应该具有的基本功能和所受的约束条件已有一定了解。这时能够使用数据流图(见 2.4 节)描绘数据在系统中流动和处理情况,从而表达出他对新系统的设想。为了把新系统更清晰准确地描绘,还应该有一个初步的数据字典(见 2.4 节),定义新系统中使用的数据。新系统的逻辑模型由数据流图和数据字典共同定义,以后可以从该逻辑模型出发设计与开发新系统。

4) 重新定义问题

新系统的逻辑模型实质上表述了分析员对新系统必须做什么的看法,但是用户是否也有相同的看法呢?因此,分析员应该和用户一起再次复查问题定义、工程规模和目标。这个步骤主要是发现和改正分析员对问题理解的错误或补充用户遗漏的要求。

如图 2.1 所示,可行性研究的前 4 个步骤实质上构成一个循环。分析员定义问题,分析问题,导出一个试探性的解;在此基础上再次定义问题,分析问题,修改解;继续这个循环过程,直到导出的逻辑模型完全符合系统目标。

5) 导出和评价供选择的解法

分析员从他提出的系统逻辑模型出发,导出若干个物理解法供比较和选择。导出供选择的解法的最简单的途径,是从技术角度出发考虑方案的可行性。当从技术角度提出若干个可能的物理解法之后,根据技术可行性初步排除一些不可能实现的解法。其次,可以考虑用户操作方面的可行性,去掉其中从操作方式看用户不能接受的解法。再次,应该考虑经济方面的可行性。最后,应该为每个在技术、操作和经济等方面都可行的解法制定实现进度表,这个进度表通常只需要估计生命周期每个阶段的工作量。

6) 推荐行动方案

分析员根据可行性研究结果需要做出一个关键性决定:是否继续进行新系统的开发。分析员必须清晰地表明他对这个关键性决定的建议,如果他认为值得继续进行系统的开发,那么他应该选择一种最好的解决方案,并且说明理由。另外,分析员还要考虑系统的成本/效益问题,因为使用部门的负责人主要根据经济上是否可行决定是否投资。

7) 草拟开发计划

分析员应该进一步为推荐的系统草拟一份开发计划,除了项目进度表之外还应该估计人员(系统分析员、软件工程师、程序员、资料员等)和资源(计算机硬件、软件等)的需求情况。另外,还应该估计系统生命周期每个阶段的成本。最后,给出下一阶段(需求分析)的详细进度表和成本估计。

8) 书写文档、提交审查

分析员需要把上述可行性研究各个步骤的结果写成清晰无误的文档(见 2.2 节),请用户、使用部门的负责人以及评审组仔细审查，以决定是否继续这个系统的开发以及是否接受分析员推荐的解决方案。

2.1.2 能力目标

掌握可行性研究的目的、任务以及要素，理解可行性研究的步骤。

2.1.3 任务驱动

1. 任务的主要内容

某学校需要建立一个网上作业提交与管理系统，其基本功能描述如下。

（1）账号和密码。任课老师用账号和密码登录系统后，提交所有选课学生的名单。系统自动为每个选课学生创建登录系统的账号和密码。

（2）作业提交。学生使用账号和密码登录系统后，可以向系统申请所选课程的作业。系统首先检查学生的当前状态，如果该学生还没有做过作业，则从数据库服务器申请一份作业。若申请成功，则显示需要完成的作业。学生需在线完成作业，完成后单击"提交"按钮上交作业。

（3）在线批阅。系统自动在线批改作业，显示作业成绩，并将该成绩记录在作业成绩统计文件中。

假如你是一个系统分析员，需要研究上述系统的可行性。应该从哪几个方面研究该系统的可行性。

2. 任务分析

从核心知识中了解到软件领域的可行性研究主要考虑5个要素：经济、技术、社会、法律以及操作。

3. 任务小结或知识扩展

该任务主要告诉读者应该着重理解可行性研究的必要性，以及它的目的、任务和步骤，在此基础上才能进一步学习具体方法和工具。

4. 任务的参考答案

【答案】 经济、技术、社会、法律以及操作。

2.1.4 实践环节

在软件开发的早期阶段为什么要进行可行性研究？可行性研究又有哪些步骤？

2.2 可行性研究报告

2.2.1 核心知识

可行性研究报告是从事一种经济活动（投资）之前，双方要对经济、技术、生产、供销直到社会各种环境、法律等各种因素进行具体调查、研究、分析，确定有利和不利的因素，项目是否可行，估计成功率高低、经济效益和社会效果，为决策者和主管机关审批的上报文件。

GB/T 8567—2006(计算机软件文档编制规范)给出了可行性研究报告的内容框架,如图2.3所示。

```
1  引言                                    5.3  与原有系统的比较（若有原系统）
    1.1  标识                              5.4  影响（要求）
    1.2  背景                                   5.4.1  设备
    1.3  项目概述                               5.4.2  软件
    1.4  文档概述                               5.4.3  运行
2  引用文件                                    5.4.4  开发
3  可行性分析的前提                             5.4.5  环境
    3.1  项目的要求                             5.4.6  经费
    3.2  项目的目标                         5.5  局限性
    3.3  项目的环境、条件、假定和          6  经济可行性（成本——效益分析）
         限制                              6.1  投资
    3.4  进行可行性分析的方法               6.2  预期的经济效益
4  可选的方案                                   6.2.1  一次性收益
    4.1  原有方案的优缺点、局限性及              6.2.2  非一次性收益
         存在的问题                              6.2.3  不可定量的收益
    4.2  可重用的系统,与要求之间的               6.2.4  收益/投资比
         差距                                   6.2.5  投资回收周期
    4.3  可选择的系统方案1                  6.3  市场预测
    4.4  可选择的系统方案2                 7  技术可行性（技术风险评价）
    4.5  选择最终方案的准则                8  法律可行性
5  所建议的系统                            9  用户使用可行性
    5.1  对所建议的系统的说明              10  其他与项目有关的问题
    5.2  数据流程和处理流程                11  注解
```

图2.3 可行性研究报告的内容框架

图2.3只是列出了可行性研究报告的内容框架,具体细节内容读者可以参考GB/T 8567—2006标准。

2.2.2 能力目标

理解可行性研究报告的编写内容要求,了解可行性研究报告的内容框架。

2.2.3 任务驱动

任务:上网查阅图书管理系统的可行性研究报告。

2.2.4 实践环节

按照可行性研究报告的内容框架,把你查阅到的图书管理系统的可行性研究报告进行完善。

2.3 系统流程图

2.3.1 核心知识

在 2.1 节中了解到,在进行可行性研究时需要分析现有的系统,并概括地表达对现有系统的认识;根据对现有系统的认识设想新系统的逻辑模型,然后需要把新系统的逻辑模型转变成物理模型,因此需要描绘未来的物理系统的概貌。怎样概括地描绘一个物理系统呢?这里介绍一个工具——系统流程图。

1. 系统流程图的定义

系统流程图是描绘物理系统的图形工具,基本思想是用图形符号以黑盒子形式描绘系统里面的每个部件(程序、文档、数据库、表格、人工过程等)。系统流程图表达的是数据信息在系统各部件之间流动的情况,而不是对数据信息进行加工处理的控制过程,因此尽管它使用的某些符号和程序流程图中的符号相同,但是它是物理数据流图而不是程序流程图。

2. 系统流程图的符号

系统流程图的符号如表 2.1 和表 2.2 所示。当用概括的方式抽象地描绘一个物理系统时,仅使用表 2.1 中列出的基本符号就足够了,其中每个符号表示系统中的一个部件。当需要更具体地描绘一个物理系统的时候还需要使用表 2.2 中列出的系统符号。

表 2.1 基本符号

符号	名称	说明
□	处理	能改变数据值或数据位置的加工或部件,如程序、处理机、人工加工等都是处理
▱	输入/输出	表示输入或输出(或即输入又输出),是一个广义的不指明具体设备的符号
○	连接	指出转到图的另一部分或从图的另一部分转来,通常在同一页上
⌂	换页(离页)连接	指出转到另一页图上或由另一页图转来
→	数据流	用来连接其他符号,指明数据流动方向

表 2.2 系统符号

符号	名称	说明
🗄	磁盘	表示用磁盘输入/输出,也可表示存储在磁盘上的文件或数据库
⌭	磁鼓	表示用磁鼓输入/输出,也可表示存储在磁鼓上的文件或数据库
⌾	磁带	表示用磁带输入/输出,或表示一个磁带文件

符号	名称	说明
	穿孔卡片	表示用穿孔卡片输入/输出,也可表示一个穿孔卡片文件
	文档	表示打印输出,也可表示用打印终端输入数据
	联机存储	表示任何种类的联机存储,包括磁盘、磁鼓和海量存储器件等
	显示	CRT终端或类似的显示部件,可用于输入或输出,也可表示既输入又输出
	手动输入	手动输入数据的脱机处理,例如,填写表格
	手动操作	手动完成的处理,例如,出纳在账单上签字
	辅助操作	使用设备进行的脱机操作
	终止	表示一个流程的终结

3．系统流程图的实例

下面以某高校考试系统为例,说明系统流程图的使用。

【**例 2.1**】 考试业务流程:命题人员依据大纲在试题库中抽取考题,形成试卷;教务部门印制试卷,安排日程及监考人员,根据日程安排学生考试,完成答卷;教师批改答卷,成绩提交给成绩管理子系统处理。根据分析画出考试系统流程图,如图 2.4 所示。

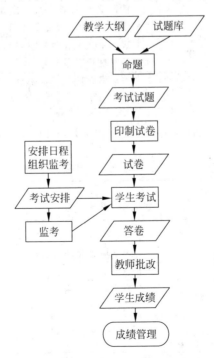

图 2.4 考试系统的系统流程图

2.3.2 能力目标

灵活使用系统流程图概括地描绘一个物理系统。

2.3.3 任务驱动

1. 任务的主要内容

某航空公司为给旅客乘机提供方便，需要开发一个旅行社机票预订系统。业务流程如下。

（1）各个旅行社把预订机票信息输入到系统中，系统为旅客安排航班。

（2）当旅客交付了预订金后，系统打印出取票通知和账单给旅客。

（3）旅客在飞机起飞前一天凭取票通知和账单交余款取票，系统核对无误即打印机票给旅客。

请完善该系统的系统流程图（如图 2.5 所示）。

2. 任务分析

把机票预订系统的业务流程细分为：①预订机票信息输入到系统中；②系统为旅客安排航班；③旅客交付预订金；④系统打印取票通知和账单给旅客；⑤旅客凭取票通知和账单，交款取票；⑥系统核对无误即打印机票给旅客。

根据业务流程的细分可知：空 1 应该是取票通知和账单数据；空 2 应该是核对处理程序。

3. 任务小结或知识扩展

系统流程图是在系统分析员接触实际系统时，对未来系统的一种描述。这种描述是相对简单且完全的，涉及未来系统中使用的处理部件，如磁盘、文档、用户输入以及处理过程的先后顺序表示等。系统流程图的习惯画法是使信息在图中自顶向下或从左到右流动。

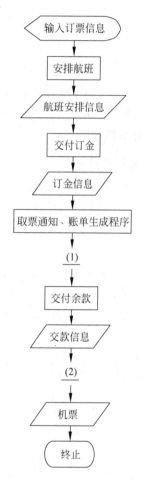

图 2.5　机票预订系统的系统流程图

4. 任务的参考答案

【答案】

（1）　取票通知、账单

（2）　核对程序

2.3.4 实践环节

某高校教材订购系统可细化为两个子系统：销售系统和采购系统。

销售系统的工作流程为：首先由教师或学生提交购书单，经教材发行人员审核（人工处理），确认是有效购书单后，开发票、登记并返给教师或学生领书单，教师或学生即可拿着领书单去书库找教材发行人员领书。若是脱销教材则生成缺书通知单。

采购系统的工作流程为：汇总缺书通知单，发采购单给书库采购人员；一旦新书入库，即给销售系统发送进书通知，销售系统接到进书通知后给教材发行人员发送进书通知单。

画出教材订购系统的系统流程图。

2.4 数据流图及数据字典

2.4.1 核心知识

在2.1节中了解到，为了清晰地表达系统分析员对新系统的设想，需要使用数据流图和数据字典描绘数据在系统中流动和处理情况。下面简要介绍在可行性研究阶段要用到的工具数据流图和数据字典。

1. 数据流图

数据流图（DFD）是一种描述"分解"的图形化技术，它用直观的图形清晰地描绘了系统的逻辑模型，图中没有任何具体的物理元素，它仅仅描绘信息流和数据在软件中流动和处理的逻辑过程。设计数据流图时只考虑系统必须完成的基本逻辑功能，完全不考虑怎样具体地实现这些功能。

1）数据流图的符号

数据流图有四种基本符号：正方形（或立方体）、圆角矩形（或圆形）、开口矩形（或两条平行线）以及箭头，如表2.3所示。

表2.3 数据流图的基本符号

符号	名称	说明
□ 或 ▨	数据的源点或终点	软件系统外部环境中的实体（包括人员、组织或其他软件系统），一般只出现在数据流图的顶层图中
▭ 或 ○	加工或处理	加工是对数据进行处理的单元，它接收一定的数据输入，对其进行处理，并产生输出
▭ 或 ═	数据存储	又称数据文件，指临时保存的数据，它可以是数据库文件或任何形式的数据组织
→	数据流	特定数据的流动方向，是数据在系统内传播的路径

除了上述四种基本符号外，有时还需要使用附件符号。星号（＊）表示数据流之间是"与"关系（同时存在）；加号（＋）表示"或"关系；⊕号表示只能从中选一个（互斥的关系）。表2.4给出了这些附件符号的含义。

表 2.4 数据流图的附加符号

符 号	说 明
A、B →(*T)→ C	数据 A 和 B 同时输入才能变换成数据 C
A →(T*)→ B、C	数据 A 变换成数据 B 和 C
A、B →(+T)→ C	数据 A 或 B 或 A 和 B 同时输入变换成数据 C
A →(T+)→ B、C	数据 A 变换成数据 B 或 C 或 B 和 C
A、B →(⊕T)→ C	只有数据 A 或只有 B(但不能 A、B 同时)输入时变换成数据 C
A →(T⊕)→ B、C	数据 A 变换成数据 B 或 C,但不能同时变换成数据 B 和 C

2) 数据流图的画法

怎样画出系统的数据流图？一般情况下,只用一个数据流图表达数据处理的数据加工过程是不够的。对复杂的实际问题,需要采取"逐层分解"的技术,画分层的 DFD 图。分层 DFD 图的结构示例,如图 2.6 所示。

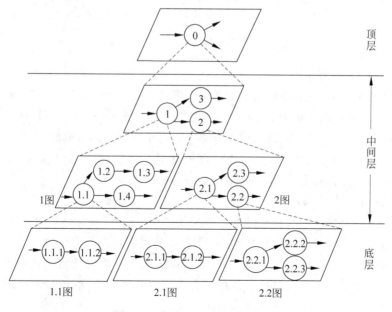

图 2.6 分层 DFD 图的结构示例

画分层的 DFD 图的一般原则是：先全局后局部，先整体后部分，先抽象后具体。这种分层的 DFD 图通常分为顶层、中间层和底层。顶层图说明了系统的边界，即系统的输入和输出，顶层图只有一张。底层图由一些不能再分解的加工组成。中间层的数据流图描述了某个加工的分解，而它的组成部分又要进一步分解。画各层 DFD 图的具体步骤如下。

(1) 先确定系统的输入输出，画出顶层 DFD。

(2) 逐层分解顶层 DFD 图，画出中间层 DFD 图。

(3) 画出底层的 DFD 图。

3) 数据流图的实例

【例 2.2】 图书预订系统：书店向顾客发放订单，顾客将所填订单交由系统处理，系统首先依据图书目录对订单进行检查并对合格订单进行处理，处理过程中根据顾客情况和订单数目将订单分为优先订单与正常订单两种，随时处理优先订单，定期处理正常订单。最后系统将所处理的订单汇总，并按出版社要求发给出版社。

(1) 先画顶层数据流图，即只包含一个处理的图。

① 先画数据源点与终点(系统的输入输出)。

数据源点：根据系统的描述"顾客将所填订单交由系统处理"得知"顾客"是数据源点。

数据终点：根据系统的描述"最后系统根据所处理的订单汇总，并按出版社要求发给出版社"，所以"出版社"是数据终点。

② 然后画出数据的处理。

由于顶层数据流图只包含一个处理，因此该处理只能是"图书预订系统"。

③ 最后画出数据流和数据存储。

分析得知订单从顾客送到系统中，"订单"是一个数据流。系统把订单进行汇总，最后把汇总订单发给出版社，因此"汇总订单"是另一个数据流。

经过上述 3 个步骤的分析，画出顶层数据流图，如图 2.7 所示。

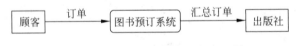

图 2.7　图书预订系统的顶层 DFD 图

(2) 第一步细化数据流图。

顶层数据流图非常抽象，因此需要把基本功能细化，描绘出系统的主要功能。"订单检查"和"订单处理"是系统必须完成的功能，这两个功能代替顶层数据流图中的"图书预订系统"。系统根据图书目录对订单进行检查并对合格订单进行处理，因此"订单检查"时需要两个数据存储：图书目录、合格订单。同理，"订单处理"时也需要两个数据存储：合格订单、出版社要求。经过分析画出第一步细化数据流图，如图 2.8 所示。

(3) 第二步细化数据流图。

对描绘系统主要功能的数据流图进一步细化，"订单检查"仅仅是按图书目录进行检查，没有必要细分；"订单处理"是根据顾客情况和订单数目将订单分为优先订单与正常订单两种，随时处理优先订单，定期处理正常订单，最后按出版社要求发送订单。因此，可以把"订单处理"这个功能分解为"数目统计""订单分类""随时处理""定期处理"和"发送订单"。图书预订系统第二步细化结果如图 2.9 所示。

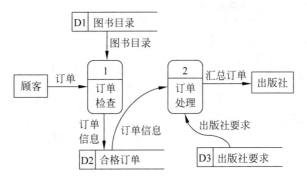

图 2.8　0 层的 DFD 图

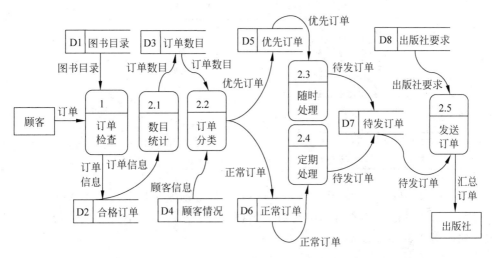

图 2.9　1 层的 DFD 图

4）数据平衡原则

分层画数据流图时，需要遵守数据平衡的原则，具体如下所示。

① 父图与子图的平衡。任何一个数据流子图必须与它上一层父图的某个加工相对应，二者的输入/输出流必须保持一致，即父图与子图的平衡。在父图与子图的平衡中，数据流的数目和名称可以完全相同，也可以在数目上不相等，可以借助数据字典中数据流描述，确定父图中的数据流是由子图中几个数据流合并而成，即子图是对父图中"加工"和"数据流"同时分解，因此这样也属于父图与子图的平衡，如图 2.10 所示。

② 输入输出的平衡。每个加工必须有输入/输出数据流，一个加工所有输出数据流中的数据必须能从该加工的输入数据流中直接获得，或经过该加工产生的数据。

2．数据字典

数据字典是对数据流图中包含的所有元素的定义的集合，它主要是供人查阅关于数据的描述信息。一般情况下，数据字典由四类元素的定义组成：数据流、数据元素、数据存储和处理。在数据字典中通常使用如表 2.5 所示的符号定义数据元素。

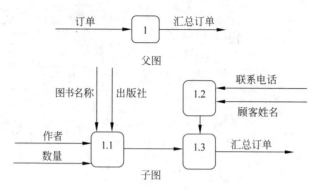

图 2.10 父图和子图的平衡

表 2.5 在数据字典的定义中出现的符号

符 号	含 义	示例及说明
＝	被定义为	零件编号＝10 字符
＋	与	x＝b+c，表示 x 由 b 和 c 组成
[…∣…]	或	x＝[b∣c]，表示 x 由 b 或 c 组成
m{…}n 或 {…}$_m^n$	重复	x＝1{b}5 或 x＝{b}$_m^n$，表示 x 中最少出现 1 次 b，最多出现 5 次 b；5,1 为重复次数的上、下限
(…)	可选	x＝(b)表示 b 可在 x 中出现，也可不出现
..	连接符	x＝0..9，表示 x 可取 0～9 中任意一个值

数据字典最重要的用途是作为分析阶段的工具，它通常采用卡片的形式描述。一张卡片上应包含名字、别名、描述、定义和位置等信息。例如，例 2.2 中图书预订系统的部分卡片形式的数据定义如图 2.11 所示。

```
名字：订单
别名：订单信息
描述：顾客所填订单表
定义：订单=图书名称+数量+作者+出版社+联系
      电话+顾客姓名
位置：输出到打印机
```

```
名字：图书名称
别名：书名
描述：顾客所订图书的名称
定义：图书名称=1{字符}100
位置：合格订单、订单信息、图书目录、优先订
      单、正常订单、汇总订单
```

```
名字：数量
别名：订书数量
描述：某个顾客某次订书的数目
定义：数量=1{数字}4
位置：合格订单、订单信息、优先订单、正常订
      单、汇总订单
```

```
名字：联系电话
别名：顾客电话
描述：某个顾客的联系电话
定义：联系电话=7{数字}11
位置：订单信息、顾客信息
```

图 2.11 卡片形式的数据定义

2.4.2 能力目标

掌握目标系统的数据流图的画法，理解数据字典的用途。

2.4.3 任务驱动

1. 任务的主要内容

某房屋租赁公司欲建立一个房屋租赁服务系统,用于统一管理房主和租赁者的信息,从而快速地提供租赁服务。该系统具有以下功能。

(1) 登记房主信息。对于每名房主,系统需登记其姓名、住址和联系电话,并将这些信息写入房主信息文件。

(2) 登记房屋信息。所有在系统中登记的房屋都有一个唯一的识别号(对于新增加的房屋,系统会自动为其分配一个识别号)。除此之外,还需登记该房屋的地址、房型(如平房、带阳台的楼房、独立式住宅等)、最多能够容纳的房客数、租金及房屋状况(待租赁、已出租)。这些信息都保存在房屋信息文件中。一名房主可以在系统中登记多个待租赁的房屋。

(3) 登记租赁者信息。所有想通过该系统租赁房屋的租赁者都必须在系统中登记个人信息,包括姓名、住址、电话号码、出生年月和性别。这些信息都保存在租赁者信息文件中。

(4) 租赁房屋。已经登记在系统中的租赁者可以得到一份由系统提供的待租赁房屋列表。一旦租赁者从中找到合适的房屋,就可以提出看房请求。系统会安排租赁者与房主见面。对于每次看房,系统都会生成一条看房记录并将其写入看房记录文件中。

(5) 收取手续费。房主登记完房屋后,系统会生成一份费用单,房主根据费用单缴纳相应的费用。

(6) 变更房屋状态。当租赁者与房主达成租房或退房协议后,房主向系统提交变更房屋状态的请求,系统将根据房主的请求修改房屋信息文件。

图 2.12 和图 2.13 分别给出了房屋租赁系统的顶层数据流图和 0 层数据流图。

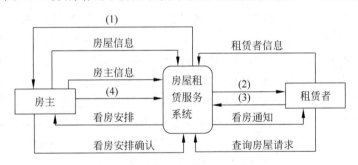

图 2.12 顶层数据流图

根据以上描述回答下列问题。

【问题1】 使用说明中给出的词汇,将图 2.12 中的(1)~(4)处补充完整。

【问题2】 使用说明中给出的词汇,将图 2.13 中的(5)~(8)处补充完整。

【问题3】 图 2.13 中缺失了三条数据流,指出这三条数据流的起点、终点和数据流名称。

2. 任务分析

根据数据平衡原则分析得知以下几点。

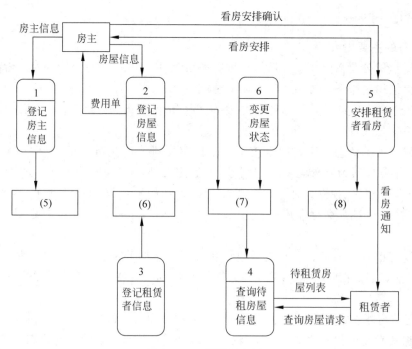

图 2.13　0 层数据流图

(1) 在顶层数据流图和 0 层数据流图中与"房主"有关的数据流应该是对应的,但 0 层中的"费用单"在顶层中没有找到,并且是系统输出给"房主"的,因此图 2-12 中的(1)应该是"费用单"数据流。

(2) 同理比较顶层数据流图和 0 层数据流图中与"租赁者"相关的数据流可以发现,出现在 0 层数据流图中的"待租赁房屋列表"数据流在顶层数据流图中是没有的,并且与图 2.12 中的(2)处数据流的方向一致,因此图 2.12 中的(2)应该是"待租赁房屋列表"数据流。而顶层中的数据流"租赁者信息"在 0 层数据流中是没有的,这样就找到了 0 层中缺失的一条数据流"租赁者信息",它的起点是"租赁者",终点是处理"登记租赁者信息"。

根据系统功能描述与数据流图的一致性分析得知以下几点。

(1) 由于图 2.12 中的(4)处的数据流是一条从"房主"到"系统"的输入流,从功能说明(6)(房主向系统提交变更房屋状态请求)中可以看出图 2.12 中的(4)处缺失的数据流是"变更房屋状态请求"。相应地,可以确定在 0 层数据流图中缺失的一条数据流也是"变更房屋状态请求",其起点是"房主",终点是"变更房屋状态"这个加工。

(2) 从功能说明(4)(一旦租赁者从中找到合适的房屋,就可以提出看房请求)中可以看出图 2.12 中的(3)处缺失的数据流应该是"看房请求"。而 0 层数据流图中也没有这条数据流。因此 0 层中缺失的一条数据流应该是"看房请求",它的起点是"租赁者",终点是"安排租赁者看房"这个加工。

(3) 由功能说明中的描述得知,数据存储有房主信息文件、房屋信息文件、租赁者信息文件、看房记录文件。根据相应的加工对号入座,图 2.13 中的(5)处是房主信息文件;图 2.13 中的(6)处是租赁者信息文件;图 2.13 中的(7)处是房屋信息文件;图 2.13 中的(8)处是看房记录文件。

3. 任务小结或知识扩展

分层画数据流图便于人们理解和使用,但在绘制时需要注意以下事项。

(1) 每个处理至少有一个输入数据流和一个输出数据流,反映出此加工数据的来源与结果。

(2) 图上每个元素都必须有名字,并且命名合理。

通常,为数据源点/终点命名时采用它们在问题域中习惯使用的名字(如"采购员""仓库管理员"等)。

处理名字应该反映整个处理的功能,而不是它的一部分功能。处理名字最好由一个具体的及物动词加上一个具体的宾语组成。应尽量避免使用"加工""处理"等空洞笼统的动词作名字。

数据流名字应代表整个数据流(或数据存储)的内容,而不是仅仅反映它的某些成分。不要使用空洞的、缺乏具体含义的名字(如"数据""信息""输入"之类)。

(3) 画数据流不是画控制流,只反映系统"做什么",不反映"如何做"。

(4) 按层给处理编号。编号表明该处理处在哪一层以及上下图父图与子图的关系,如图2.6所示。

(5) 保持父图与子图平衡。子图的输入输出数据流同父图相应处理的输入输出流必须一致。值得注意的是,如果父图的一个输入(或输出)数据流对应于子图中几个输入(或输出)数据流,而子图中组成这些数据流的数据项全体恰好是父图中的这个数据流,那么它们仍然算是平衡的,如图2.10所示。

(6) 保持数据守恒。也就是说一个加工所有输出数据流中的数据必须能从该加工的输入数据流中直接获得,或经过该加工产生的数据。

4. 任务的参考答案

【答案1】 (1)费用单;(2)待租赁房屋列表;(3)看房请求;(4)变更房屋状态请求。

【答案2】 (5)房主信息文件;(6)租赁者信息文件;(7)房屋信息文件;(8)看房记录文件。

【答案3】 变更房屋状态请求(房主到变更房屋状态);租赁者信息(租赁者到登记租赁者信息);看房请求(租赁者到安排租赁者看房)。

2.4.4 实践环节

(1) 某航空公司为给旅客乘机提供方便,需要开发一个旅行社机票预订系统。业务流程如下。

① 各个旅行社把预订机票信息输入到系统中,系统为旅客安排航班。

② 当旅客交付了预订金后,系统打印出取票通知和账单给旅客。

③ 旅客在飞机起飞前一天凭取票通知和账单交款取票,系统核对无误即打印出机票给旅客。

画出机票预订系统的数据流图。

(2) 储户将填好的取款单、存折交银行,银行取款系统做如下处理。

① 审核并查对账目,将不合格的存折、取款单退给储户,合格的存折、取款单送取款处理。

② 处理取款修改账目,将存折、利息单、结算清单及现金交储户,同时将取款单存档。画出银行取款系统的数据流图。

2.5 成本/效益分析

2.5.1 核心知识

所谓成本/效益分析,就是从经济角度评价开发一个新系统是否可行、是否划算,从而帮助使用部门的负责人正确地作出是否投资新系统开发的决定。

成本/效益分析的第一步是估计开发成本、运行费用以及新系统将带来的经济效益,然后从经济角度判断这个系统是否值得投资。

1. 估计开发成本

开发软件的成本主要是人的劳动消耗。软件开发成本的计算方法是以一次性开发过程所花费的代价来计算的,也就是从项目计划、需求分析、总体设计、详细设计、编码、单元测试、综合测试等全过程所花费的代价作为成本。软件开发成本主要表现为人力消耗(乘平均工资则得到开发费用)。成本估算的技术如下。

1) 代码行技术

代码行技术是一种简单的方法,它通过估计软件中的代码行数来估计软件的开发成本。用每行代码的成本乘行数就得到软件的开发成本。每行代码的平均成本主要取决于软件的复杂程度和工资水平。代码行技术是比较简单的定量估算方法。当有以往开发类似工程的历史数据可供参考时,这个方法是非常有效的。

2) 任务分解技术

首先将任务分解成若干子任务,然后对子任务进行成本估计,最后累加起来得出软件开发总成本。在典型环境下各开发阶段需要使用的人力的百分比,可供开发人员在对软件成本估计时参考,如表 2.6 所示。

表 2.6 人力的百分比

任 务	人力/%	任 务	人力/%
可行性研究	5	编码和单元测试	20
需求分析	10	综合测试	40
软件设计	25	总计	100

3) 自动估计成本技术

采用自动估计成本的软件工具可以减轻人的劳动,并且使得估计的结果更客观。采用这种技术必须有长期搜集的大量历史数据为基础,并且需要有良好的数据库系统支持。

2. 运行费用

运行费用取决于系统的操作费用(操作员人数,工作时间,消耗的物资等)和维护费用。

3. 新系统将带来的经济效益

系统的经济效益等于因使用新系统而增加的收入加上使用新系统可以节省的运行费用。

2.5.2 能力目标

了解成本/效益分析的定义,了解软件项目开发成本的估算技术。

2.5.3 任务驱动

任务:上网查阅典型的软件项目成本/效益分析案例。

2.5.4 实践环节

开发软件的成本主要是由什么决定的?

2.6 小　　结

可行性研究进一步探讨所确定的问题是否有可行的解。分析员在正确定义问题的基础上,反复经过分析问题、提出问题的解法,最终提出一个符合系统目标的高层次逻辑模型。然后根据高层次逻辑模型设想各种可能的物理系统,并且从技术、经济、法律和操作等方面分析这些物理系统的可行性。

分析员在表达对现有系统的认识和描绘他对未来的物理系统的设想时,系统流程图是一个很好的表达工具。系统流程图是描绘系统的主要物理元素以及数据信息在这些元素之间的流动和处理情况。

数据流图是描绘系统逻辑模型的极好工具,它有四种基本符号。通常数据流图和数据字典共同构成系统的逻辑模型。没有数据字典对数据流图中元素的定义,数据流图很难发挥作用。

习　题　2

一、单项选择题

1. 可行性分析是在系统开发的早期所做的一项重要的论证工作,它是该系统是否开发的决策依据,因此必须给出(　　)的回答。
　　A. 确定　　　　　　　　　　　　B. 行或不行
　　C. 正确　　　　　　　　　　　　D. 无二义

2. 以下对可行性分析的任务描述不正确的是(　　)。
　　A. 可行性分析要对以后的行动方针提出建议
　　B. 可行性分析只需要明确做不做,无须对以后的行动方针提出建议
　　C. 可行性分析阶段如果认为问题不可行,分析员要提出停止项目开发的建议
　　D. 可行性分析阶段如果认为问题值得解,分析员需要提出解决方案,并且为工程制订一个初步的计划

3. 一般来说,可行性研究的成本占预期工程总成本的(　　)。
　　A. 15%～20%　　　　　　　　　　B. 5%～10%
　　C. 40%～60%　　　　　　　　　　D. 1%～5%

4. 以下不属于可行性分析要素的是（　　）。
   A. 经济　　　　　　　　　　　　　B. 技术
   C. 设备　　　　　　　　　　　　　D. 社会

5. 以下符号在系统流程图中表示处理的是（　　）。
   A. ▢　　　　　　　　　　　　　　B. ▶
   C. ▭　　　　　　　　　　　　　　D. ⌓

6. 以下说法正确的是（　　）。
   A. 系统流程图是问题定义阶段所使用的图形工具
   B. 系统流程图是可行性分析阶段所使用的图形工具
   C. 系统流程图是需求分析阶段所使用的图形工具
   D. 系统流程图是编码阶段的所使用的图形工具

7. 以下对系统流程图的理解不正确的是（　　）。
   A. 系统流程图是概括地描绘物理系统的传统工具
   B. 系统流程图的基本思想是用图形符号以白盒子形式描绘组成系统的每个部件
   C. 系统流程图表达的是数据在系统各部件之间流动的情况
   D. 系统流程图不描述对数据进行加工处理的控制过程

8. 以下图形符号不属于数据流图四种基本符号的是（　　）。
   A. ▢　　　　　　　　　　　　　　B. ▶
   C. ▭　　　　　　　　　　　　　　D. ⌓

9. 数据流图和数据字典共同构成系统的（　　）。
   A. 物理模型　　　　　　　　　　　B. 结构模型
   C. 逻辑模型　　　　　　　　　　　D. 设计说明书

10. 在数据流图中，○（圆）代表（　　）。
    A. 源点　　　　　　　　　　　　　B. 终点
    C. 加工　　　　　　　　　　　　　D. 模块

11. 下列描述中错误的选项是（　　）。
    A. 数据流图是对实际构建的系统分析后，提取逻辑模型的一个过程
    B. 数据流图着重描绘系统的功能而不是系统的物理实施方案
    C. 数据流图描述各个子块之间如何进行数据传递
    D. 数据流图不反映数据的流向

12. 以下属于数据字典中定义的元素的是（　　）。
    A. 数据流　　　　　　　　　　　　B. 数据元素
    C. 数据存储和处理　　　　　　　　D. 全都属于

13. 数据字典是用来定义（　　）中的各个成分的具体含义。
    A. 流程图　　　　　　　　　　　　B. 功能结构图
    C. 系统结构图　　　　　　　　　　D. 数据流图

14. 以下不属于成本/效益分析的内容的是（　　）。
    A. 公司以前做项目的效益情况　　　B. 运行费用
    C. 开发成本　　　　　　　　　　　D. 新系统将带来的经济效益

15. 以下不属于常用的成本估算方法的是（　　）。
    A. 基于代码行　　　　　　　　　B. 基于工人人数
    C. 任务分解　　　　　　　　　　D. 自动估计成本技术

二、判断题

1. 可行性分析的任务是对以后的行动方针提出建议。（　）
2. 如果问题没有可行的解，分析员应该建议停止这项开发工程，以避免时间、资源、人力和金钱的浪费。（　）
3. 如果问题值得解，分析员提出开发这项工程的建议即可，无须提出解决方案，制订计划。（　）
4. 可行性分析中的经济要素是指这个系统的经济效益能否超过它的开发成本。（　）
5. 可行性分析中的市场要素指的就是政策。（　）
6. 高层逻辑模型指的就是用系统数据流图描绘的模型。（　）
7. 可行性分析的前4个操作步骤需要不断循环，直到得到一个满意的可行性分析结果。（　）
8. 系统流程图基本思想是用图形符号以白盒子形式描绘组成系统的每个部件。（　）
9. 系统流程图表达的是数据进行加工处理的控制过程。（　）
10. 数据流图只描绘信息在系统中流动和处理的情况。（　）
11. 设计数据流图只需考虑系统必须完成的基本逻辑功能，不需要考虑如何实现这些功能。（　）
12. 数据流图包含三层：顶层、中间层、底层。（　）
13. 数据流图中每个加工只有一个输入数据流和一个输出数据流，反映此加工数据的来源与结果。（　）
14. 数据流程图是指从数据传递和加工的角度，以图形的方式刻画数据流从输入到输出的移动变换过程。（　）
15. 系统流程图的基本步骤：自内向外，自顶向下，逐层细化，完善求精。（　）
16. 数据字典是关于数据信息的集合。（　）
17. 数据字典是对数据流图中所有元素定义的集合。（　）
18. 数据字典作用是在软件分析和设计的过程中给人提供关于数据的描述信息。（　）
19. 成本/效益分析是指从经济角度评价开发一个新项目是否可行、是否划算，从而帮助使用部门的负责人正确地作出是否投资于这项开发的决定。（　）
20. 开发软件的成本主要是硬件设备的消耗。（　）

三、简答题

1. 什么是系统流程图？什么是数据流图？两者有何区别？
2. 画系统的数据流图时，应该注意哪些问题？
3. 可行性研究报告的内容框架是什么？
4. 可行性研究的步骤有哪些？

三、画图题

1. 设一个工厂采购部门每天需要一张订货报表,报表按零件编号排序。需要订货的零件数据有零件编号、名称、订货数量、价格和供应者等。零件的入库、出库事务通过仓库中的计算机终端输入给订货系统。当某零件的库存量少于给定的库存量临界值时,就应该再次订货。画出订货系统的数据流图。

2. 某高校欲开发一个成绩管理系统,记录并管理所有选修课程的学生的平时成绩和考试成绩,其主要功能描述如下。

(1)每门课程都由3~6个单元构成,每个单元结束后会进行一次测试,其成绩作为这门课程的平时成绩。课程结束后进行期末考试,其成绩作为这门课程的考试成绩。

(2)学生的平时成绩和考试成绩均由每门课程的主讲教师上传给成绩管理系统。

(3)在记录学生成绩之前,系统需要验证这些成绩是否有效。首先,根据学生信息文件来确认该学生是否选修这门课程,若没有,那么这些成绩是无效的;如果他的确选修了这门课程,再根据课程信息文件和课程单元信息文件来验证平时成绩是否与这门课程所包含的单元相对应,如果是,那么这些成绩是有效的,否则无效。

(4)对于有效成绩,系统将其保存在课程成绩文件中。对于无效成绩,系统会单独将其保存在无效成绩文件中,并将详细情况提交给教务处。在教务处没有给出具体处理意见之前,系统不会处理这些成绩。

(5)若一门课程的所有有效的平时成绩和考试成绩都已经被系统记录,系统会发送课程完成通知给教务处,告知该门课程的成绩已经齐全。教务处根据需要,请求系统生成相应的成绩列表,用来提交考试委员会审查。

(6)在生成成绩列表之前,系统会生成一份成绩报告给主讲教师,以便核对是否存在错误。主讲教师须将核对之后的成绩报告退还系统。

(7)根据主讲教师核对后的成绩报告,系统生成相应的成绩列表,递交考试委员会进行审查,而考试委员会在审查之后将会提交一份成绩审查结果给系统。对于所有通过审查的成绩,系统将会生成最终的成绩单,并通知每个选课学生。

经过分析,得到如图2.14所示的顶层数据流图和如图2.15所示的0层数据流图。

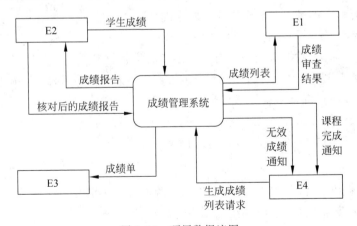

图 2.14 顶层数据流图

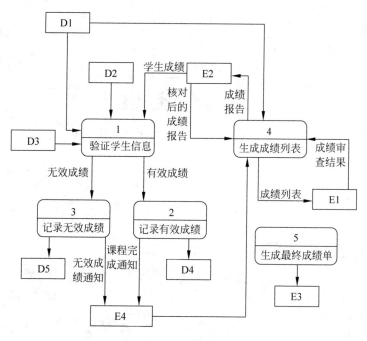

图 2.15 0 层数据流图

根据以上描述回答下列问题。

(1) 使用说明中的词语,给出图 2.14 所示的外部实体 E1～E4 的名称。

(2) 使用说明中的词语,给出图 2.15 所示的数据存储 D1～D5 的名称。

(3) 图 2.15 中缺少三条数据流,根据说明和顶层数据流图的信息,分别指出这 3 条数据流的起点与终点。

第 3 章 需求分析

主要内容

(1) 需求分析的定义、目的、特点及任务。
(2) 需求分析过程。
(3) 使用非形式化分析技术获取需求。
(4) 结构化分析建模。
(5) 软件需求规格说明。
(6) 需求验证与管理。

在准确地回答"系统开发做还是不做?"之后,要想开发出用户满意的软件系统,必须准确地回答"系统做什么,系统不做什么"的问题。不管把设计和编码工作做得多么完美,不能满足用户需求的系统只会令用户失望。因此,需求分析在软件开发过程中是一个极其重要的阶段。

需求分析阶段的工作决定了软件系统工作的最终目标。本章将重点介绍需求分析过程以及需求分析建模的方法和技术。

3.1 需求分析概述

3.1.1 核心知识

1. 需求分析的定义

在软件工程中,需求分析是指在开发一个新的或升级一个已有的软件系统时描写新系统的目的、范围、定义和功能时所要做的所有工作。需求分析是软件工程中的一个关键阶段。在这个阶段,系统分析员和开发人员需确定顾客的需求。只有在确定了这些需求后他们才能够分析和寻求新系统的解决方法。

2. 需求分析的目的

需求分析的目的是要求开发人员准确地理解用户需要什么,进行细致地调查分析,将用户的需求陈述转化为完整的需求定义,再由需求定义转化为相应的软件需求规格说明(见3.4节)。需求分析虽处于软件开发的初期阶段,但它对于整个软件开发过程以及产品质量至关重要。

3．需求分析的特点

需求分析是一项至关重要的工作，也是最困难的工作。该阶段工作有以下特点。

1）用户与开发人员很难进行交流

开始时用户通常并不真正知道自己希望软件系统做什么，短时间内开发人员也不能准确地知道系统做什么。因为软件开发人员不是用户问题领域的专家，不熟悉用户的业务活动和业务环境，又不可能在短期内搞清楚；而用户不熟悉计算机应用系统的有关问题。由于他们背景知识的不同，开发人员与用户之间存在交流障碍以及理解障碍。

下面通过一个例子说明用户与专业人员的沟通是多么困难。

【例3.1】 为用户设计一个秋千，具体场景如下。

用户：我家有3个小孩，需要一个能3个人用的秋千。它是由一根绳子吊在我园子里的树上。

项目经理：秋千这东西太简单了，秋千就是一块板子，两边用绳子吊起来，挂在树上的两根枝上。

分析员：这个无知的项目经理，两根树枝上挂上秋千还能荡漾起来吗？除非把树从中间截断再支起来，这样就满足要求了。

程序员：两条绳、一块板、一棵大树，接在树的中间。太简单了，工序完成。

商业顾问：您的需求我们已完成，我们通过人体工学、工程力学多方面研究，本着为顾客服务出发，我们的秋千产品在使用时给您如同游乐园里的过山车一样刺激，如同您在地面上坐沙发一样舒适与安全。

文档管理员：这么小的工程没有文档很正常，只要需求说明书与合同就可以了。

实施人员：我们的产品用户自己都可以完成安装，只要把绳子系在树上就可以了。

用户：花了这么多钱，真的能和过山车相媲美了？

维护人员：经过我们的维护，秋千真的像山车一样呀！哦！哦！哦！……我们的队伍在成长中。

用户：我的需求其实就这么简单啊！

2）用户的需求是动态变化的

对于一个庞大而复杂的软件系统，用户很难准确完整地提出系统的功能和性能要求。开始只能提出一个大概、模糊的功能，只有经过长时间的反复认识才逐步明确。有时进入到设计、编程阶段才能明确，更有甚者，到开发后期还要提出新的需求。这无疑给软件开发人员带来了困难。

3）需求变更的代价呈非线性增长

需求分析是软件开发的基础。假定在该阶段出现一个错误，解决该错误需用一小时的时间，而到设计、编码、测试和维护阶段解决，则可能需要花费2、5、25、100倍的时间。

4．需求分析的任务

需求分析的任务是通过充分了解已有系统的工作概况，明确用户的各种需求，确定新系统的功能。

1）确定对系统的综合要求

除了明确软件系统的功能需求外，通常对软件系统还有多方面的综合要求：性能需求、可靠性和可用性需求、出错处理需求、接口需求（系统与它的通信格式）、约束（限制条件）、逆向需求（不该做什么）以及将来可能提出的要求。

2）分析系统的数据要求

不管什么样的软件系统，本质上都是处理数据信息。因此，分析系统的数据要求是软件需求分析的一个重要任务。分析系统的数据要求通常采用数据建模的方法（见3.3节）。

3）导出系统的逻辑模型

分析员根据前面获得的需求资料，进一步细化软件功能，划分成各个子功能。最后要以图形（数据流图、实体联系图、状态转换图）和文字的形式，描述新系统的逻辑模型。

4）编写文档

分析员应该把分析的结果（综合要求、数据要求以及逻辑模型）以正式文件的形式记录下来，该文件通常称为软件需求规格说明（见3.4节）。

5）修正系统的开发计划

经过需求分析对系统有更深入、更具体的了解，可以较准确地估计系统的开发成本和进度安排，修正在可行性研究阶段制订的开发计划。

5．需求分析的过程

分析员对软件系统进行需求分析时，从收集信息到形成软件需求分析文档，一般来说需要经历5个阶段：需求获取、需求分析与建模、编写软件需求规格说明、需求验证以及需求管理。

3.1.2 能力目标

理解需求分析的定义、目的、特点以及任务。

3.1.3 任务驱动

1．任务的主要内容

某高校图书馆需要升级现有的图书管理系统，假如你是一名需求分析员，你需要从哪几方面描述新系统的需求？

2．任务分析

需求分析的任务是通过了解现有系统的工作流程，明确用户的各种需求，确定新系统的功能。除了明确新系统的功能需求外，还需要明确新系统的多方面综合要求：性能需求、数据要求、可靠性和可用性需求、出错处理需求、接口需求、约束、逆向需求以及将来可能提出的要求。

3．任务小结或知识扩展

新系统的需求就像系统开发人员的中枢神经一样，控制着开发人员该做什么，不该做什么。分析新系统的需求是一项极其重要的工作，它决定着后面的设计、编码以及测试等各方面的工作。因此，作为一名需求分析员必须尽职尽责地完成任务。

4．任务的参考答案

【答案】 功能需求、性能需求、数据要求、可靠性和可用性需求、出错处理需求、接口需求、约束、逆向需求以及将来可能提出的要求。

3.1.4 实践环节

有人说：需求分析的工作很简单，只要和用户沟通好，就能开发出用户满意的系统。此人的观点正确吗？说明原因。

3.2 需求获取方法

3.2.1 核心知识

为了获取完整无误的需求信息，需求分析员经常使用多种技术描述需求信息。使用的技术有三类：非形式化技术、半形式化技术和形式化技术。所谓非形式化技术是用自然语言描述软件需求规格说明；所谓半形式化技术是用数据流图或 E-R 图建立模型(见 3.3 节)；所谓形式化技术是使用数学方法描述系统的特性，其中具有代表性的方法有：时序逻辑语言、有穷状态机、Petri 网系统和 Z 语言等。形式化技术属于数学知识，超出了本书的讨论范畴。

非形式化技术是获取需求的基本方法和技术，包括访谈(会谈)、场景分析(情景分析)、调查表和快速建立软件原型等。

1. 访谈

访谈是最早开始运用的获取用户需求的技术，也是迄今为止仍然广泛使用的需求分析技术。访谈有两种基本形式：正式的(事先准备好的)、非正式的(开放的、头脑风暴的)。在正式的访谈中，分析员将提出一些事先准备好的具体问题，例如，询问客户公司生产的产品种类、员工数目、部门分类以及部门之间的协同关系等。在非正式的访谈中，将提出一些被访人员可以自由回答的开放性问题，以鼓励被访人员表达自己的看法，例如，询问客户为什么要升级目前的软件系统。

2. 情景分析

在对客户进行访谈的过程中，使用情景分析技术往往非常有效。所谓情景分析就是对客户运用目标系统解决某个具体问题的方法和结果进行分析。例如，目标系统是一个制订学习计划的软件，当给出某个学生的年龄、性别、知识结构、长处、短处、发展方向以及其他数据时，就出现了一个可能的情景描述。分析员根据自己对目标系统功能的理解，给出适合该学生的学习计划。公司的特教专家可能指出，哪些学习计划对于有特殊身体条件的学生(例如，色盲、晕血)是不适合的。这样就使分析员认识到，目标系统在制订学习计划之前还应考虑学生的特殊身体条件。因此，分析员使用情景分析技术，通常能得到客户的具体需求。

3. 调查表

为了准确而清晰地了解用户对目标系统的需求，需要调查大量人员的意见时，向被调查人员发放调查表是一个事半功倍的做法。回收调查表之后，分析员统计并分析调查表中发现的新问题与新需求。

【例 3.2】 某公司制作的培训需求调查表如表 3.1 所示。

表 3.1 培训需求调查表

部门		姓 名		您以前参加过的培训:
岗位		填表日期		
培训现状与需求调查(请在认可的答案"□"内打勾,如选"其他"请在空格内简要表述)				
1	您在工作中遇到了哪些困惑?希望通过培训得以解决?(请至少写出三项)			
2	您认为培训对集团来说有哪些作用?	□提高集团竞争力 □增强员工对集团的归属感、责任感与满意度 □促进集团与员工、管理者与下属的沟通,增强向心力 □培训后备管理人员与技术骨干 □其他_____(请填写)		
3	您认为培训对自己有什么用?	□开阔视野 □提高技能 □增加知识 □升职、加薪 □其他_____(请填写)		
4	您喜欢哪些培训方式?	□课堂讲授(内训形式) □外聘专家来集团培训 □外出学习 □案例分析 □其他_____(请填写)		
5	您希望培训时间段安排	□周一至周五上午 □周一至周五下午 □其他_____(请填写)		
6	您的(培训)意见及建议(可附页)			

4. 快速建立软件原型

快速建立软件原型的核心是用交互的、快速建立起来的原型取代了形式的、僵硬的(不易修改的)规格说明,用户通过在计算机上实际运行和试用原型而向开发者提供真实的反馈意见。快速原型法的特点是快速与易修改,原型应该实现用户看得见的功能(例如,显示或打印报表),省略目标系统的"隐含"功能(例如,修改数据库文件)。

3.2.2 能力目标

了解形式化、半形式化以及非形式化的区别,掌握使用非形式化技术获取需求。

3.2.3 任务驱动

1．任务的主要内容

请根据你的生活经验，使用非形式化分析技术描述ATM机的工作情景（仅描述存取款的情景）。

2．任务分析

非形式化分析技术有访谈、情景分析、调查表和快速建立软件原型。因此，该任务可以使用情景分析描述ATM机"取款"与"存款"的工作情景。

3．任务小结或知识扩展

非形式化分析技术是使用自然语言描述用户的需求信息，有时会产生需求的二义性。为了避免需求的二义性，分析员经常把非形式化、形式化、半形式化三种技术结合起来描述用户的需求信息。

需求获取的方法除了访谈、情景分析、调查表、快速建立软件原型之外，还常用小组讨论、参与和观察客户的工作流程、分析现有的同类软件产品的相关资料等方法。

1) 小组讨论

小组讨论是指开发人员、系统领域专家以及客户(用户)聚集在一起开会讨论。小组讨论，容易在内部取得对方案的认同，有利于项目的开展；在讨论会上每个相关人员都可发表自己的意见，保证了获取信息的全面性，但不容易把握某些问题或观点。

2) 参与和观察客户的工作流程

客户在描述业务流程时可能会遗漏重要的信息，需求分析人员可参与到他们具体的工作中，观察、体验业务操作过程。需求分析员在观察业务操作过程时，可根据实际的情况提问并详细记录，记录业务操作过程以及碰到的难题，获取真实的材料和理解整个业务流程。

3) 分析现有的同类软件产品的相关资料等方法

阅读并分析现有的产品文档有利于了解当前系统情况，更深层次地理解目标系统的业务流程。

需求获取是需求分析阶段的首要任务，也是需求分析的第一个环节。如果没有需求获取，就谈不上分析与建模，更谈不上需求管理。因此，作为需求分析员应尽可能通过多渠道获得准确无误的系统需求。

4．任务的参考答案

【答案】

ATM机"取款"的工作情景为：①插卡；②验卡；③输入密码；④验证密码；⑤选择取款业务；⑥输入取款金额；⑦处理取款业务；⑧取走现金；⑨打印凭证；⑩退卡。

ATM机"存款"的工作情景为：①插卡；②验卡；③输入密码；④验证密码；⑤选择存款业务；⑥放入现金；⑦处理存款业务；⑧打印凭证；⑨退卡。

3.2.4 实践环节

(1) 某高校想为在校学生开发一个自主学习网站。为了更明确地了解学生的需求，项目组计划给学生发放调查问卷。假如你是一名需求分析员，你如何制作该调查问卷？

(2) 某高校图书馆需要升级现有的图书管理系统,假如你是一名需求分析员,你如何获得新系统的需求?

3.3 需求分析与建模

需求分析建模的方法有结构化分析建模和面向对象分析建模,本节只介绍结构化分析建模,面向对象分析建模将在后续章节讲解。

结构化分析(Structured Analysis,SA)方法是一种传统的系统建模技术,是将数据和处理作为分析对象。它的基本思想是:把一个复杂问题的求解过程分阶段进行,这种分解是自顶向下,逐层分解的,使得每个阶段处理的问题都控制在人们容易理解和处理的范围内。

尽管目前有许多不同的用于需求分析的结构化分析方法,但这些方法一般都遵循以下指导性原则。

(1) 理解并准确地描述系统的信息域,使用实体联系图(E-R 图)建立数据模型。
(2) 明确系统应完成的功能,使用数据流图(DFD)建立功能模型。
(3) 描述作为外部事件结果的软件行为,使用状态转换图(STD)建立行为模型。
(4) 对数据、功能和行为的模型进行分解,用分层的方式展示细节。

3.3.1 核心知识

1. 建立数据模型的工具——E-R 图

1) E-R 图的基本术语

(1) 实体与属性。

实体(Entity)与属性(Atrribute)都是客观存在并且可以相互区别的事物。属性是描述实体的某一特征。例如,学生是一个实体,而身高就是实体(学生)的属性。

(2) 实体间联系及联系的种类。

联系(Relationship)是指实体之间存在的对应关系。联系一般可分为三类:一对一的联系(1∶1)、一对多的联系(1∶n)、多对多的联系(m∶n)。下面举例说明实体间联系,如表 3.2 所示。

表 3.2 实体间联系的举例

联系种类	说明	实例
一对一联系(1∶1)	如果实体集 A 中的每一个实体只与实体集 B 中的一个实体相联系;反之亦然。则称这种关系为一对一联系	一个班级只有一名班长,并且班长不可以在别的班级兼职,班长与班级的关系就是一对一联系
一对多联系(1∶n)	如果实体集 A 中的每一个实体,在实体集 B 中都有多个实体与之对应;实体集 B 中的每一个实体,在实体集 A 中只有一个实体与之对应。则称这种关系为一对多联系	一间宿舍可同时居住多个学生,而一个学生只能在一间宿舍就寝,则宿舍与学生之间的关系就是一对多的联系
多对多联系(m∶n)	如果实体集 A 中的每一个实体,在实体集 B 中都有多个实体与之对应;反之亦然。则称这种关系为多对多联系	一名学生可以参加多个运动比赛项目,而每个比赛项目也可以有多名学生参加,则学生与比赛项目的关系就是多对多的联系

2) E-R 图的表示

在 E-R 图中,用矩形表示实体,在矩形内写上实体的名字;用椭圆表示属性,在椭圆内写上属性的名字;用菱形表示联系,在菱形内写上联系的名字。实体、属性以及联系,它们之间用无向线连接,表示联系时在线上标明是哪种类型的联系,如图 3.1 所示。

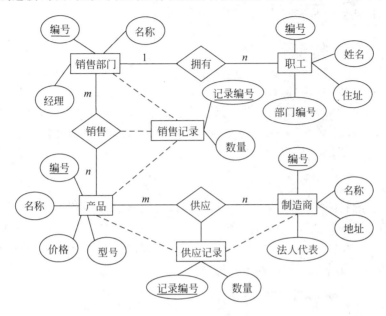

图 3.1 生产销售管理系统的 E-R 图

【例 3.3】 假定一个生产销售产品的管理系统包括以下信息。

职工的信息:职工编号、姓名、住址、所在部门编号。

销售部门的信息:销售部门编号、部门名称、部门经理。

产品的信息:产品编号、产品名称、价格、型号。

制造商的信息:制造商编号、制造商名称、地址、法人代表。

销售记录信息:销售记录编号、销售部门编号、产品编号、销售数量。

供应记录信息:供应记录编号、制造商编号、产品编号、供应数量。

其中,一个销售部门有若干个职工,但一个职工只属于一个销售部门;一个销售部门可以销售多种产品,一种产品可以在多个销售部门销售;一种产品可以由多个制造商供应,一个制造商可以供应多种产品。

试画出该系统的 E-R 图。如果有共同关联实体就使用虚线指明,例如,销售记录信息就是一个共同关联实体(销售部门与产品的共同关联实体)。E-R 图如图 3.1 所示。

2. 建立功能模型的工具——DFD

数据流图描绘数据从输入移动到输出的过程中所经受的变换,指明系统具有的变换数据的功能。有关数据流图的介绍见 2.4 节。

3. 建立行为模型的工具——STD

状态转换图是系统分析的一种常用工具,通过描绘系统的状态及引起系统状态转换的事件,来表示系统的行为。

状态是可观察的行为模式。初态用实心圆表示;终态用一对同心圆(内圆为实心圆)表示;中间状态用圆角矩形表示,可用两条水平横线把它分成上、中、下 3 个部分,上部为状态的名称(必须有),中部为状态变量的名字和值(可选),下部为活动表(可选)。状态之间的转换用箭头表示。

活动表的语法格式如下:

事件名/动作表达式

其中,事件通常有 entry、exit 和 do 这三种。entry 事件表示进入状态的动作,exit 事件表示退出状态的动作,do 事件表示在状态中的动作。动作表达式描述了事件的具体动作。

事件是在某个特定时刻发生的事情,是引发转换的条件,使用箭头上的文本标记(事件表达式)表示;如果箭头上没有文本标记,则表示状态的活动执行完之后自动转换。

事件表达式的语法如下:

事件说明[守卫条件]/动作表达式

其中,守卫条件是一个布尔表达式。如果事件说明和守卫条件同时使用的话,则当且仅当事件发生且布尔表达式为真时,状态才发生转换。如果只有守卫条件,则只要守卫条件为真,状态就转换。动作表达式就是一个过程表达式,当状态发生转换时执行该表达式。

图 3.2 给出了状态图中使用的主要符号。

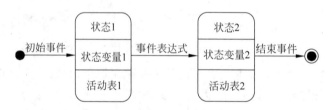

图 3.2　状态图中使用的主要符号

下面举例说明如何使用状态图建立系统的行为模型。

【例 3.4】　某汽车停车场欲建立一个信息系统,需求如下。

(1) 在停车场的入口和出口分别安装一个自动栏杆、一台停车卡打印机、一台读卡器和一个车辆通过传感器。

(2) 当汽车到达入口时,驾驶员按下停车卡打印机的按钮获取停车卡。当驾驶员拿走停车卡后,系统命令栏杆自动抬起;汽车通过入口后,入口处的传感器通知系统发出命令,栏杆自动放下。

(3) 在停车场内分布着若干个付款机器。驾驶员将在入口处获取的停车卡插入付款机器,并缴纳停车费。付清停车费之后,将获得一张出场卡,用于离开停车场。

(4) 当汽车到达出口时,驾驶员将出场卡插入出口处的读卡器。如果这张卡是有效的,系统命令栏杆自动抬起;汽车通过出口后,出口传感器通知系统发出命令,栏杆自动放下。若这张卡是无效的,系统不发出栏杆抬起命令而发出告警信号。

(5) 系统自动记录停车场内空闲的停车位的数量。若停车场当前没有车位,系统将在入口处显示"车位已满"信息。这时,停车卡打印机将不再出卡,只允许场内汽车出场。

画出停车场入口护栏的状态图,如图 3.3 所示。

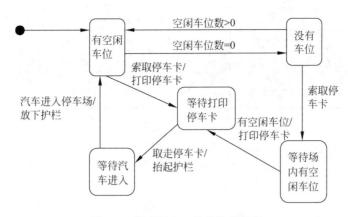

图 3.3　停车场入口护栏的状态图

3.3.2 能力目标

灵活使用 E-R 图、DFD 以及 STD 等图形工具进行结构化建模。

3.3.3 任务驱动

1．任务的主要内容

某地区举行篮球比赛，需要开发一个比赛信息管理系统来记录比赛的相关信息，系统有以下功能需求。

（1）登记参赛。球队的信息。记录球队的名称、代表地区、成立时间等信息。系统记录球队每个队员的姓名、年龄、身高、体重等信息。每支球队有一名教练负责管理球队，一名教练仅负责一支球队。系统记录教练的姓名、年龄等信息。

（2）安排球队的训练信息。比赛组织者为球队提供了若干块场地，供球队进行适应性训练。系统记录现有的场地信息，包括场地名称、场地规模、位置等。系统可为每个球队安排不同的训练场地，如表 3.3 所示。系统记录训练场地安排的信息。

表 3.3　球队训练信息

球队名称	场地名称	训练时间
北京	一号球场	2013-06-09 14:00~18:00
上海	二号球场	2013-06-09 14:00~18:00
广州	三号球场	2013-06-09 14:00~18:00

（3）安排比赛。该赛事聘请专职裁判，每场比赛只安排一名裁判。系统记录裁判的姓名、年龄、级别等信息。系统按照一定的规则，首先分组，然后根据球队、场地和裁判情况，安排比赛（每场比赛的对阵双方分别称为甲队和乙队）。记录参赛球队名称、比赛时间、比分、比赛场地等信息，如表 3.4 所示。

（4）所有球员、教练和裁判可能出现重名情况。

根据功能需求收集的信息，设计的实体联系图（不完整），如图 3.4 所示。

表 3.4　比赛计划表

甲队—乙队	场地名称	比赛时间	裁判	比分
北京—上海	一号球场	2013-06-10 14：00	猪八戒	
广州—天津	一号球场	2013-06-10 16：00	孙悟空	
辽宁—安徽	一号球场	2013-06-10 18：00	唐僧	

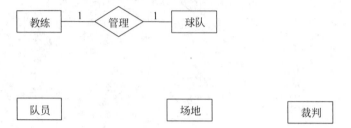

图 3.4　不完整的 E-R 图

根据问题描述，补充联系及其类型，完善实体联系图（不考虑实体的属性）。

2. 任务分析

由需求描述"每个球队有一名教练负责管理球队，一名教练仅负责一支球队。"可知球队与教练间为 1：1 联系；球队与队员之间应为 1：n 联系；多支球队使用多个训练场地，球队与场地之间为 m：n 联系；比赛是球队、场地与裁判之间的联系，一支球队会与同组的其他多支队之间比赛，有多个场地和裁判，一位裁判会对多场比赛判罚，一个场地会有多场比赛，涉及多个球队和裁判，因此球队、场地与裁判之间的比赛关系为 m：n：p 联系。

3. 任务小结或知识扩展

使用实体联系图建立系统的数据模型时一般可分为 3 个步骤进行：设计局部 E-R 模型、设计全局 E-R 模型和优化全局 E-R 模型。

4. 任务的参考答案

【答案】　如图 3.5 所示。

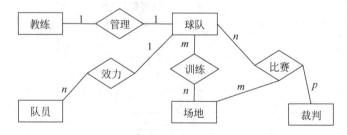

图 3.5　完整的 E-R 图

3.3.4　实践环节

任务中的比赛信息管理系统，如果考虑记录一些特别资深的热心球迷的情况，每个热心球迷可能支持多支球队。热心球迷包括姓名、住址和喜欢的球队等基本信息。根据这一要求修改实体联系图 3.5。

3.4 软件需求规格说明

3.4.1 核心知识

软件需求规格说明（Software Requirement Specification，SRS）是描述对计算机软件配置项（CSCI）的需求，是软件生命周期中一份至关重要的文档，是需求分析阶段最重要的文档，是客户（用户）、分析师、软件工程师、测试人员及维护人员之间用于交流的标准和依据。在软件需求规格说明中，通常使用自然语言完整、准确、具体地描述系统的数据、功能、行为、性能需求、约束条件、验收标准以及其他与需求相关的信息。GB/T 8567—2006（计算机软件文档编制规范）给出了软件需求规格说明的内容框架，如图 3.6 所示。图 3.6 中只是列出了软件需求规格说明的内容框架，具体细节内容读者可以参考 GB/T 8567—2006 标准。

```
1   范围                              3.8    适应性需求
    1.1  标识                         3.9    保密性需求
    1.2  系统概述                     3.10   保密性和私密性需求
    1.3  文档概述                     3.11   CSCI环境需求
    1.4  基线                         3.12   计算机资源需求
2   引用文件                               3.12.1  计算机硬件需求
3   需求                                   3.12.2  计算机硬件资源利用
    3.1  所需的状态和方式                           需求
    3.2  需求概述                          3.12.3  计算机软件需求
         3.2.1  目标                       3.12.4  计算机通信需求
         3.2.2  运行环境                3.13   软件质量因素
         3.2.3  用户的特点              3.14   设计和实现的约束
         3.2.4  关键点                  3.15   数据
         3.2.5  约束条件                3.16   操作
    3.3  需求规格                      3.17   故障处理
         3.3.1  软件系统总体功能/对象   3.18   算法说明
                结构                   3.19   有关人员需求
         3.3.2  软件子系统功能/对象结构 3.20   有关培训需求
         3.3.3  描述约定                3.21   有关后勤需求
    3.4  CSCI能力需求                  3.22   其他需求
         3.4.x  （CSCI 能力）           3.23   包装需求
    3.5  CSCI外部接口需求              3.24   需求的优先次序和关键程序
         3.5.1  接口标识和接口图       4   合格性规定
         3.5.x  （接口的项目唯一标识符）5   需求可追踪性
    3.6  CSCI内部接口需求              6   尚未解决的问题
    3.7  CSCI内部数据需求              7   注解
```

图 3.6 软件需求规格说明的内容框架

3.4.2 能力目标

了解软件需求规格说明的内容框架。

3.4.3 任务驱动

任务：上网查阅图书管理系统的软件需求规格说明。

3.4.4 实践环节

按照软件需求规格说明的内容框架，把你查阅到的图书管理系统的软件需求规格说明进行完善。

3.5 需求验证与管理

3.5.1 核心知识

1．需求验证

为了提高软件产品的质量，确保软件开发成功，只要对目标系统提出新的需求，就必须严格验证这些需求的正确性。一般情况下，应该从以下4个方面验证需求的正确性。

1) 一致性

不管是新提出的需求，还是已有的需求，所有需求都必须是一致的，它们之间不能互相矛盾。

2) 完整性

软件需求规格说明中应该包含用户需要的每一个功能或用户要求的每一个性能，即需求必须是完整的。

3) 现实性

现实性是指用户提出的需求应该是用现有的技术可以实现的。例如，有用户提出这样的需求：12306网上订票系统应该一次能订票8亿张。这样的需求很显然不具有现实性。

4) 有效性

需求必须是正确有效的，这样软件设计与开发人员才能解决用户面对的问题。

2．需求管理

简单地说，系统开发团队之所以管理需求，是因为他们想让项目获得成功。若无法管理需求，成功的概率就会降低。据统计，导致项目失败的最重要的原因与需求有关，失败原因最多的是"变更用户需求"。需求管理的方法主要包括以下方面。

1) 制定需求变更控制过程

制定一个选择、分析和决策需求变更的控制过程，所有的需求变更都应遵循这个过程。

2) 分析需求变更的影响

评估每项需求变更，以确定它对项目计划安排和其他需求的影响，明确与变更相关的任务，并评估完成这些任务所需要的工作量。这些分析将有助于需求变更控制部门做出更好的决策。

3) 建立需求基准版本和需求控制版本文档

确定需求基准，这是项目各方对需求达成的共识，之后的需求变更遵循变更控制过程即可。每个版本的需求规格说明都是独立说明,以避免将底稿和基准或新旧版本混淆。

4) 维护需求变更的历史记录

将需求变更情况写成文档,记录变更日期、原因、负责人、版本号等内容,及时通知项目开发所涉及的人员,为了尽量减少困难、冲突、误传,应指定专人来负责更新需求。

5) 跟踪每项需求的状态

可以把每一项需求的状态属性(如建议的、已通过的、已实施的或已验证的等)保存在数据库中,这样可以在任何时候得到每个状态的需求数量。

6) 衡量需求稳定性

可以定期把需求变更(添加、修改、删除)数量和原始需求数量进行比较,过多的需求变更是一个报警信号,意味着项目的基本需求并未真正弄清楚,应考虑是否取消项目的开发。

3.5.2 能力目标

理解需求验证与管理的重要性。

3.5.3 任务驱动

任务:试想从哪几个方面验证需求是正确的?

3.5.4 实践环节

需求管理的方法主要有哪些?

3.6 案例分析——图书管理系统需求分析

本节主要介绍图书管理系统的需求分析。

1. 需求描述

读者到图书馆借书,首先要查询图书馆的图书信息。查询方式可按书名、作者、图书编号、关键词查询。如果查询到则记下书号,交给分拣组工作人员,等待办理借书手续。如果要借的书已空,可做预订登记,等待有书时被通知。如果图书馆没有要借的书,可进行登记缺书。

办理借书手续时先要出示借书证,没有借书证则必须去图书馆办公室办理借书证。如果借书数量超出借量规定,则不能继续借。借书时,分拣组工作人员登记借书证编号、图书编号、借书时间和还书时间。

当读者还书时,分拣组工作人员根据借书证编号找到读者的借书信息,查看是否超期。如果已经超期,则进行超期处罚。如果图书有破损、丢失,则进行相应的破损处罚。登记还书信息,做还书处理,同时查看是否有预订登记,如果有则发出到书通知。

图书采购人员采购图书时,要注意合理采购。如果有缺书登记,则随时进行采购。采购到货后,编目人员进行验收、编目、上架、输入图书相关信息,发到书通知,如果图书丢失或旧书淘汰,则将该书从书库中清除,即图书注销。

本系统涉及图书、读者、借还图书的管理,相关的部门有采编部、分拣部、办公室。

2. 描绘数据流图

本图书管理系统中的数据源包括读者、采编部、办公室和分拣部。读者提供的主要信息是读者号、书号;办公室为读者分配读者号,定义处罚规则、借还书规则;采编部提供新书信息；分拣部实现借还书操作，产生借还书信息。初始的数据流图如图3.7所示。图中 IPO×××代表处理模块编号，DS×××代表数据存储的编号。

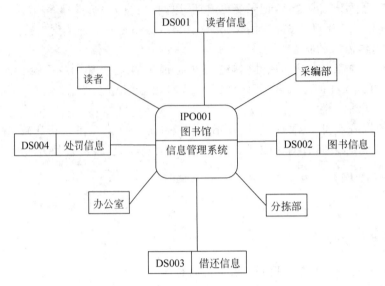

图 3.7　图书管理系统 0 层数据流图

下面对图书管理系统进行逐步分解，细化数据流图，如图 3.8 所示。图 3.9 为借书数据流图。图 3.10 为还书数据流图。

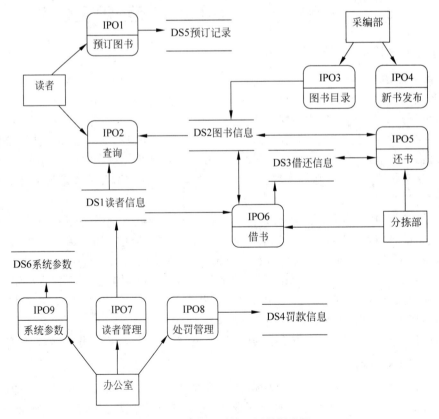

图 3.8　图书管理系统 1 层数据流图

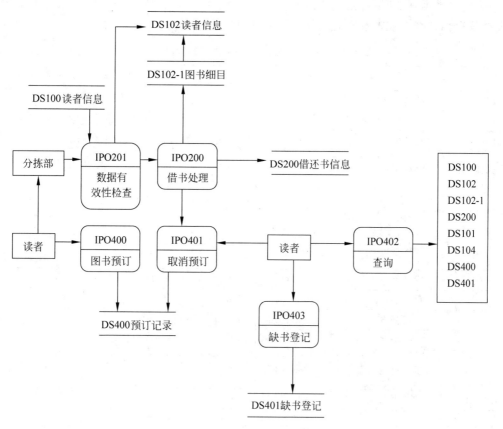

图 3.9 借书数据流图

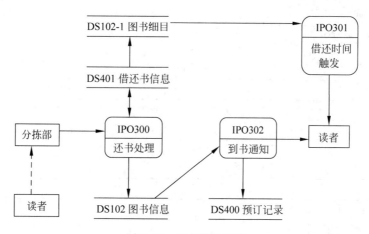

图 3.10 还书数据流图

3. 定义数据字典

在定义数据字典时，首先应该定义一个系统级的字典，其中必须包括数据流图中的处理、数据存储。图书管理系统的部分数据字典如表 3.5 所示。

表 3.5　图书管理系统的部分数据字典

编号	名称	类型	说明
IPO200	借书	处理	按读者号、图书号进行借书处理
IPO201	数据有效性检查	处理	检查读者号、图书号的有效性
IPO400	图书预订	处理	读者在网上预订，分拣部在柜台帮读者预订
IPO401	取消预订	处理	读者在网上取消预订，分拣部在柜台帮读者取消预订
IPO402	查询	处理	读者查询读者本人的基本信息、借还书记录信息、图书信息
IPO403	缺书登记	处理	读者在网上做缺书登记，系统要查询图书信息，进行确认
IPO100	读者信息	数据存储	读者信息输入、修改、删除、保存
IPO101	罚款信息	数据存储	存储延期、丢失、破损的处罚信息
IPO102	图书基本信息	数据存储	图书的基本信息，由采编人员输入
IPO102-1	图书细目	数据存储	每本图书的编号和当前状态
IPO104	新书订购信息	数据存储	新书的订购信息，由采编人员输入、修改、删除和保存
IPO200	借还书信息	数据存储	存储借还书信息，系统自动处理，不能人工修改
IPO400	预订信息	数据存储	记录预订借书信息，由读者自己输入，提交后不能修改，可以通过取消预订处理删除预订信息
IPO401	缺书登记	数据存储	读者输入缺书信息，提交后不能修改

4. 描述 IPO 图

图书管理系统 IPO 图描述如图 3.11 所示。

编号：IPO200		名称：借书处理
输入参数	处理说明	输出参数
读者编号 图书编号	1. 输入读者编号和图书编号 2. 创建借书记录，修改图书在库量 3. 如果此书曾经预订，则取消图书预订记录	修改DS102的在库图书量 插入借书记录到DS200 取消DS400中的预订记录
备注：		

图 3.11　IPO 图

5. 图书管理系统功能列表

图书管理系统的部分功能点列表如表 3.6 所示。

表 3.6　图书管理系统的部分功能点列表

编号	功能名称	使用部门	使用岗位	功能描述	输入	系统响应	输出
1	图书信息输入	采编部	管理员	给图书分类编号并输入系统	图书编号、条形码、书名、作者、ISBN、出版社、价格、所放位置、现存量、库存总量、入库日期、操作员、内容简介、借阅次数、是否注销	输入图书信息表	完成图书的入库
2	读者信息输入	分拣部	采编部	输入读者基本信息	读者编号、姓名、性别、出生日期、证件名称、证件号码、电话、登记日期、借书卡条形码、操作员、是否挂失、借阅次数、是否注销	输入读者信息表	打印并制作读者"图书卡"
3	图书借阅信息输入	采编部	采编部	输入读者借阅图书信息	图书编号、读者编号、借阅日期、还书日期、续借次数、操作员	输入图书借阅信息表，该图书的"现存量"减1	将图书交给读者
4	图书归还信息输入	分拣部	采编部	输入读者归还图书信息	图书编号、读者编号、归还日期、操作员	输入图书注销信息表	图书上架
5	图书注销信息输入	采编部	采编部	输入注销图书信息	图书编号、注销数量、注销日期、操作员	按"读者编号"在读者信息表中查询该读者信息	打印图书注销信息，并请馆长签字
6	查询读者信息	分拣部	采编部	输入读者信息	读者编号	按照输入的查询条件，在"图书信息表"中查询	显示"读者编号、姓名、电话、罚款次数"
7	查询图书信息	分拣部	采编部	输入查询图书信息	图书名称/作者姓名	按照输入的查询条件，在"图书馆信息表"中查询该图书	显示"图书名称、作者姓名、借阅情况、内容简介"
8	读者网上查询信息	网上读者	网上读者	输入读者网上查询图书信息	图书名称/作者姓名		显示"图书名称、作者姓名、借阅情况、内容简介"

6. 图书管理系统性能点列表

图书管理系统的部分性能点列表如表 3.7 所示。

表 3.7 图书管理系统的部分性能点列表

编号	性能名称	使用部门	使用岗位	性能描述	输入	系统响应	输出
1	读者网上查询图书信息响应时间	网上读者	网上读者	查某本书少于10s	图书名称/作者姓名	按照输入的查询条件，进行模糊查询	显示"图书名称、作者姓名、借阅情况、内容简介"
2	后台查询读者信息响应时间	分拣部	管理员	查某读者信息少于2s	读者编号	按照输入的查询条件，进行模糊查询	显示"读者编号、姓名、电话、罚款次数"
3	后台查询图书信息响应时间	分拣部	管理员	查某本书少于3s	图书名称/作者姓名	按照输入的查询条件，进行模糊查询	显示"图书名称、作者姓名、借阅情况、内容简介"

3.7 小　　结

结构化分析技术是一种传统的软件开发技术，传统软件工程方法学使用该技术完成分析用户需求的工作。需求分析是软件工程中的一个关键阶段，是发现、求精、建模、形成规格说明和复审的过程。

要想正确地获得用户的需求，分析员必须使用适当的方法与用户沟通。访谈是与用户沟通的一门被证明行之有效的技术，在访谈过程中要保持理性，自始至终以我为主，牢牢掌握访谈的主动权。从可行性研究阶段得到的数据流图出发，在用户的帮助下面向数据流自顶向下逐步求精（面向数据流的分析方法），也是获取需求的有效方法。但有时候用户对自己的需求不明确或不了解，这时快速建立软件原型是最准确、最明智、最有效和最强大的需求分析技术。

人们为了更好地理解目标系统的需求，通常采用建立模型的方法。结构化分析技术是一种建模活动，在需求分析阶段一般需要使用 E-R 图建立数据模型，使用数据流图建立功能模型，使用状态转换图建立行为模型。分析模型建立之后，在需求分析阶段还有一项极其重要的任务——编写软件需求规格说明。软件需求规格说明需要经过评审组严格评审并得到用户的认可后，才能作为需求分析阶段的最终成果。

习　题　3

一、单项选择题

1. 需求分析阶段产生的最重要的文档之一是（　　）。
   A. 项目开发计划　　　　　　　　　　B. 软件需求规格说明

C. 设计说明书 D. 可行性分析报告
2. 需求分析阶段,分析人员要确定对问题的综合需求,其中最主要的是( )需求。
   A. 功能 B. 性能
   C. 数据 D. 环境
3. 需求分析是( )。
   A. 软件开发工作的基础 B. 软件生存周期的开始
   C. 由系统分析员单独完成的 D. 由用户自己单独完成的
4. 需求分析阶段要给出( )的回答。
   A. 做不做 B. 怎么做
   C. 什么时候做 D. 做什么,不做什么
5. 需求分析中开发人员要从用户那里了解( )。
   A. 软件做什么 B. 用户使用界面
   C. 输入的信息 D. 软件的规模
6. 需求分析阶段的任务是确定( )。
   A. 软件开发方法 B. 软件开发工具
   C. 软件开发费用 D. 软件系统功能
7. 需求分析的任务不包括( )。
   A. 问题分析 B. 系统设计
   C. 需求描述 D. 需求评审
8. 需求分析阶段常用面向数据流的结构化分析法的英文简称是( )。
   A. SA(Structured Analysis)
   B. JSD(Jackson System Design)
   C. DSSD(Data Structured System Development)
   D. OOA(Object-Oriented Analysis)
9. 结构化分析方法的主要思想是( )。
   A. 具体与自顶向下的逐层分解 B. 具体与自下向上的逐层分解
   C. 抽象与自下向上的逐层分解 D. 抽象与自顶向下的逐层分解
10. 结构化需求分析用于描述数据在系统中流动和处理情况的工具是( )和数据字典。
    A. 系统流程图 B. 状态转换图
    C. 数据流图 D. 实体联系图
11. 结构化需求分析用于建立功能模型的图形工具是( )。
    A. 数据流图 B. E-R 图
    C. 状态转换图 D. 系统流程图
12. 结构化需求分析用于建立行为模型的图形工具是( )。
    A. 数据流图 B. E-R 图
    C. 状态转换图 D. 系统流程图
13. 结构化需求分析用于建立数据模型的图形工具是( )。
    A. 数据流图 B. E-R 图

C. 状态转换图 　　　　　　　　　　D. 系统流程图

14. 以下对需求分析的描述不正确的是(　　)。

　　A. 软件需求分析是软件生存周期最关键的一步

　　B. 需求分析是在可行性分析的基础上,进一步了解确定用户需求

　　C. 需求分析是软件计划时期的最后一个阶段

　　D. 需求分析阶段需准确地回答"系统必须做什么?怎么做"的问题

15. 需求分析阶段研究的对象是(　　)。

　　A. 用户需求 　　　　　　　　　　B. 分析员要求

　　C. 系统要求 　　　　　　　　　　D. 软硬件要求

二、判断题

1. 需求分析虽处于软件开发的初期阶段,但它对于整个软件开发过程以及产品质量至关重要。(　　)

2. 需求分析是软件计划时期的第一个阶段。(　　)

3. 需求分析是在问题定义的基础上,进一步了解确定用户需求。准确地回答"系统必须做什么?"的问题。(　　)

4. 由于经济和业务环境的动态性导致需求易变而直接影响需求分析的效果。(　　)

5. 需求分析阶段将用户非形式的需求陈述转化成的形式功能规约叫需求规格说明。(　　)

6. 需求分析阶段只需确定系统的功能需求即可,别的需求不需要确定。(　　)

7. 需求分析尽量不要遗漏必要的需求。(　　)

8. 结构化需求分析的主要思想是抽象与自顶向下的逐层分解。(　　)

三、简答题

1. 需求分析的任务是什么?

2. 如何获取用户的需求?

3. 软件需求规格说明书的内容框架是什么?

四、画图题

某公司拟开发一多用户电子邮件客户端系统,部分功能的初步需求分析结果如下。

(1) 邮件客户端系统支持多个用户,用户信息主要包括用户名和用户密码,且系统中的用户名不可重复。

(2) 邮件账号信息包括邮件地址及其相应的密码,一个用户可以拥有多个邮件地址(如user1@123.com)。

(3) 一个用户可拥有一个地址簿,地址簿信息包括联系人编号、姓名、电话、单位地址、邮件地址1、邮件地址2、邮件地址3等信息。地址簿中一个联系人只能属于一个用户,且联系人编号唯一标识一个联系人。

(4) 一个邮件账号可以含有多封邮件,一封邮件可以含有多个附件。邮件主要包括邮件号、发件人地址、收件人地址、邮件状态、邮件主题、邮件内容、发送时间、接收时间。其中,

邮件号在整个系统内唯一标识一封邮件，邮件状态有已接收、待发送、已发送和已删除四种，分别表示邮件是属于收件箱、发件箱、已发送箱和废件箱。一封邮件可以发送给多个用户。附件信息主要包括附件号、附件文件名、附件大小。一个附件只属于一封邮件，附件号仅在一封邮件内唯一。

根据以上说明画出电子邮件客户端系统的 E-R 图（不考虑实体的属性）。

概要设计

主要内容

(1) 概要设计的任务及过程。
(2) 模块化设计原理。
(3) 软件结构及描绘它的图形工具。
(4) 面向数据流的设计方法。
(5) 概要设计说明书的编写。

对系统的需求进行分析后,已经清楚了系统"做什么",现在到了考虑系统"怎么做"的时候了。软件设计的任务就是解决"怎么做"的问题。软件设计是整个软件工程工作的核心,是把软件需求转换为软件的具体设计方案。软件设计过程主要包括概要设计和详细设计。概要设计的基本目的是概括地回答"怎么做"这个问题。

概要设计犹如画家根据画的寓意构思一幅画的轮廓一样,根据系统的功能需求,设计软件结构。

本章将重点介绍概要设计的原理、工具及方法。

4.1 设计概述

概要设计,也称为"总体设计""高层设计"或"软件结构设计"。概要设计过程首先要仔细地分析需求说明,寻找实现目标系统的各种方案。然后设计人员从这些方案中选出最佳方案向用户和使用部门推荐。如果接受了推荐的最佳方案,设计人员应进一步为最佳方案设计软件结构、设计数据库以及制订测试计划。最后应该对概要设计的结果进行严格的审查和复审。

4.1.1 核心知识

1. 概要设计的基本任务

1) 系统架构设计

根据系统的需求框架,确定系统的基本结构,形成系统架构,以获得有关系统创建的总体方案。主要设计内容包括以下几点。

(1) 根据系统业务需求,将系统分解成诸多具有独立任务的子系统。

（2）分析子系统之间的通信，确定子系统的外部接口。

当系统架构设计完成后，可将一个大的软件项目分解成许多小的软件子项目。

2）软件结构设计

系统架构确定后，就可以根据功能需求进行软件结构设计。软件结构设计是对组成系统的各个子系统的结构设计，设计人员仔细地分析需求规格说明，划分各个子系统的功能模块，形成具有预定功能的模块组成结构，确定模块间的调用关系。

3）公共数据结构设计

设计人员应该在需求分析阶段所确定的系统数据需求的基础上，给出数据对象的逻辑表示，确定那些将被许多模块共同使用的公共数据的构造。例如，公共变量、数据文件以及数据库中的数据等，可以将这些数据看作系统的公共数据环境。

4）文档编写

在概要设计阶段需要编写概要设计说明书、数据库设计说明书以及集成测试计划等文档。

5）审查和复审

根据需求规格说明对设计方案和各种文档进行严格的技术审查，通过后再由使用部门进行复审。

2．概要设计的基本过程

概要设计的基本过程如图 4.1 所示，主要包括 3 个方面的设计：系统架构设计、软件结构设计和数据结构设计。首先是系统架构设计，用于定义组成系统的子系统，以及对子系统的控制、子系统之间的通信和数据环境等；然后是软件结构和数据结构的设计，用于定义构造子系统的功能模块、模块接口、模块之间的调用与返回关系，以及数据结构、数据库结构等。

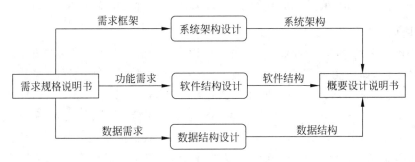

图 4.1　概要设计的基本过程

4.1.2　能力目标

理解概要设计的基本任务及过程。

4.1.3　任务驱动

1．任务的主要内容

假设你是一名软件设计人员，当从需求分析员手中拿到需求规格说明书之后，应该如何进行目标系统的概要设计？

2. 任务分析

概要设计的基本过程包括系统架构设计、软件结构设计和数据结构设计。因此,作为软件设计人员应该根据需求规格说明书中的需求框架进行系统结构设计;根据需求规格说明书中的功能需求进行软件结构设计;根据需求规格说明书中的数据需求进行数据结构设计;最后把设计的成果形成概要设计说明书。

3. 任务小结或知识扩展

概要设计可以站在全局高度上,从抽象的层次上分析系统的实现方案和软件结构,从中选择最佳方案和最合理的软件结构。因此,概要设计是软件设计的高层设计,就像国家的战略设计一样,是极其重要的。

4. 任务的参考答案

【答案】 参考任务分析。

4.1.4 实践环节

有人认为:需求分析很重要,概要设计不重要(可有可无)。此人的观点正确吗?举例说明。

4.2 设计原理

本节主要介绍在软件设计过程中应该遵循的原则和相关概念。

4.2.1 核心知识

为了开发出高质量、低成本的软件系统,在软件设计过程中应该遵循以下原则。

1. 模块化

随着人类文明的进步,软件规模越来越大,软件设计的复杂性也在不断增加。面对规模庞大的软件系统,如何高效、高质量地开发,已成为人们比较关心的问题。首先,让我们看一下这样的情景。临近期末考试了,同学们要复习功课准备考试,你是采取各个击破的战术(一部分一部分地吃透测,最终达到全胜),还是眉毛胡子一把抓的战术(所有的功课一块看,看着这个,忘了那个,最后挂了好几科)?显而易见,我们面对庞大繁杂的期末复习,应该采取各个击破的战术。同样原理,软件工程师面对规模庞大的软件系统,也应该采取各个击破的战术,把待开发的软件系统划分成若干个可完成某一子功能的子系统,最后把这些子系统组合成复杂的目标系统。这种"分而治之"的做法实际上就是软件设计过程中的模块化原理。

模块是指执行某一特定任务的数据和可执行语句等程序元素的集合,它可以通过名字访问,并可单独编译,例如,函数、方法、宏、过程、子程序等都可作为模块。软件模块化设计就是把一个复杂的软件系统的全部功能划分成若干模块,每个模块实现一个特定的子功能。模块化设计可降低软件设计和实现的复杂度,那么有人可能会认为:尽量多地分割软件模块,降低设计与实现的难度。实际上,当模块数量增加时每个模块的规模将减小,开发单个模块的成本也减少;但是,随着模块数量增加,设计模块间通信所需要的工作量也将增加。因此,我们对复杂的软件系统进行模块划分时,要按照一定的原则合理地划分。

采用模块化原理不仅可以提高软件的可理解性和可测试性,也使软件更容易维护。因为程序错误通常在有关的模块及它们之间的接口中,只需要修改涉及的少数几个模块。

分解、抽象、逐步求精、信息隐藏和模块独立性都是模块化设计的指导思想。

2. 抽象

抽象是从众多的事物中抽取出共同的、本质的特征,而舍弃其非本质的特征。由于人类思维能力的局限性,当处理一个复杂问题时,唯一有效的办法是把复杂问题分解成容易解决的小问题。分解要有抽象的支持,因为抽象是抓住主要问题,隐藏细节。例如,在汽车运动中,"加速"功能实际上隐含了一系列细节,包括手握方向盘、脚踩油门、眼睛目视前方等。

模块化和逐步求精,与抽象是紧密相关的。软件结构顶层的模块控制了系统的主要功能并影响全局;在底层的模块完成一个具体实现。这种用自顶向下由抽象到具体的方式分配控制可以简化软件开发过程的复杂性,有利于软件开发过程的管理。

3. 逐步求精

逐步求精是一种自顶向下、由抽象到具体的设计策略,是人们解决复杂问题时采用的基本方法。逐步求精将系统功能按层次进行分解,每一层不断将功能细化,到最后一层都是功能单一、简单易实现的模块。求精实际上是细化求解的过程。下面通过一个例子来说明逐步求精的用法。

【例 4.1】 要求用筛选法求 100 以内的素数。筛选法就是从 2 到 100 中去掉 2、3、…、9、10 的倍数,剩下的就是 100 以内的素数。(C 语言实现)

(1) 为了解决这个问题,我们可以先按程序功能写出一个框架。

```c
#include<stdio.h>
void main(){
    /*1 建立 2 到 100 的数组 A[],其中 A[i]=i; */
    /*2 建立 2 到 10 的素数表 B[],其中存放 2 到 10 以内的素数; */
    /*3 若 A[i]=i 是 B[]中任一数的倍数,则删除 A[i]; */
    /*4 输出 A[]中所没有被删除的数; */
}
```

(2) 上述框架中的每一个加工语句都可以进一步细化成一个循环语句。

```c
#include<stdio.h>
void main(){
    /*1 建立 2 到 100 的数组 A[],其中 A[i]=i; */
    for(i=2;i<=100;i++)
        A[i]=i;
    /*2 建立 2 到 10 的素数表 B[],其中存放 2 到 10 以内的素数; */
    B[1]=1;  B[2]=3;  B[3]=5;  B[4]=7;
    /*3 若 A[i]=i 是 B[]中任一数的倍数,则删除 A[i]; */
    for(j=1;j<=4;j++)
```

```
        /*3.1 检查 A[]所有的数能否被 B[j]整除并将能被整除的数从 A[]中删除; */
        /*4 输出 A[]中所没有被删除的数; */
        for(i=2;i<=100;i++)
        /*4.1 若 A[i]没有被删除,则输出之*/
}
```

(3) 下面继续对 3.1 和 4.1 细化,直到最后每一个语句都能直接用程序设计语言来表示为止。

```
#include<stdio.h>
void main( ){
    /*1 建立 2 到 100 的数组 A[],其中 A[i]=i; */
    for(i=2;i<=100;i++)
        A[i]=i;
    /*2 建立 2 到 10 的素数表 B[],其中存放 2 到 10 以内的素数;
    B[1]=1; B[2]=3; B[3]=5; B[4]=7;
    /*3 若 A[i]=i 是 B[]中任一数的倍数,则删除 A[i]; */
    for(j=1;j<=4;j++){
        /*3.1 检查 A[]所有的数能否被 B[j]整除并将能被整除的数从 A[]中删除; */
        for(i=2;i<=100;i++){
            if(A[i]/B[j]*B[j] = = A[i])
                A[i]=0
        }
    }
    /*4 输出 A[]中所没有被删除的数; */
    for(i=2;i<=100;i++){
        /*4.1 若 A[i]没有被删除,则输出之*/
        if(A[i]!=0)
            printf("A[%d]=%d",i,A[i]);
    }
}
```

4. 信息隐藏

信息隐藏是采用封装的技术,将模块内的实现细节(过程和数据)隐藏起来,对于不需要这些信息或没授权访问这些信息的模块来说是不能访问的。例如,梦幻飞机波音 787 的发动机,买回来只能使用,而不能拆开看看里面是怎么制造的。

根据信息隐藏的原则,系统中的模块应设计成"黑匣子",模块外部只能通过模块接口进行通信。如果在测试期间或以后的维护期间需要修改软件,那么使用信息隐藏就会带来极大好处。因为,模块之间信息是隐藏的,修改这个模块不会影响另一个模块。打个不太恰当的比喻,一个人的手出了毛病,我们只管治疗他的手,不需要关心他的脚。

5. 模块独立

如果在软件设计时遵循了模块化、抽象、信息隐藏等原则,那么必然导致模块独立。也就是说,模块独立是模块化、抽象、信息隐藏的直接结果。

在软件设计时怎样才能做到模块独立呢?开发具有独立功能且和其他模块之间没有过

多关联的模块,这样就可以做到模块独立。模块独立对多人分工合作开发同一个软件,是尤其重要的。另外,独立的模块比较容易测试和维护。所以,模块独立是良好设计的关键,而良好设计又是决定软件质量的关键环节。

模块的独立程度可由内聚和耦合这两个定性标准来度量。内聚(Cohesion)是一个模块内部各成分之间相关联程度的度量。耦合(Coupling)是模块之间依赖程度的度量。我们知道独立的模块具有很多优点,因此模块设计应当争取"高内聚、低耦合",而避免"低内聚、高耦合"。

1) 内聚

内聚是衡量一个模块内部各成分彼此结合的紧密程度。高内聚是模块化设计所追求的目标。内聚和耦合是密切关联的,高内聚的模块通常意味着与其他模块之间存在低耦合,高耦合的模块通常意味着低内聚。内聚按照从弱到强的顺序可分为7类:偶然内聚、逻辑内聚、时间内聚、过程内聚、通信内聚、顺序内聚和功能内聚。其中,偶然内聚、逻辑内聚和时间内聚属于低内聚;过程内聚和通信内聚属于中内聚;顺序内聚和功能内聚属于高内聚。

① 偶然内聚。如果一个模块的各成分之间没有实质性联系或毫无关系,则称为偶然内聚,也就是说模块完成一组任务,这些任务之间的关系松散,实际上没有什么联系。例如,把所有模块程序中用到的常量都放到一个类中,把这个放着常量的类看成一个模块,那么就出现了偶然内聚的模块。因为类中的常量与常量之间没有任何联系。

② 逻辑内聚。几个逻辑上相关的功能被放在同一模块中,则称为逻辑内聚。如一个模块读取各种不同类型外设的输入。尽管逻辑内聚比偶然内聚合理一些,但逻辑内聚的模块各成分在功能上并无关系,即便是局部功能的修改有时也会影响全局,因此这类模块的修改也比较困难。

③ 时间内聚。如果一个模块完成的功能必须在同一时间内执行(如系统初始化),但这些功能只是因为时间因素关联在一起,则称为时间内聚。

④ 过程内聚。如果一个模块的各个组成部分必须按照某一特定次序执行,则称为过程内聚。

⑤ 通信内聚。如果一个模块的所有成分都操作同一数据集或生成同一数据集,则称为通信内聚。

⑥ 顺序内聚。如果一个模块的各个成分和同一个功能密切相关,而且一个成分的输出作为另一个成分的输入,则称为顺序内聚。

⑦ 功能内聚。模块的所有成分对于完成单一的功能都是必需的,则称为功能内聚。功能内聚是最高程度的内聚。

模块设计者没有必要确定内聚的精确级别,重要的是尽量争取高内聚,避免低内聚。

2) 耦合

耦合是一个软件结构中各个模块之间相互关联的度量。它取决于各个模块之间接口的复杂程度、调用模块的方式以及通过接口的信息。耦合按照从弱到强的顺序可分为七类:非直接耦合、数据耦合、特征耦合、控制耦合、外部耦合、公共耦合以及内容耦合。其中,非直接耦合、数据耦合和特征耦合属于低耦合;控制耦合属于中耦合;外部耦合和公共耦合属于较强耦合;内容耦合属于强耦合。

① 非直接耦合。两个模块之间没有直接关系，它们之间的联系完全是通过主模块的控制和调用来实现的，那么称为非直接耦合。

② 数据耦合。模块之间通过参数来传递数据，那么被称为数据耦合。数据耦合是低耦合的一种形式，系统中一般都存在这种类型的耦合，因为为了完成一些有意义的功能，往往需要将某些模块的输出数据作为另一些模块的输入数据。

③ 特征耦合。若一个模块 A 通过接口向两个模块 B 和 C 传递一个公共参数，那么称模块 B 和 C 之间存在一个特征耦合。

④ 控制耦合。一个模块通过接口向另一个模块传递一个控制信号，接收信号的模块根据信号值而进行适当的动作，这种耦合被称为控制耦合。

⑤ 外部耦合。一组模块都访问同一全局变量，则称它们为外部耦合。

⑥ 公共耦合。两个或两个以上的模块共同引用一个全局数据项，这种耦合被称为公共耦合。全局数据项可以是共享的通信区、公共的内存区域、任何存储介质文件以及物理设备等。

⑦ 内容耦合。当一个模块被直接修改或操作另一个模块的数据时，或一个模块不通过正常入口而转入另一个模块时，这样的耦合被称为内容耦合。内容耦合是最高程度的耦合，应该避免使用它。

耦合是影响软件复杂程度和设计质量的一个重要因素，在设计上应遵循以下原则：如果模块间必须存在耦合，就尽量使用数据耦合，少用控制耦合，限制公共耦合的范围，尽量避免使用内容耦合。

4.2.2 能力目标

理解模块化、抽象、逐步求精以及信息隐藏的概念，掌握内聚和耦合的概念，灵活使用设计原理进行模块设计。

4.2.3 任务驱动

1. 任务的主要内容

参考例 4.1 使用逐步求精的原理求解鸡兔同笼问题。已知鸡和兔的总头数和总脚数，求鸡有多少只，兔有多少只(用 C 语言实现)。

2. 任务分析

根据问题定义，写的程序应按顺序完成 3 个功能：①输入总头数 $heads$，总脚数 $feet$；②求鸡的只数 $chicken$ 和兔的只数 $rabbit$；③输出变量 $chicken$ 和 $rabbit$ 的值。其中只有第 2 步需要求精。根据二元一次方程组，可知 4 个变量 $heads$、$feet$、$chicken$、$rabbit$ 之间的关系为：

$$heads = chicken + rabbit$$
$$feet = 2 * chicken + 4 * rabbit$$

解此方程组，可得到以下两个公式：

$$chicken = (4 * heads - feet)/2$$
$$rabbit = (feet - 2 * heads)/2$$

将此公式转化为赋值语句,考虑到输入的总头数和总脚数不一定能得到整数解,因此将变量 chicken(表示鸡的只数)、rabbit(表示兔的只数)定义为 float 型变量。因此第二步求精结果如下:

$$chicken = (4.0 * heads - feet)/2.0$$
$$rabbit = (feet - 2.0 * heads)/2.0$$

3. 任务小结或知识扩展

逐步求精是解决复杂问题的基本方法,是将现实世界的问题经抽象转化为逻辑空间或求解空间的问题。复杂问题经抽象化处理变为相对比较简单的问题。经若干步抽象(精化)处理,最后到求解域中只是比较简单的编程问题。

4. 任务的参考答案

【答案】

(1) 先按程序功能写出一个框架。

```
#include<stdio.h>
int main( ){
    /*1 输入总头数 heads,总脚数 feet */
    /*2 求鸡的只数 chicken 和兔的只数 rabbit */
    /*3 输出变量 chicken 和 rabbit 的值 */
}
```

(2) 上述框架中的每一个加工语句进一步细化成程序语句。

```
#include<stdio.h>
int main( ){
    /*1 输入总头数 heads,总脚数 feet */
    int    heads,feet;
    float   chicken,rabbit;
    printf("请输入总头数和总脚数,两数间用空格隔开\n");
    scanf("%d%d",&heads,&feet);
    /*2 求鸡的只数 chicken 和兔的只数 rabbit */
    chicken = (4.0 * heads - feet)/2.0;
    rabbit = (feet - 2.0 * heads)/2.0;
    /*3 输出变量 chicken 和 rabbit 的值 */
    printf("鸡的只数为: %f 只,兔的只数为: %f 只 \n",chicken,rabbit);
    return 0;
}
```

4.2.4 实践环节

(1) 有人说:"将复杂的系统分解得越细越好、得到的功能模块越多越好。"他的观点正确吗?说明理由。

(2) 什么是内聚?什么是耦合?两者有什么关系?

4.3 设计工具

通过 4.1 节的学习已知道,软件结构设计是概要设计的基本任务之一。本节主要介绍描绘软件结构的图形工具:层次图和结构图。

4.3.1 核心知识

1. 层次图

通常使用层次图描绘软件的层次结构。在层次图中一个矩形框代表一个模块,矩形框间的连线表示调用关系(位于上方的矩形框所代表的模块调用位于下方的矩形框所代表的模块)。图 4.2 是层次图的一个例子,最顶层的矩形框代表学生成绩管理系统的主控模块,它调用下层模块以完成学生成绩管理的全部功能;第二层的每个模块控制完成学生成绩管理的一个主要功能,例如"信息统计"模块通过调用它的下属模块可以完成三种信息统计功能中的任何一种。

【例 4.2】 使用层次图描绘学生成绩管理系统的软件结构,如图 4.2 所示。

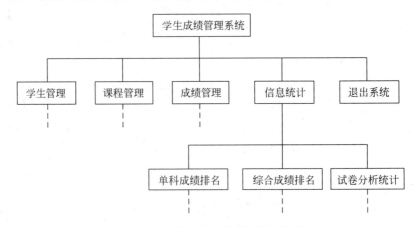

图 4.2 学生成绩管理系统的层次图

层次图经常结合 IPO 图(输入/处理/输出图)变成 HIPO 图,获得模块间的调用关系以及调用时传递的信息。HIPO 图是 IBM 公司发明的"层次图+输入/处理/输出图"的英文缩写。HIPO 图的画法就是在层次图(H 图)里除了最顶层的方框之外,每个方框都加了编号。HIPO 图的示例如图 4.3 所示。

和层次图中每个方框(模块)相对应,应该有一张 IPO 图描绘这个方框代表的模块的处理过程。IPO 图的基本形式是在左边的框中列出有关的输入数据,在中间的框内列出主要的处理,在右边的框内列出产生的输出数据。IPO 图的示例如图 4.4 所示。

一般情况下,在设计软件时使用改进的 IPO 图(或 IPO 表),因为在改进的 IPO 图可以包含附件的信息,如系统名称、图的作者、完成日期、描述的模块名称、模块在层次图中的编号、调用该模块的模块清单、该模块调用的模块清单等。改进的 IPO 图的形式如图 4.5 所示。

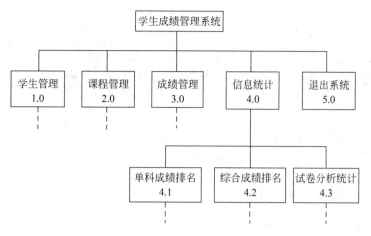

图 4.3　带编号的层次图

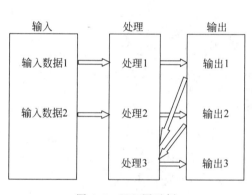

图 4.4　IPO 图示例

图 4.5　改进的 IPO 图的形式

2. 结构图

结构图(或称层次模块结构图)是由美国人 Yourdon 于 1974 年首先提出的,是进行软件结构设计的另一个有力工具。它的基本做法是将系统划分为若干子系统,子系统下再划分为若干个模块,大模块内再分小模块。结构图主要关心的是模块的外部属性,即上下级模块、同级模块之间的数据传递和调用关系,并不关心模块的内部。

描绘结构图的图形符号如表 4.1 所示。

表 4.1　结构图的图形符号

符　　号	名　　称	说　　明
模块名称	模块	用一个矩形框表示软件系统中的一个模块,方框中写上模块名称。名字要恰当地反映模块的功能,功能在某种程度上反映了模块内各成分之间的联系
↓	调用	用一个带箭头的线段表示模块间的调用关系。该箭头连接调用和被调用模块,箭头指向被调用模块,箭头出发点调用模块。一般只允许上层模块调用下层模块

符号	名称	说明
○→ ●→	数据	模块间调用时可以互相传递数据信息。数据信息可分为两类：作数据用的信息和控制用的信息。尾部有小空心圆标记的箭头是作数据用的信息，有实心圆标记的箭头是作控制用的信息
◇↓	条件调用	在调用箭头的发出端加一个菱形框表示条件调用。条件调用为上层模块根据条件调用它的下层模块中的某一个
↻	循环调用	在调用箭头的发出端加一个带箭头的圆弧表示。循环调用为上层模块反复调用它的下层模块

结构图中模块间的基本关系如图 4.6 所示。

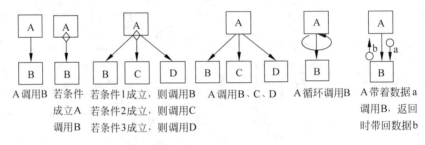

图 4.6 基本关系

【例 4.3】 某公司销售采购处理系统的数据处理子系统的处理过程是：公司营业部对每天的顾客订货单形成一个订货单文件，它记录了订货项目的数量、货号、型号等详细数据。然后在这个文件的基础上对顾客订货情况进行分类统计、汇总等处理操作。可设计该子系统的结构图如图 4.7 所示。

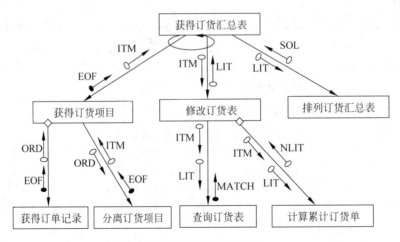

图 4.7 结构图举例

在图 4.7 中，ITM 代表订货项目；EOF 代表文件结束标志；LIT 代表订货表；SOL 代表订货汇总表；ORD 代表订货单；MATCH 代表匹配；NLIT 代表修好后的订货表。

4.3.2 能力目标

灵活使用层次图、HIPO 图和 IPO 图描绘软件结构,了解结构图的画法。

4.3.3 任务驱动

1. 任务的主要内容

某高校图书管理系统的主要功能如下。

(1) 管理人员可以查询读者信息、图书信息和借阅统计信息。

(2) 针对图书进行四方面的管理:购入新书、读者借书、还书以及图书注销。

使用层次图描绘出该图书管理系统的层次结构。

2. 任务分析

从问题的描述可知,系统的功能有两大类:查询和管理。查询功能又分为读者信息查询、图书信息查询和借阅统计信息查询;管理功能又分为购书、借书、还书和图书注销。

3. 任务小结或知识扩展

通常用层次图描绘软件结构,这是因为结构图包含的信息太多有时反而降低了软件结构的清晰程度。但是,层次图要结合 IPO 图和数据字典中的信息才能清晰地描绘系统模块间的调用关系及模块间数据信息的传递。

4. 任务的参考答案

【答案】 如图 4.8 所示。

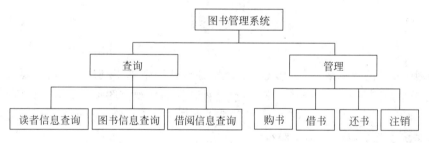

图 4.8 系统的层次结构

4.3.4 实践环节

把图 4.8 中的模块加上编号变成 HIPO 图。

4.4 设计方法

通过前面的学习已知道,在需求分析阶段用数据流图描绘了信息在系统中加工和流动的情况,构造了系统的逻辑结构,而软件结构是概要设计中重要的表示方法。因此,确立一种设计方法将数据流图映射为软件结构就显得十分重要。

面向数据流的设计方法是以数据流图为基础,按照一定的步骤将数据流图映射为软件结构的方法。人们所说的结构化设计方法(Structured Design,SD),常常指的是面向数据流的设计方法。

4.4.1 核心知识

1. 数据流类型

要想把数据流图映射为软件结构,首先必须研究数据流图的类型。不论数据流图如何庞大和复杂,一般可分为变换型和事务型。

1) 变换型数据流图

数据流图表示的软件系统包括 3 个功能部分:输入数据、加工处理和输出数据。同理变换型的数据流图是由输入、变换和输出组成。输入的功能是将物理输入(外部形式的输入)转换成系统的逻辑输入(内部形式的输入)。变换是系统的主加工,将逻辑输入经加工处理后变换成逻辑输出(内部形式的输出)。输出的功能是将逻辑输出变换成物理输出(外部形式的输出)离开软件系统。变换型数据流图的一般形式可用图 4.9 表示。

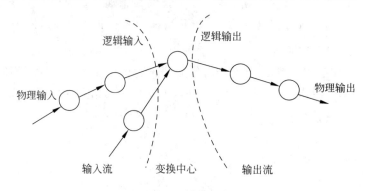

图 4.9 变换型数据流图

2) 事务型数据流图

图 4.10 所示的数据流图,当数据沿输入通道到达一个加工处理 T 时,需要根据输入的数据在若干个加工序列中选择一个来执行,这种特征的数据流图称为事务型的数据流图,这个加工处理 T 称为事务中心。事务中心完成 3 个任务:接收输入数据(事务);分析事务类型;根据事务类型选择一个加工路径。

2. 设计过程

面向数据流设计方法的过程如下。

(1) 精化数据流图。数据流图转换为软件结构前,设计人员要认真研究分析数据流图并参照数据字典,检查有无遗漏或不合理之处,进行必要的修改。

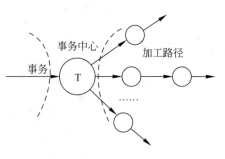

图 4.10 事务型数据流图

(2) 确定数据流图类型,如果是变换型,确定变换中心和逻辑输入、逻辑输出的界线,映射成变换结构;如果是事务型,确定事务中心和加工路径,映射成事务结构。

(3) 分解上层模块,设计中下层模块结构。

(4) 根据优化准则对软件结构求精。
(5) 导出模块功能、接口及全局数据结构。
(6) 复查,如果有错,转向过程(2)修改,否则进入详细设计。

图 4.11 说明了使用面向数据流设计方法逐步设计的过程。但读者应该注意,任何设计过程不是一成不变的,这些过程只是给设计人员做个参考,真正的设计还需要设计人员的创新能力。

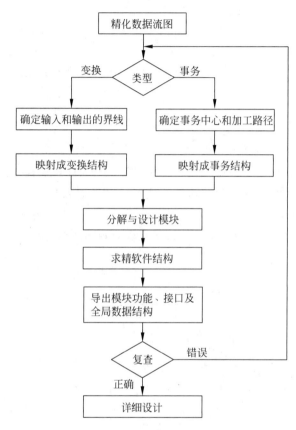

图 4.11 面向数据流方法的设计过程

3. 变换分析

变换分析就是经过一系列设计步骤把变换型数据流图映射成软件结构。下面可以通过一个例子说明变换分析的方法。

1) 例子

【例 4.4】 某基于微处理器的住宅安全系统,使用传感器(如红外探头、摄像头等)来检测各种意外情况,如非法进入、火警、水灾等。

房主可以在安装该系统时配置安全监控设备(如传感器、显示器、报警器等),也可以在系统运行时修改配置,通过录像机和电视机监控与系统连接的所有传感器,并通过控制面板上的键盘与系统进行信息交互。在安装过程中,系统给每个传感器赋予一个编号(即 ID)和类型,并设置房主密码以启动和关闭系统,设置传感器事件发生时应自动拨出的电话号码。当系统检测到一个传感器事件时,就激活警报,拨出预置的电话号码,并报告关于位置和检测到的事件的性质等信息。

下面以"某基于微处理器的住宅安全系统"的传感器检测子系统为例说明变换分析的各个步骤。

2) 设计步骤

(1) 复审基本系统模型。基本系统模型是指顶层数据流图,复审的目的是确保目标系统的输入和输出符合实际。"传感器检测子系统"的顶层数据流图如图4.12所示。

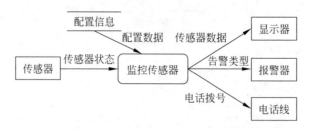

图4.12 传感器检测子系统的顶层数据流图

(2) 复查和精化数据流图。这一设计步骤主要是对软件需求规格说明书中的数据流图进行精化,直至获得足够详细的数据流图。例如,由"传感器检测子系统"的顶层数据流图(见图4.12)和0层数据流图(见图4.13)进一步推导出1层数据流图(见图4.14),此时,每个变换对应一个独立的功能,可以用一个模块实现,精化过程结束。

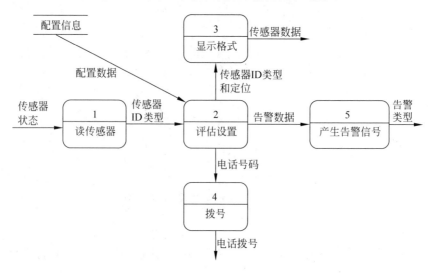

图4.13 传感器检测子系统的0层数据流图

(3) 确定数据流图的类型。只有当遇到有明显事务特性的信息流时,才采用事务分析方法,否则,一般都认为是变换流,采用变换分析的方法。从图4.14可以看出,数据沿着一条输入路径进来,沿着三个输出路径离开,没有明显的事务中心,因此,该数据流图是变换型数据流图。

(4) 划定输入流和输出流的边界,孤立出变换中心。

针对"传感器检测子系统"的例子,设计人员划定的流的边界如图4.15所示。

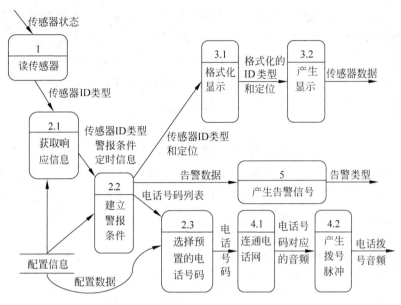

图 4.14　传感器检测子系统的 1 层数据流图

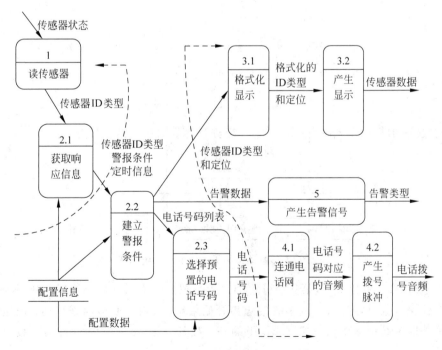

图 4.15　具有边界的数据流图

① 检查"输入流"的边界。从输入的数据源开始,沿着每一个由数据源输入的数据流的移动方向进行跟踪分析,逐个分析它所经过的处理逻辑功能。如果仅是输入的数据流作形式上的转换,逻辑上没有进行实际的数据处理功能,则这些处理逻辑都属于系统的"输入流部分"。顺着输入的数据流的移动方向,一直跟踪到它被真正地处理为止。

② 检查"输出流"的边界。从输出结果的地方开始,逆着每一个输出的数据流,由外向里反方向跟踪,逐个分析它的处理逻辑功能,一直反方向跟踪到它被真正地变换出来为止。

③ 得到变换中心。根据前两步的分析结果,画出一个界线(见图 4.15),在界线以内的就是变换中心。

(5) 完成"第一级分解"。数据流图被映射成一个特殊的软件结构,这个结构控制输入流、变换中心和输出流三部分。图 4.16 说明了第一级分解的方法。最顶层的控制模块 Cm,协调从属模块的控制功能;输入流控制模块 Ca,接收所有输入的数据;变换中心控制模块 Ct,对内部形式数据进行加工处理;输出流控制模块 Ce,产生输出数据。

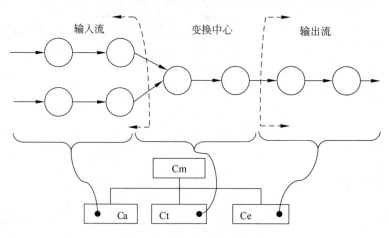

图 4.16 第一级分解的方法

针对"传感器检测子系统"的例子,第一级分解得到的功能结构如图 4.17 所示。

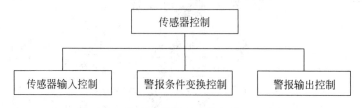

图 4.17 传感器检测子系统的第一级分解

(6) 完成"第二级分解"。第二级分解的目的是把数据流图中每个处理框映射为结构图中的一个模块。其过程是从变换中心的边界开始沿输入、输出通道向外移动;把遇到的每个处理框映射为结构图中相应控制模块下的一个模块。图 4.18 表示进行第二级分解的普遍途径。

针对"传感器检测子系统"的例子,第二级分解的结果分别如图 4.19~图 4.21 所示。这三张图仅仅是软件结构的"雏形",需要进行精化和补充。

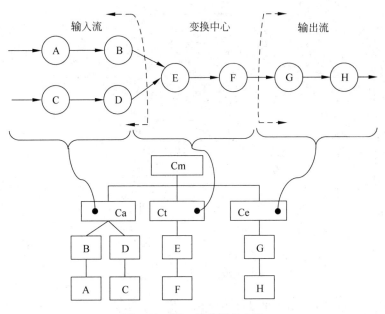

图 4.18 第二级分解的方法

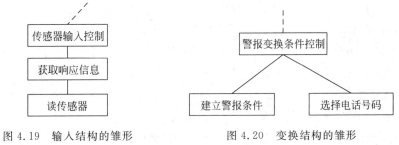

图 4.19 输入结构的雏形　　图 4.20 变换结构的雏形

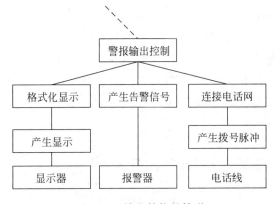

图 4.21 输出结构的雏形

（7）精化软件结构的"雏形"。我们已经知道模块化设计的原理是模块尽可能高的内聚、尽可能松散的耦合。为了产生合理的模块，应该对分解得到的模块进行再分解或合并。

针对"传感器检测子系统"的例子，经过分析发现二级分解后的软件结构不需要精化和修改。最后把第二级分解的结构合并形成最终软件结构，如图 4.22 所示。

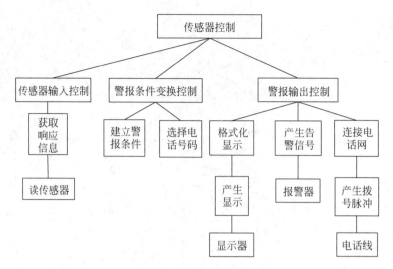

图 4.22 传感器检测子系统的软件结构

经过上述 7 个设计步骤,最终设计出软件结构的整体表示,该软件结构可以作为一个整体供设计人员复查。

4. 事务分析

一般情况下都可以使用变换分析方法设计软件结构,但是当数据流图具有明显的事务特点时,最好还是使用事务分析方法设计软件结构。什么样的数据流图具有明显的事务特点呢? 当主要功能模块可以平行处理时,就具有了事务特点。例如,销售管理系统具有 4 个主要功能:订货处理、进货处理、缺货处理和销售统计,这 4 个处理功能可平行工作,因此从整体上分析可按事务类型数据流图来设计软件结构。

事务分析的设计步骤和变换分析的设计步骤类似,主要区别在于由数据流图到软件结构的映射方法不同。

(1) 确定数据流图中事务中心和加工路径。

(2) 设计软件结构的顶层和第一层——事务结构。

① 接收分支:负责接收数据,它的设计与变换分析的输入部分设计方法相同。

② 发送分支:通常包含一个调度模块,它控制管理所有的下层的事务处理模块。

(3) 事务结构中、下层模块的设计、优化等工作同变换结构。图 4.23 说明上述的映射过程。

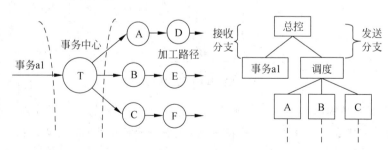

图 4.23 事务分析的映射方法

4.4.2 能力目标

掌握面向数据流的设计方法,灵活使用变换分析和事务分析设计软件结构。

4.4.3 任务驱动

1. 任务的主要内容

某学校的成绩分析系统,主要功能如下。

(1) 系统首先验证成绩单文件名的有效性。

(2) 其次验证文件名有效的文件内容格式的有效性。

(3) 再次分析统计成绩单文件的内容。

(4) 最后按照格式要求显示成绩分析结果。

该目标系统的数据流图如图 4.24 所示。请使用面向数据流的设计方法设计出该系统的软件结构。

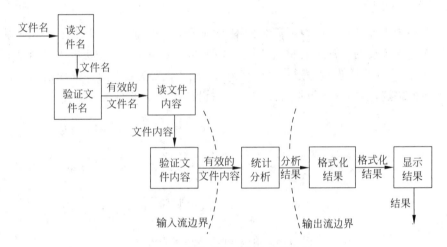

图 4.24 成绩分析系统的数据流图

2. 任务分析

这是一个具有明显变换特征的数据流图,首先读文件名,验证文件名的有效性;其次验证文件内容的有效性;再次分析统计文件内容;最后显示分析结果。读者可按照变换分析的设计步骤设计该系统的软件结构。

3. 任务小结或知识扩展

一般情况下,数据流不具有明显的事务特点时,最好使用变换分析的方法设计软件结构。但对于一个大型而复杂的系统来说,常常把变换分析和事务分析应用到同一个数据流图的不同部分。总之,设计人员要灵活使用变换分析和事务分析设计软件结构。

4. 任务的参考答案

【答案】 如图 4.25 所示。

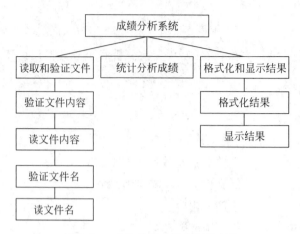

图 4.25　成绩分析系统的软件结构

4.4.4　实践环节

某公司的销售管理系统的数据流图如图 4.26 所示。在销售管理系统中,用户从键盘输入数据后就进入系统的事务中心进行判断。如果是订货处理,系统就进入订货通道;如果是进货处理,系统就进入进货通道;如果是销售统计,系统就进入销售统计通道。根据数据流图和上述的描述,使用面向数据流的设计方法设计出该系统的软件结构。

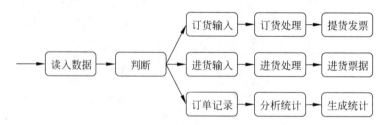

图 4.26　销售管理系统的数据流图

4.5　设计文档

4.5.1　核心知识

概要设计说明书是概要设计阶段的最后成果,编制的目的是说明对目标系统的设计考虑,包括目标系统的基本处理流程、组织结构、模块划分、功能分配、接口设计、数据结构设计和出错处理设计等,为目标系统的详细设计提供基础。本书中给出一个概要设计说明书的书写格式供读者参考,格式如图 4.27 所示。图 4.27 只是给出概要设计说明书的内容框架,具体内容读者可查阅相关资料。

在概要设计阶段除了编写概要设计说明书之外,还要编写数据库设计说明书和集成测试计划,请读者查阅有关资料(例如,GB/T 8567—2006《计算机软件文档编制规范》)学习这两个文档的编写,在本书中不再说明。另外,需要说明的是在 GB/T 8567—2006 中把概要设计和详细设计的说明书都统一归到软件设计说明里,但本书建议分别去编写概要设计和

```
1  引言                              3.2  外部接口
    1.1  编写目的                      3.3  内部接口
    1.2  背景                      4  运行设计
    1.3  定义                          4.1  运行模块组合
    1.4  参考资料                      4.2  运行控制
2  总体设计                            4.3  运行时间
    2.1  需求规定                  5  系统数据结构设计
    2.2  运行环境                      5.1  逻辑结构设计要点
    2.3  基本设计概念和处理流程        5.2  物理结构设计要点
    2.4  结构                          5.3  数据结构与程序的关系
    2.5  功能需求与程序的关系      6  系统出错处理设计
    2.6  人工处理过程                  6.1  出错信息
    2.7  尚未解决的问题                6.2  补救措施
3  接口设计                            6.3  系统维护设计
    3.1  用户接口
```

图 4.27 概要设计说明书的内容框架

详细设计的说明书。

4.5.2 能力目标

了解概要设计说明书的内容和书写格式。

4.5.3 任务驱动

任务：上网查阅图书管理系统的概要设计说明书。

4.5.4 实践环节

把你查阅到的图书管理系统的概要设计说明书进行完善。

4.6 案例分析——图书管理系统概要设计

1．软件结构设计

对于图书管理系统，通过需求分析，可以将系统分为 5 个子系统设计，它们分别是读者管理子系统、借还书处理子系统、查询处理子系统、图书管理子系统和系统管理子系统，如图 4.28 所示。将一个复杂的系统划分为多个子系统，有利于系统的设计和实现。

下面以还书子系统为例设计软件结构图，图 4.29 为还书子系统的部分软件结构图。

2．接口设计

1）外部接口

根据系统功能结构图和模块分析，提供用户操作软件的输入输出界面如下。

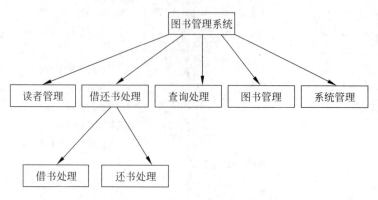

图 4.28 图书管理系统的软件结构图

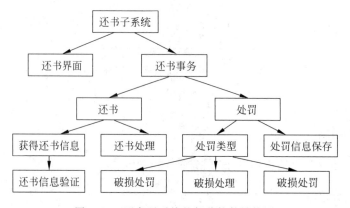

图 4.29 还书子系统的部分软件结构图

① 系统总控界面。
② 系统管理界面。
③ 图书管理界面。
④ 图书证办理界面。
⑤ 图书借阅管理界面。
2）内部接口
各个系统元素之间的接口具体如下。
① 系统管理模块为图书管理系统提供操作员和系统参数等基础数据。必须先设置操作员后才能使用其他模块。
② 图书管理模块为图书统计模块和图书查询模块提供基础数据。必须先有图书数据后，才能使用统计模块查询模块。
③ 图书管理模块和借书证书办理模块为图书借阅模块提供基础数据。必须先有图书和读者后，才能使用借阅模块。
④ 在借阅模块中可以使用查询模块查询读者和图书的信息。
⑤ 在图书证中可以使用查询模块查询读者的借阅信息。

4.7 小　　结

在概要设计阶段主要完成3个方面的设计：系统架构设计、软件结构设计和数据结构设计。系统架构设计，用于定义组成系统的子系统，以及对子系统的控制、子系统之间的通信和数据环境等。软件结构和数据结构的设计，用于定义构造子系统的功能模块、模块接口、模块之间的调用与返回关系，以及数据结构、数据库结构等。

设计人员进行软件结构设计时应遵循的原则是模块独立，也就是说软件结构的模块设计应尽量做到高内聚低耦合。由抽象到具体、自顶向下逐步求精是设计软件结构的常用途径。如果有了非常详细的数据流图，设计人员也可以使用面向数据流的设计方法设计软件结构。

概要设计说明书是概要设计阶段的重要成果，包括系统的基本处理流程、组织结构、模块划分、功能分配、接口设计、数据结构设计和出错处理设计等。概要设计说明书为下一阶段的详细设计打下了基础。

习　题　4

一、单项选择题

1. 概要设计通常是在需求明确、准备开始（　　）之前进行。
   A. 详细设计和编码　　　　　　　　B. 维护
   C. 需求分析　　　　　　　　　　　D. 测试
2. 以下对于概要设计的描述错误的是（　　）。
   A. 概要设计也称总体设计
   B. 概要设计要把软件"做什么"的逻辑模型变换为"怎么做"的物理模型，即着手实现软件的需求
   C. 概要设计阶段的重点是软件结构设计
   D. 概要设计因为是对系统初步简略的分析过程。因此，设计的结果无须记录在文档中
3. 概要设计的主要设计方法包括（　　）。
   A. 模块化方法　　　　　　　　　　B. 功能分解方法
   C. 面向数据流的设计方法　　　　　D. 以上都包括
4. 如果系统的数据流图已经非常详细，应采用（　　）映射软件结构。
   A. 模块化方法　　　　　　　　　　B. 功能分解方法
   C. 面向数据流的设计方法　　　　　D. 以上都可以
5. 内聚表示一个模块（　　）的程度。
   A. 细化　　　　　　　　　　　　　B. 模块内部成分之间关联
   C. 模块之间依赖　　　　　　　　　D. 仅关注在一件事情上
6. 耦合表示一个模块（　　）的程度。
   A. 细化　　　　　　　　　　　　　B. 模块内部成分之间关联

C. 模块之间依赖 D. 仅关注在一件事情上
7. 模块化设计的指导思想是分解、信息隐藏与( )。
    A. 抽象 B. 数据独立性
    C. 程序独立性 D. 模块独立性
8. 模块化的目的是( )。
    A. 增加内聚性 B. 降低复杂性
    C. 提高易读性 D. 减少耦合性
9. 在模块设计中,以下哪一个应该公开,而不需要隐藏( )。
    A. 接口设计 B. 算法
    C. 数据结构 D. 实现体
10. 下列关于模块的描述,不正确的是( )。
    A. 具有独立的模块软件不容易开发出来
    B. 独立的模块比较容易测试和维护
    C. 模块的独立程度可以通过内聚和耦合标定
    D. 独立的模块可以完成一个相对独立的特定子功能
11. 模块( ),则说明模块的独立性越强。
    A. 耦合越强 B. 内聚越强
    C. 耦合越弱 D. 内聚越弱
12. 模块内聚度越高,说明模块内各成分彼此结合的程度越( )。
    A. 松散 B. 紧密
    C. 无法判断 D. 相等
13. 最高程度的内聚是( )。
    A. 功能内聚 B. 过程内聚
    C. 逻辑内聚 D. 偶然内聚
14. 最高程度的耦合是( )。
    A. 控制耦合 B. 特征耦合
    C. 内容耦合 D. 环境耦合
15. 最低程度的内聚是( )。
    A. 功能内聚 B. 过程内聚
    C. 逻辑内聚 D. 偶然内聚

二、判断题

1. 概要设计的好坏在根本上决定了软件系统的优劣。 (   )
2. 为了追求技术的先进性,开发人员可以稍微偏离需求开展概要设计工作。 (   )
3. 概要设计阶段的重点是体系结构设计。 (   )
4. "差的概要设计必定产生差的软件系统",同样"好的概要设计必定产生好的软件系统"。 (   )
5. 软件模块之间的耦合性越弱越好。 (   )
6. 模块设计应当争取"高内聚、低耦合",而避免"低内聚、高耦合"。 (   )
7. 为降低系统的开发难度,将系统分解得非常细、得到的功能模块越多越好。 (   )

三、简答题
1. 模块化设计原理有哪些？
2. 概要设计阶段主要完成哪些任务？

四、设计题
图书预订系统：书店向顾客发放订单，顾客将所填订单交由系统处理，系统首先依据图书目录对订单进行检查并对合格订单进行处理，处理过程中根据顾客情况和订单数目将订单分为优先订单与正常订单两种，随时处理优先订单，定期处理正常订单。最后系统根据所处理的订单汇总，并按出版社要求发给出版社。

使用面向数据流的设计方法设计出图书预订系统的软件结构。

详细设计

主要内容

(1) 详细设计的工具。
(2) 面向数据结构的设计方法。
(3) 详细设计说明书。
(4) McCabe 方法。

如果说概要设计犹如画家构思一幅画的轮廓一样,那么详细设计就是画家对这幅画的每一个区域采用什么样的风格进行构思。详细设计就是对概要设计的一个细化,就是详细设计软件结构图中的每一个模块的实现算法、模块内的数据结构。

在详细设计阶段还不能具体地编写程序代码,而是为编写程序代码设计出一种构想或计划。因此,详细设计阶段的工作决定程序代码的质量。

本章将重点介绍详细设计的工具与方法。

5.1 设计概述

详细设计又称为过程设计,重点是用户界面设计、数据库设计、模块设计、数据结构与算法设计等。

5.1.1 核心知识

1. 用户界面设计

用户界面设计是一个重要的接口设计。如同人的心灵美和外表美,软件系统不仅追求功能强大(心灵美),还要追求界面友好(外表美)。设计人员不要沉迷于技术,而要多多思考什么样的界面才能让用户更加喜欢。因此,专业的界面美工人员是用户界面设计的主力军。

2. 数据库设计

数据库是存储和处理数据用的。如果说数据库犹如人的大脑,那么数据相当于人的知识。如果人积累的知识很多,就显得博学;如果人反应很快,就显得聪明。同理,数据库设计不仅要考虑如何存储海量数据,而且还要考虑如何高效处理这些数据。数据库设计超出了本书讨论的范围,读者可参考专业的数据库书籍学习。

3. 模块设计

如果把软件结构比作人体,那么模块就是人体的各个器官,都具有特定的功能。设计模块时要追求模块的独立性(高内聚、低耦合)。有关模块设计的知识已经在 4.2 节中介绍。

4. 数据结构与算法设计

数据结构与算法设计如同人的神经和肌肉,使模块功能生效。如果没有数据结构与算法设计,那么模块功能就不可能实现。

设计数据结构与算法时,需要使用恰当的设计工具(见 5.2 节)描述它们。设计工具可以分为图形、表格和语言三大类。

编写出高质量、高效率的程序是基于良好的数据结构与算法,而不是基于编程小技巧。因此,数据结构与算法设计是详细设计的重点任务之一。

5.1.2 能力目标

了解详细设计的概念,理解详细设计阶段的具体任务。

5.1.3 任务驱动

任务:你经常访问哪些网站?是因为功能强大,还是因为界面友好?

5.1.4 实践环节

目前,你最喜欢玩的手机游戏是什么?为什么喜欢它?它的界面还有待改进吗?

5.2 设 计 工 具

详细设计的工具有:程序流程图(Program Flow Diagram,PFD)、盒图(N-S 图)、问题分析图(Problem Analysis Diagram,PAD)、判定表、判定树、过程设计语言等。

5.2.1 核心知识

1. 程序流程图

程序流程图又称程序框图,是人们对解决问题的方法、思路或算法的一种描述。它所使用的基本符号如下。

(1) 方框:表示处理,框内为处理的内容。

(2) 菱形框:表示判断,框内为判断条件。

(3) 椭圆框:表示开始或结束。

(4) 箭头:表示控制流(程序流程)。

程序流程图的优点是画法简单、逻辑性强、容易理解,同时,程序流程图也具有很多缺点。

(1) 箭头代表控制流,使用起来有很强的随意性,设计人员不受任何约束。

(2) 不能表示数据结构。

(3) 它诱导设计人员过早地去考虑程序的实现细节,而忽略了程序的全局结构,因此,它不能体现自顶向下逐步求精的结构化设计原则。

为了克服以上缺点,使用程序流程图描述结构化程序时只能使用三种基本控制结构(顺序、选择和循环),如图 5.1 所示。

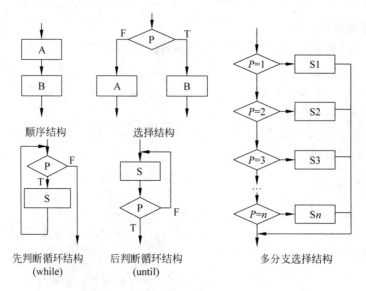

图 5.1　基本控制结构

根据程序流程图知识,下面我们来画一个程序流程图。

【例 5.1】　现有一个短信监听系统,工作流程如下。

(1) 打开监听程序监听短信接收。

(2) 如果收到短信,就读取短信内容并显示在文本框内;如果没有收到短信,就继续监听。

(3) 显示完短信后,如果想结束监听,就关闭监听程序退出系统。

根据上述的工作流程画出短信监听系统的程序流程图,如图 5.2 所示。

2. 盒图

程序流程图不仅具有很强的随意性,而且违背了结构化设计原则。因此,Nassi 和 Shneiderman 提出了一种符合结构化设计原则的图形描述工具——盒图,又称为 N-S 图。图 5.3 给出了盒图的结构化控制结构。它具有以下特点。

(1) 控制结构的作用域明确。

(2) 没有箭头,不能任意转移控制。

(3) 容易确定数据的作用域。

(4) 容易表示嵌套关系和模块的层次结构。

(5) 结构化特征明显。

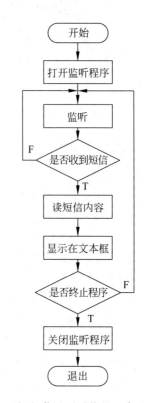

图 5.2　短信监听系统的程序流程图

【例 5.2】 为说明 N-S 图的使用,将例 5.1 的实例用图 5.4 所示的 N-S 图表示。

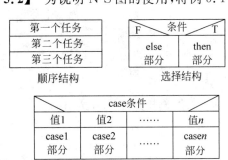

图 5.3 N-S 图的基本符号   图 5.4 短信监听系统的 N-S 图

3. 问题分析图

问题分析图(Problem Analysis Diagram,PAD)是由日本日立公司提出的,用结构化设计原则表现程序逻辑结构的图形工具。图 5.5 给出了 PAD 图的基本符号。

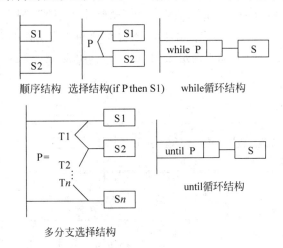

图 5.5 PAD 图的基本符号

PAD 图所描述程序的层次关系表现在纵线上。每条纵线表示了一个层次。随着层次的增加,逐渐向右展开。

PAD 图的执行顺序是从最左主干线的上端的节点开始,自上而下依次执行。每遇到判断或循环,就自左而右进入下一层,从表示下一层的纵线上端开始执行,直到该纵线下端,再返回上一层的纵线的转入处。如此继续,直到执行到主干线的下端为止。

PAD 图具有以下优点。

(1) 设计出来的程序是结构化程序。

(2) 描绘的程序结构清晰。

(3) 容易将图转换成源程序。

(4) 可表示程序逻辑。

(5) 可描绘数据结构。

下面仍用例5.1的实例说明PAD图的用法。

【例5.3】 为说明PAD图的使用,将例5.1的实例用如图5.6所示的PAD图表示。

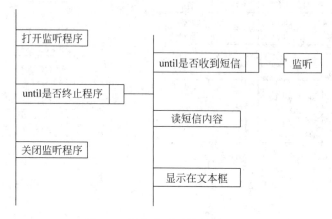

图5.6 短信监听系统的PAD图

4. 判定表

判定表是一个表格,分为4个部分,其左上部是条件,右上部是所有条件的组合,左下部是和每种条件组合相对应的动作,右下部标明条件组合和相应动作的对应关系。

下面通过一个例子说明来说明判定表的组织形式,如表5.1所示。

表5.1 判定表的组织形式

	1	2	3	4
学习软件工程觉得疲倦吗?	T	T	F	F
对软件工程感兴趣吗?	T	F	T	F
继续学习	×		×	
换一门功课学习				×
休息		×		

表5.1右上部分中的T代表它左边的条件成立,F表示条件不成立。右下部分中的×代表要做它左边对应的动作,空白代表不做该项动作。

5. 判定树

判定树是判定表的另一种表示,形式非常简单,容易掌握和使用。下面把判定表5.1等价成图5.7的判定树。

6. 过程设计语言

过程设计语言(Process Design Language,PDL),也称程序描述语言(Program

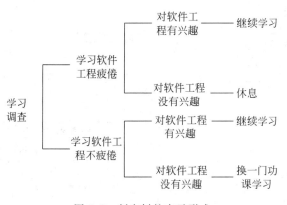

图 5.7　判定树的表示形式

Description Language),又称为伪码。它是一种用于描述模块算法设计和处理细节的语言。PDL 通常使用某种自然语言的词汇,语法非常简单,读者可查阅资料自行学习。

5.2.2　能力目标

灵活使用设计工具设计模块的算法与数据结构。

5.2.3　任务驱动

1. 任务的主要内容

输入一个正整数 m,判断 m 是否为素数的程序流程图,如图 5.8 所示。把流程图 5.8 转换成 N-S 图和 PAD 图。

2. 任务分析

把程序流程图转换成 N-S 图和 PAD 图时,应多注意程序流程图中的选择结构和循环结构。经过分析发现本程序流程图中有两个选择结构和一个 while 循环结构,但可以把"$i<=k$"和"$m\%i=0$"合并成一个 while 循环的条件"$i<=k\&\&m\%i!=0$",这样就变成了一个循环结构和一个选择结构。

3. 任务小结或知识扩展

不管是程序流程图,还是 N-S 图和 PAD 图,在描述算法结构时,最好只使用三种基本控制结构——顺序、选择和循环。因为,只有这样才能保障不违背结构化设计精神。

4. 任务的参考答案

【答案】　N-S 图如图 5.9 所示,PAD 图如图 5.10 所示。

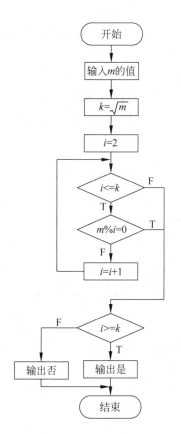

图 5.8　判断素数的程序流程图

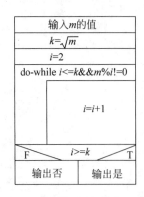
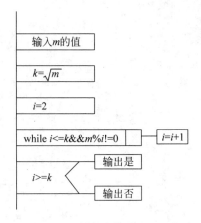

图 5.9　判断素数的 N-S 图　　　　图 5.10　判断素数的 PAD 图

5.2.4　实践环节

根据用电度数计算出电费值,假设电力公司的电费计算标准如下。

(1) 民用。

电量 240 度以下,每度 0.45 元;240～540 度,每度 0.55 元;超过 540 度,每度 0.65 元。

(2) 商用。

电量 1 000 度以下,每度 0.75 元;1 000～5 000 度,每度 0.95 元;超过 5 000 度,每度 1.15 元。

要求如下。

① 用判定表表示电费的计算方法;

② 用判定树表示电费的计算方法。

5.3　设 计 方 法

在第 4 章已经学习了面向数据流的设计方法,即根据数据流确定软件结构的方法。本节介绍面向数据结构的设计方法,即根据数据结构确定单个模块或子系统的程序处理过程的方法。因此,面向数据流的设计方法适合于概要设计,而面向数据结构的设计方法适合于详细设计。

5.3.1　核心知识

面向数据结构的设计方法最常用的有 Jackson 方法和 Warnier 方法。Jackson 方法是由英国人 M. A. Jackson 首先提出的,也称为 JSD(Jackson Structured Design)方法;Warnier 方法是由法国人 J. D. Warnier 提出的。本节只简单介绍 Jackson 方法,目的是使读者对面向数据结构的设计方法有初步的了解。

1. Jackson 图

在实际的应用中数据结构种类繁多,但是组成数据结构的数据元素间的逻辑关系只有三种——顺序、选择和重复，即逻辑数据结构也只有这三种。因此，使用 Jackson 方法导出数据结构的程序结构也离不开这三种逻辑结构。图 5.11 给出了 Jackson 图顺序、选择和重复三种逻辑结构的表示方法示例。

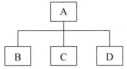
顺序结构，A由B、C、D顺序组成，不能出现选择和重复(每个元素只能出现一次，顺序是B、C、D)

选择结构，A是B或C或D中的某一个组成
(小圆圈代表选择，S(i)代表选择条件)

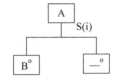
可选结构，A或是B或不出现
(小圆圈代表选择，S(i)代表选择条件)

重复结构，A由B出现N次组成
(*代表重复，I(i)代表重复条件)

图 5.11 Jackson 图的三种结构示例

Jackson 图的优点是方便表示层次结构，利于对结构进行自顶向下分解，并且形象直观，可读性强。

Jackson 图和描绘软件结构的层次图形式类似，但含义是不同的。Jackson 图中的一个方框通常只代表几个语句，而层次图中的一个方框通常代表一个模块。另外，层次图表示的是模块间的调用关系，而 Jackson 图表示的是组成关系(一个方框中的操作仅仅由它下层方框中的那些操作组成)。

2．Jackson 结构程序设计方法

Jackson 方法的设计过程主要由以下 5 个步骤组成。

(1) 确定输入/输出数据的逻辑结构，并用 Jackson 图描绘它们。

(2) 找出输入/输出数据结构中有对应关系的数据单元。

对应关系是指有直接的因果关系，即由输入数据单元经程序处理得到对应的输出数据单元，也就是在程序中可以同时处理的数据单元。但要注意，重复出现的数据单元必须有相同的重复次序和次数，才有可能有对应关系。

(3) 根据下述规则由描绘数据结构的 Jackson 图导出描绘程序结构的 Jackson 图。

① 为每对有对应关系的数据单元画处理框。根据它们在数据结构图中的层次在程序结构图中的相应层次画一个处理框。如果这对数据单元在输入/输出结构中所处的层次不同，则以低层次为准。

② 为输入/输出数据结构中剩余的每个数据单元画处理框。根据它们在数据结构图中所处的层次在程序结构图中的相应层次分别画上对应的处理框。

(4) 列出所有操作和条件(包括选择和循环条件)，并把它们放到程序结构图的适当位置。

(5) 用伪码表示程序结构图对应的过程描述。

下面是和 Jackson 图中三种基本结构对应的伪码。

和图 5.11 所示的顺序结构对应的伪码(seq 和 end 是关键字)：

```
A seq
  B
  C
  D
A end
```

和图 5.11 所示的选择结构对应的伪码(select、or 和 end 是关键字，con1、con2 和 con3 分别是执行 B、C 或 D 的条件)：

```
A select con1
  B
A or con2
  C
A or con3
  D
A end
```

和图 5.11 所示的重复结构对应的伪码(iter、until、while 和 end 是关键字，con 是条件)：

```
A iter until(或 while)con
  B
A end
```

3. 例子

下面通过一个例子进一步学习 Jackson 结构程序设计方法。

【例 5.4】 一个英文文件由若干个记录组成，每个记录在文件中占一行。要求统计每个记录中英文字母(包括大小写)的个数，以及文件中英文字母的总个数。要求输出数据的格式是：每读取一个记录之后，首先打印出该记录，然后另起一行打印出该记录中的英文字母个数，最后打印出文件中英文字母的总个数。

1) 用 Jackson 图描绘输入/输出数据结构

由分析得知，输入数据的逻辑结构为：若干记录组成英文文件，若干字符组成一个记录，字符要么是英文字母，要么是非英文字母；输出数据的逻辑结构为：表格体和英文字母总个数组成输出表格，记录信息组成表格体，记录和该记录的英文字母个数组成该记录信息。根据分析，用 Jackson 图描绘出输入/输出数据结构，如图 5.12 所示。

2) 找出输入/输出数据结构中有对应关系的数据单元

通过对输入数据的处理得到输出数据，因此输入/输出数据结构最高层次的两个数据单元应该是对应的。在这个例子中，"英文文件"和"输出表格"是最高层次的数据单元，因此是相对应的。读取一个"记录"之后，就输出该记录的"记录信息"，它们都是重复出现的，是出现顺序和重复次数都完全相同的数据单元，因此，"记录"和"记录信息"也是一对有对应关系的数据单元。通过分析观察，再没有找到别的对应关系。在图 5.12 中使用虚线表示数据单元的对应关系。

3) 由数据结构图导出程序结构图

首先，画一个处理框与最顶层的数据单元("英文文件"和"输出表格")相对应，该处理可

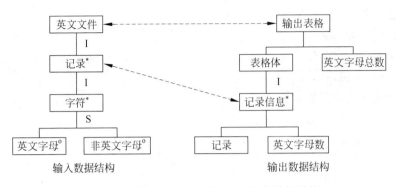

图 5.12　用 Jackson 图表示输入/输出数据结构

以称为"统计英文字母"。然后画与另一对数据单元("记录"和"记录信息")相对应的处理框。但是，在输出数据结构中"记录信息"的上层还有"表格体"和"英文字母总数"两个数据单元。因此，"记录"和"记录信息"这对数据单元对应的处理框("处理记录")应该在程序结构图的第三层。那么程序结构图的第二层应该是"表格体"和"英文字母总数"两个数据单元对应的处理框——"程序体"和"打印英文字母总数"。程序结构图的第四层应该是"记录""字符"及"英文字母数"等数据单元对应的处理框"打印记录""分析字符"及"打印英文字母数"，这 3 个处理是顺序执行的。可是"字符"数据单元是重复出现的，因此，"分析字符"是重复执行的过程。但是在顺序结构中不允许出现重复或选择，所以，在"分析字符"这个处理框上面加一个处理框"分析记录"。经过上述的分析画出的程序结构图为图 5.13 所示。

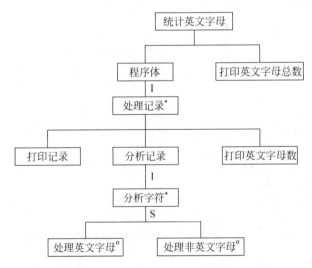

图 5.13　描绘统计英文字母程序结构的 Jackson 图

4) 列出所有操作和条件，并分配到程序结构图的适当位置

所有操作和条件如下。

(1) $totalsum=0$

(2) 打开文件

(3) 读入记录

(4) 打印出记录

(5) $sum=0$

(6) $pointer=1$

(7) $sum=sum+1$

(8) $pointer=pointer+1$

(9) 打印出英文字母数目

(10) $totalsum=totalsum+sum$

(11) 打印出英文字母总数

(12) 关闭文件

(13) 停止

I(1) 文件结束

I(2) 记录结束

S(3) 字符是英文字母

其中，$totalsum$ 是保存英文字母总数目的变量，sum 是保存单个记录里面的英文字母数目的变量，$pointer$ 是指定当前分析的字符在记录中的位置的变量。把上述的操作和条件分配到程序结构图的适当位置，如图 5.14 所示。

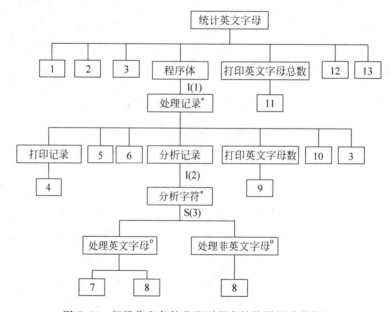

图 5.14 把操作和条件分配到程序结构图的适当位置

5) 用伪码表示程序处理过程

从图 5.14 得出如下的伪码。

```
统计英文字母 seq
    totalsum = 0
    打开文件
    读入记录
    程序体 iter until 文件结束
        处理记录 seq
            打印记录 seq
                打印出记录
```

```
                    打印记录 end
                sum = 0
                pointer = 1
            分析记录 iter until 记录结束
                    分析字符 select 字符是英文字母
                        处理英文字母 seq
                            sum = sum + 1
                            pointer = pointer + 1
                        处理英文字母 end
                    分析字符 or 字符不是英文字母
                        处理非英文字母 seq
                            pointer = pointer + 1
                        处理非英文字母 end
                    分析字符 end
            分析记录 end
                    打印英文字母数目 seq
                        打印出英文字母数目
                    打印英文字母数目 end
                    totalsum = totalsum + sum
                    读入记录
            处理记录 end
        程序体 end
            打印英文字母总数 seq
                打印出英文字母总数
            打出英文字母总数 end
            关闭文件
            停止
    统计英文字母 end
```

5.3.2 能力目标

掌握使用 Jackson 方法设计简单的程序结构。

5.3.3 任务驱动

1. 任务的主要内容

现有两个文件：考生信息文件和考生成绩文件。要求把两个文件中每个学生对应的记录合并成一个新记录，并写入到另一个新文件中。

假如使用 Jackson 方法分析得到所有的操作和条件如下。

(1) 停止

(2) 打开两个输入文件

(3) 建立一个输出文件

(4) 从两个输入文件中各读一条记录

(5) 生成一条新记录

(6) 将新记录写入到输出文件

(7) 关闭所有文件

I(1) 文件结束

把上述操作和条件分配到程序结构图的适当位置，结果如图 5.15 所示。

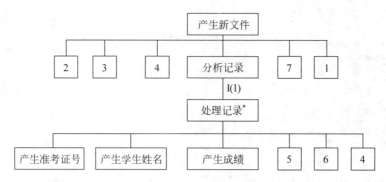

图 5.15 把操作和条件分配到程序结构图的适当位置(任务)

根据图 5.15 写出文件合并的伪代码。

2. 任务分析

根据图 5.15 分析得知,图中有两个顺序结构和一个循环结构,根据三种基本结构对应的伪码写出该任务的伪码。

3. 任务小结或知识扩展

使用 Jackson 方法设计程序结构时,要注意在顺序结构中不能出现选择或重复的数据元素。也就是说,在顺序结构中不能有右上角有小圆圈或星号标记的元素。

Jackson 方法在设计简单的数据处理系统时比较方便,但设计比较复杂庞大的数据处理系统时,就需要结合一系列比较复杂的辅助技术,这些技术超出了本书的范畴。

4. 任务的参考答案

【答案】

```
产生新文件 seq
    打开两个输入文件
    建立一个输出文件
    从两个输入文件中各读一条记录
    分析记录 iter until 文件结束
        处理记录 seq
            产生准考证号
            产生学生姓名
            产生成绩
            生成一条新记录
            将新记录写入到输出文件
            从两个输入文件中各读一条记录
        处理记录 end
    分析记录 end
    关闭全部文件
    停止
产生新文件 end
```

5.3.4 实践环节

在本节的任务中,只完成了 Jackson 方法的最后两个步骤,请完成剩余 3 个步骤的设计工作。

5.4 设计文档

5.4.1 核心知识

详细设计说明书又称为程序设计说明,编制目的是说明一个软件系统各个层次中的每一个程序(模块)的设计考虑。如果软件系统比较简单,层次少,本文件可以不单独编写,有关内容可并入概要设计说明书。本书中给出一个详细设计说明书的书写格式供读者参考,格式如图 5.16 所示。图 5.16 只是给出详细设计说明书的内容框架,具体内容读者可查阅相关资料。

1. 引言	3.6 算法
1.1 编写目的	3.7 流程逻辑
1.2 背景	3.8 接口
1.3 定义	3.9 存储分配
1.4 参考资料	3.10 注释设计
2. 程序系统的组织结构	3.11 限制条件
3. 程序 1 (标识符)设计说明	3.12 测试设计
3.1 程序描述	3.13 尚未解决的问题
3.2 功能	4. 程序 2 (标识符)设计说明
3.3 性能	用类似 3 的方式,说明第 2 个程序乃至
3.4 输入项	第 N 个程序的设计说明
3.5 输出项	

图 5.16 详细设计说明书的内容框架

5.4.2 能力目标

了解详细设计说明书的内容和书写格式。

5.4.3 任务驱动

任务:上网查阅图书管理系统的详细设计说明书。

5.4.4 实践环节

把你查阅到的图书管理系统的详细设计说明书进行完善。

5.5 McCabe 方法

如何来衡量详细设计阶段设计出的模块质量呢?可能有人说,使用软件设计的基本原理来衡量它们。是可以这样做,但这种衡量只能是定性的。那么,如何定量度量它们呢?本节介绍的 McCabe 方法就是一种比较成熟的程序复杂度定量度量方法。

5.5.1 核心知识

McCabe 方法是一种基于程序控制流的复杂性度量方法,度量出的结果称为程序的环形复杂度。使用 McCabe 方法度量程序的复杂程度一般需要以下两个步骤。

(1) 将程序流程图映射成流图;
(2) 根据流图计算环形复杂度。

1. 流图

流图仅仅描绘程序的控制流程,不考虑对数据的具体操作以及分支或循环的具体条件。在流图中用圆表示节点,一个圆代表一条或多条语句。可以把程序流程图中的一个顺序的处理框序列和一个菱形判定框映射成流图的一个节点。流图中使用箭头代表控制流。流图中的一条边必须终止于一个节点。由边和节点围成的面积称为区域,但注意图外部未被围起来的那个区域也算流图的一个区域。下面用图例(见图 5.17)说明程序流程图映射成流图的方法。

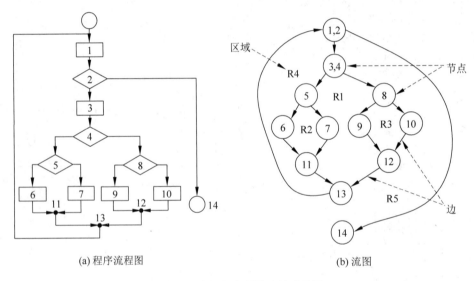

(a) 程序流程图 (b) 流图

图 5.17 程序流程图映射成流图

2. 计算环形复杂度的方法

把程序流程图映射出流图之后,可以用以下三种方法中的任何一种来计算程序的环形复杂度。

(1) 流图中的区域数等于环形复杂度。
(2) 根据流图中边的条数(E)和节点数(N),求出流图 G 的环形复杂度 $V(G)=E-N+2$。
(3) 根据流图中判定节点的数目(P),求出流图 G 的环形复杂度 $V(G)=P+1$。

利用上述三种方法中的任何一种求得图 5.17 所示流图的环形复杂度为 5。

5.5.2 能力目标

掌握程序流程图映射成流图的方法,并会计算流图的环形复杂度。

5.5.3 任务驱动

1. 任务的主要内容

用 McCabe 方法计算"求一维数组中的最大值"程序的复杂度。算法的伪代码如下。

```
START
    INPUT n
    INPUT a(i) (i = 0,1,2,…,n-1)
    max = a(0)
    FOR i = 1 TO n DO
        IF max > a(i) THEN
            max = a(i)
    PRINT max
END
```

伪代码对应的程序流程图如图 5.18 所示。将该程序流程图映射成流图,并计算流图的环形复杂度。

2. 任务分析

程序流程图中的一个顺序的处理框序列和一个菱形判定框可以映射成流图中的一个节点,因此 1、2、3、4 可以映射成流图的第一个节点。由分析得知 5、6、7、8 分别映射一个节点。由程序流程图映射的流图如图 5.19 所示。从图 5.19 可以看出流图共有 3 个区域,所以流图的环形复杂度为 3。

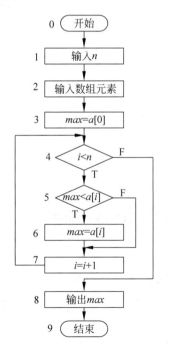

图 5.18 求数组最大元素的程序流程图

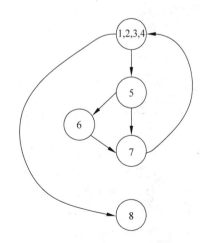

图 5.19 由程序流程图映射成的流图

3. 任务小结或知识扩展

1）环形复杂度的用途

程序的环行复杂度由程序控制流的复杂程度决定，也就是说程序结构的复杂程度决定了程序的环形复杂度。环行复杂度随着程序内分支数或循环个数的增加而增加，因此它是对测试难度的一种定量度量，也能对软件最终的可靠性给出某种预测。

McCabe 在研究大量程序后发现，环行复杂度高的程序往往是最困难、最容易出问题的程序。实践表明，模块规模以 $V(G) \leqslant 10$ 为宜，也就是说，$V(G)=10$ 是模块规模的一个更科学、更精确的上限。

2）复合条件的处理

当设计中包含复合条件（包含一个或多个布尔运算符，如逻辑 OR、AND 等）时，生成流图的方法就会麻烦一些。在这种情况下，要把复合条件分解为若干个简单条件，每个简单条件对应流图中一个节点。包含条件的节点称为判定节点，从每个判定节点有两条或多条边出发。如下面的伪代码片段对应的流图，如图 5.20 所示，图中 a、b 节点是判定节点。

```
IF a OR b
    then procedure x
    else procedure y
ENDIF
```

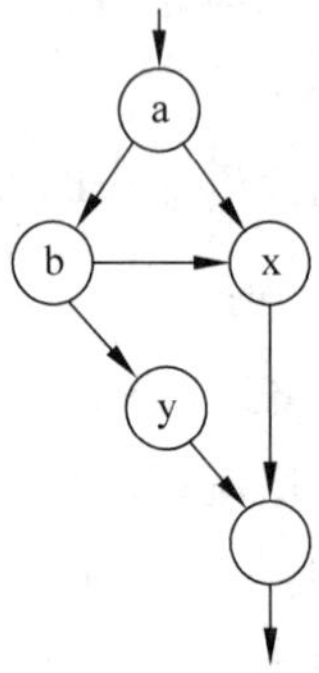

4. 任务的参考答案

【答案】 流图如图 5.19 所示，流图的环形复杂度为 3。

图 5.20　由包含复合条件的伪代码映射成的流图

5.5.4　实践环节

把流图（见图 5.19）的节点数标识在任务的伪代码中。示例如下。

```
START
1: INPUT n
    ……
x:   END
```

5.6　案例分析——图书管理系统详细设计

还书总控模块的程序流程图如图 5.21 所示。总控模块没有具体功能，它只是调用下层的两个模块。其中还书界面模块的程序流程图如图 5.22 所示。

还书界面模块调用它下层的两个模块：一个是显示还书界面模块，这个模块就是一个界面；另一个是数据输入及验证模块，这个模块的输出参数是读者号和图书号，输出参数通过总控模块被送到还书处理模块之中。

还书数据输入及验证模块的流程图如图 5.23 所示。这个模块读入两个数据：读者号和图书号，并且对编号的正确性进行检查。当输入的数据经过检查正确后，通过上一级模块被传送到还书处理模块。还书处理模块的流程图如图 5.24 所示。还书处理模块负责修改借还书记录和图书信息表中的图书在库数量。

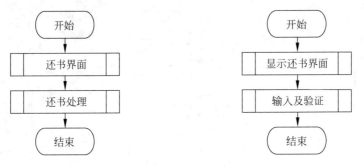

图 5.21　还书总控模块的程序流程图　　图 5.22　还书界面模块的程序流程图

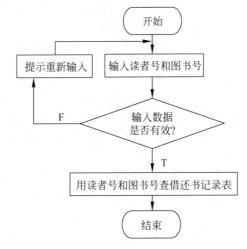

图 5.23　还书数据输入及验证模块流程图

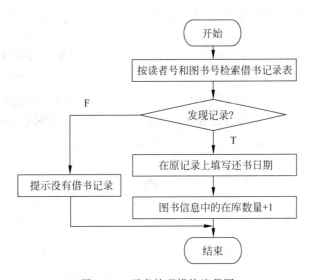

图 5.24　还书处理模块流程图

图书预订模块在每天中午 12：30 和下午 17：30 自动触发执行，其流程图如图 5.25 所示。

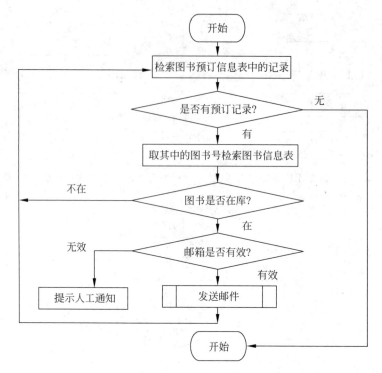

图 5.25　图书预订模块流程图

5.7　小　　结

详细设计阶段的关键任务是确定怎样具体实现用户需要的软件系统。详细设计的最终目标就是保证软件质量，为将来编写出可读性强、易理解、易测试、易修改和维护的程序做铺垫。

在详细阶段完成的主要工作就是过程设计。过程设计的工具有图形、表格和语言三类。在进行过程设计时，根据需要来选择这三类工具。过程设计的常用方法是面向数据结构的设计方法。本书以 Jackson 结构程序设计技术为例，初步介绍了面向数据结构的设计方法。

McCabe 方法是一种基于程序控制流的复杂性度量方法，它是根据程序控制流的复杂程度定量度量程序的复杂程度。

习　题　5

一、单项选择题

1. 详细设计的结果决定了最终程序的（　　）。
　　A. 代码的规模　　　　　　　　　　B. 运行速度
　　C. 质量　　　　　　　　　　　　　D. 可维护性

2. 详细设计的基本任务是确定每个模块的（　　）设计。
   A. 功能
   B. 调用关系
   C. 输入输出数据
   D. 数据结构和算法
3. 三种基本控制结构是（　　）。
   A. 顺序、选择、循环
   B. 跳转、循环、选择
   C. 单分支、选择、多分支
   D. 循环、单分支选择、多分支选择
4. 以下设计不属于详细设计阶段的是（　　）。
   A. 体系结构设计
   B. 数据库设计
   C. 模块设计
   D. 数据结构与算法设计

二、简答题

1. 详细设计的工具（描述方法）有哪些？
2. 简述 Jackson 方法的设计步骤？
3. 什么是环形复杂度？使用 McCabe 方法如何计算环形复杂度？

三、设计题

1. 使用程序流程图、N-S 图和 PAD 图描述下列算法。
   （1）求出一维数组的最大值和最小值。
   （2）输入 3 个正整数作为边长，判断该三条边构成的三角形是等边、等腰还是一般三角形。

2. 把设计题"第 1 题"中的两个程序流程图分别映射成流图，并使用 McCabe 方法求出它们的环形复杂度。

3. 一个正文文件由若干记录组成，每个记录是一个字符串，要求统计每个记录中空格字符的个数及文件中空格字符的总个数。要求输出数据格式是每复制一行字符串后，另起一行打印出这个字符中的空格数，最后打印出文件空格的总个数，用 Jackson 方法设计该程序结构。

4. 假设某航空公司的托运收费标准如下。
   （1）重量不超过 20kg 的行李，可免费托运；
   （2）当行李重量超过 20kg 时，对头等舱的国内乘客超重部分每千克收费 5 元，对其他舱内的国内乘客超重部分每千克收费 8 元；对国外乘客超重部分每千克收费比国内乘客多 2 倍；对残疾乘客超重部分每千克收费比正常乘客少一半。
   要求：
   ① 用判定表表示收费的计算方法；
   ② 用判定树表示收费的计算方法。

编码与测试

主要内容

(1) 编码。
(2) 单元测试。
(3) 集成测试。
(4) 白盒测试技术。
(5) 黑盒测试技术。
(6) 测试工具。

如果说系统分析与设计是画家构思一幅杰作,那么编码与测试就是画家用笔墨纸砚画出这幅杰作,并修补它。通常把编码与测试统称为实现。系统实现阶段的任务是将软件设计结果转化为程序代码,并对程序代码进行测试。

本章将重点介绍测试的概念、类型以及技术。

6.1 编 码

编码是用某种程序设计语言将设计结果翻译成源程序。编码的质量主要取决于设计的质量,这也是为什么在软件开发初期不去做编码工作,而要花费大量的人力、财力和物力去做分析与设计工作。

6.1.1 核心知识

1. 程序设计语言

1) 机器语言(第一代)

用二进制代码指令表达的计算机语言,指令是用 0 和 1 组成的一串代码。

2) 汇编语言(第二代)

为方便编写程序,人们采用了一些简洁的英文字母、符号串来代替一个具有特定功能的二进制串,例如,用"ADD"代表加法。这种程序设计语言就称为汇编语言,即第二代计算机语言。

3) 高级语言(第三代)

高级语言分为面向过程的编程语言和面向对象的编程语言。面向过程的编程语言(如

C、Pascal）；面向对象的编程语言（如 C++、Java、C♯）。

4）甚高级语言（第四代）

甚高级语言是第四代语言，这是一种面向问题的语言（如数据库语言 SQL）。甚高级语言也用不同的文法表示程序结构和数据结构，但它是在更高抽象的层次上表示这些结构，不再需要规定算法的细节。

2．选择程序设计语言的标准

高效的程序代码，能缩短开发周期，并减少维护代价。要想编写出高效的程序代码，首先必须选择恰当的程序设计语言。那么如何选择程序设计语言呢？下面给出主要的选择标准。

1）从用户方面考虑

如果由用户自己维护系统，应选择用户比较熟悉的程序设计语言。

2）从程序员方面考虑

有经验的程序员学习一种新语言并不困难，但是要高效地编码却需要一段时间。如果和其他标准不矛盾，那么最好选择程序员比较熟悉的程序设计语言。

3）从软件的可移植性考虑

如果目标系统将在不同的计算机环境下运行，或者预期使用的寿命很长，则需要选择一种标准化程度高、程序可移植性好的程序设计语言实现软件设计。

4）从应用领域考虑

不同的程序设计语言有着不同的主要应用领域。例如，Java 的主要应用领域是企业应用开发；C 语言的应用领域很广，从底层的嵌入式系统、工业控制、智能仪表、编译器、硬件驱动，到高层的行业软件后台服务、中间件等。因此，选择程序设计语言时应充分考虑目标系统的应用领域。

3．编码风格

编码风格是指人们编写程序时所表现出来的特点、习惯以及逻辑思路。编码风格决定源程序的可读性，甚至决定源程序的质量和可维护性。因此，程序员要想编写出逻辑清晰、易读易懂的程序，必须具有良好的编码风格。程序员应该从以下几点注意编码风格。

1）程序文档化

① 标识符命名规范。标识符包括文件名、模块名、变量名。这些名字应能反映出它们所代表的实际内容。也就是说，名字应有一定的实际意义。如果是缩写的标识符，那么缩写要符合规则，并且注释。

② 适当的注释。程序中的注释是程序员与日后的程序读者之间通信的重要手段，同时方便以后修改与维护程序。因此，注释绝不是可有可无的。注释行的数量应占到整个源程序的 1/3～1/2，甚至更多。

2）数据说明

数据结构的组织在设计阶段已经就确定了。在编写程序时，为了使程序中的数据说明更易于理解和维护，则需要注意数据说明的风格。

① 说明次序规范化。在程序中的数据说明，应按照常量说明、变量说明、数组说明、公

用数据块说明以及所有文件说明的次序进行。这样方便查阅程序,提高测试、调试和维护的工作效率。

② 变量排列有序化。当多个变量名在一个说明语句中说明时,应当对这些变量按字母的顺序排列。

③ 注释说明复杂的数据结构。编写程序实现一个复杂的数据结构时,应使用注释说明实现这个数据结构的方法和特点。

3) 语句结构

语句简单明了可提高程序的可读性和正确性,以下规则有利于使语句简单明了。

① 在一行内只写一条语句;

② 程序的编写首先应当考虑清晰性,不要为了提高效率而把语句变得过分复杂;

③ 要模块化,模块间的耦合能够清晰可见,利用信息隐蔽,确保每个模块的独立性;

④ 尽量不用"否定"条件的语句;

⑤ 尽量不用循环嵌套和条件嵌套;

⑥ 最好利用括号使表达式(逻辑或算术)的运算清晰可见;

⑦ 对于不可维护的程序要重新编写,不要一味追求代码的复用。

4) 输入/输出

输入/输出操作和用户密切相关。因此,输入/输出的方法和格式应尽量方便用户的使用。

6.1.2 能力目标

了解程序设计语言的分类,理解选择程序设计语言的标准,掌握编码风格。

6.1.3 任务驱动

有位程序员的观点是:软件系统是程序实现的,只要能编写出实现系统功能的程序就可以。这位程序员的观点正确吗?为什么?

6.1.4 实践环节

假如,你是一名程序员,你应该具备哪些编码风格?

6.2 测试概述

本节介绍测试的基本概念和基本知识。

6.2.1 核心知识

1. 测试的错误观点

很多人往往认为测试是为了证明程序是正确的,即测试能发现程序中所有的错误。要通过测试发现程序中的所有错误,就要穷举所有可能的输入数据。事实上这是不可能做到的,即使一个规模不大的程序,所有可能的输入数据也十分庞大,受时间、人力和资源的限制,不可能穷举所有的输入数据。例如,一个小程序,包括了一个执行20次的循环,循环体有 4 个分支,那么这个循环的不同执行路径数达 4^{20} 条,如果对每一条路径进行测试需要 1ms,那么即使一年工作 365 天×24 时/天,要想把所有路径测试完,大约需 35 年。

2．测试的目的

测试阶段的根本目的是尽可能多地发现程序中的错误,最终提高目标系统的质量。但是提高系统的质量不能依赖于测试,系统的高质量是分析与设计出来的,而不是靠测试修补出来的。

测试是一个为了发现错误而执行程序的过程。很可能找到迄今为止尚未被发现的错误的测试用例是一个好的测试用例。找到迄今为止尚未被发现的错误的测试是一个成功的测试。根据这些目的,人们应该抛弃错误的观点,设计恰当的测试用例,用尽可能少的测试用例,发现尽可能多的错误。

3．测试用例

测试用例,通常指对一项特定的软件产品进行测试任务的描述,体现测试方案、方法、技术和策略。内容包括测试目标、测试环境、输入数据、测试步骤、预期结果、测试脚本等,并形成文档。不同类别的软件,测试用例是不同的。因此,测试用例目前还没有一个统一的定义。

4．测试准则

要想设计恰当的测试用例,达到测试的目的,必须遵循软件测试的基本准则。下面列出几条主要的测试准则。

(1) 所有测试都是根据客户需求进行的。
(2) 制订测试计划应该在测试工作开始前进行。
(3) 80%的错误可能来自于 20%的程序代码。
(4) 测试应从"小规模"开始,逐步转向"大规模"。
(5) 穷举所有测试用例是不可能的。
(6) 为了达到最有效的测试,应由独立的第三方来承担测试任务。
(7) 在设计测试用例时,应包括正确的输入条件和不正确的输入条件。
(8) 严格按照测试计划,排除测试的随意性。
(9) 妥善保管测试计划、测试用例、出错统计和最终分析报告,为维护提供方便。

5．测试方法和技术

1) 静态测试技术

不运行被测程序,仅通过分析或检查源程序的语法、结构、过程、接口等来检查程序的正确性,这种测试称为静态测试。静态测试包括桌前检查、代码会审以及步行检查。

① 桌前检查：程序员之间互相交换程序检查。
② 代码会审：由一组人通过阅读、讨论和争议,对程序进行静态分析。
③ 步行检查：预先准备测试数据,让与会者充当"计算机"检查程序的状态。有时这样做可能比真正运行程序发现更多的错误。

2) 动态测试技术

静态测试不运行被测程序,而动态测试需要运行被测程序。使用白盒测试技术(见 6.5

节)和黑盒测试技术(见 6.6 节)进行软件测试,一般都属于动态测试。黑盒测试把程序看成一个黑盒子,只按照程序的功能测试程序,测试人员完全不考虑程序的内部结构和处理过程。白盒测试与黑盒测试恰恰相反,按照程序内部的逻辑结构测试程序,测试人员完全知道程序的内部结构和处理过程。

6. 测试步骤

通过前面的学习,了解到软件开发过程是一个自顶向下、逐步细化的过程。而软件测试过程则是自底向上、逐步集成的过程。大型软件系统的测试过程一般由单元测试、集成测试、确认测试以及系统测试 4 个步骤组成。图 6.1 给出了这 4 个步骤的关系。

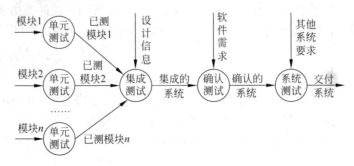

图 6.1 软件测试步骤

1) 单元测试

单元测试是对用源代码实现的每个程序模块进行测试,保证每个程序模块作为一个单元能正确运行。在这个测试步骤中所发现的错误主要是编码和详细设计的错误。因此,单元测试一般由程序编写人员进行。

2) 集成测试

集成测试是把已测试过的模块单元组装起来,主要对与概要设计相关的软件体系结构的装配进行测试,测试各模块单元的接口是否吻合、代码是否符合规定的标准、界面标准是否统一等。一般由有经验的测试人员和主要的软件开发者来完成集成测试。

3) 确认测试

确认测试又称有效性测试,目的是验证目标系统的功能需求和性能需求及其他特性需求是否与用户的需求一致。因此,用户要积极参与到这个步骤中。在这个测试步骤中所发现的错误主要是软件需求规格说明的错误。

4) 系统测试

系统测试是把已确认的软件系统移植到实际运行环境中,与其他系统元素(如硬件、人员、数据库等)组合在一起,按照系统的功能和性能需求进行的测试。为了发现缺陷并度量产品质量,一般使用黑盒测试技术由独立的测试人员完成。

系统测试通常包括功能测试、压力测试、性能测试、容量测试、用户界面测试以及兼容性测试。

① 功能测试。功能测试就是对产品的各功能进行验证,根据测试用例,逐项测试,检查产品是否达到用户要求的功能。

② 压力测试。压力测试也称强度测试,是一种基本的质量保证行为,不是在常规条件

下进行手动或自动测试,而是在系统资源匮乏的条件下进行测试。目的是预先分析出目标系统可承受的并发用户极限值和性能瓶颈,以便优化程序。

③ 性能测试。性能测试的目的是验证目标系统是否达到用户提出的性能指标,同时发现目标系统中存在的性能瓶颈,起到优化系统的目的。

④ 容量测试。对目标系统容量的测试,能让用户明白到底此系统能一次性承担多大访问量。有了对软件系统负载的准确预测,可以帮助用户避免无谓的硬件投入。

⑤ 用户界面测试。测试用户界面的风格是否满足用户要求,文字是否正确,页面是否美观,文字、图片组合是否完美,操作是否友好等。

⑥ 兼容性测试。兼容性测试是指测试目标系统在特定的硬件平台上、不同的操作系统平台上、不同的应用软件之间、不同的网络等环境下是否能够很友好地运行的测试。

6.2.2 能力目标

理解软件测试的目的、准则以及步骤。

6.2.3 任务驱动

有人说:"我编程能力很强,自己编写的程序只要能通过自己的测试,程序就没有问题。"他的观点你怎么看?

6.2.4 实践环节

软件测试过程有哪些步骤?每个步骤测试的重点是什么?

6.3 单元测试

单元测试是指对软件系统中的最小可测试单元进行检测。这里所说的单元,要根据实际情况去判定其具体含义,如 C 语言中单元指一个函数;Java 语言中单元指一个类;图形化的软件中可以指一个窗口或一个菜单等。总之,单元就是人为规定的最小的被测功能模块。

通常,单元测试和编码属于软件过程的同一个阶段。程序员有责任编写功能代码,也有责任根据详细设计说明进行单元测试。也就是说,经过单元测试的代码才是已完成的代码。可以利用静态测试(如桌前检查)和动态测试(如白盒测试)两种不同类型的测试技术完成单元测试的工作。在单元测试中以白盒测试为主,黑盒测试为辅。

6.3.1 核心知识

1. 单元测试的任务

1)模块接口测试

模块接口测试是单元测试的基础。只有在数据能正确地进出模块的前提下,其他测试才有意义。在对模块接口进行测试时主要考虑以下因素。

① 输入的实际参数与形式参数的个数、次序和属性是否相同;

② 调用其他模块时所给实际参数与被调用模块的形式参数的个数、次序和属性是否

相同；

  ③ 调用预定义函数时所用参数的个数、属性和次序是否正确；

  ④ 是否存在与当前入口点无关的参数引用；

  ⑤ 对全程变量的定义各模块是否一致；

  ⑥ 是否修改了只读型参数。

  2) 局部数据结构完整性测试

  为了保证临时存储在模块内的数据在程序执行过程中完整并正确，需要检查模块的局部数据结构。局部数据结构常常是错误的根源，应仔细设计测试用例，以便发现以下几类错误。

  ① 不恰当或不兼容的类型说明；

  ② 变量初始化或默认值有错；

  ③ 不正确的变量名（拼错或没有实际的意义）；

  ④ 出现越界异常。

  3) 模块执行路径测试

  在模块中应对每一条独立执行路径进行测试，实际上这是很难做到的。因此，选择最有代表性、最可能发现错误的执行路径进行单元测试是十分关键的。此时设计测试用例是为了发现因错误计算、不正确的比较和不适当的控制流造成的错误。

  4) 模块内部错误处理测试

  一个好的设计应能预见各种出错情况，并设置处理错误的通路，处理错误的通路同样需要认真测试，测试应着重检查以下问题。

  ① 出错信息的描述是难以理解的；

  ② 记录的错误与实际遇到的错误不相符；

  ③ 在程序自定义的出错处理运行之前，错误条件已引起系统干预；

  ④ 异常处理不当；

  ⑤ 对错误的描述无法定位错误位置。

  5) 模块边界条件测试

  边界条件测试是单元测试中最后，也可能是最重要的一项任务。软件往往在它的边界上失效，例如，循环条件的边界往往会发生错误。设计等于、大于、小于边界值的数据结构、控制量和数据值的测试用例，很有可能发现软件系统中的错误。

  2．单元测试方法

  1) 人工测试

  人工测试源程序可以由程序编写者本人非正式地进行，可以由程序员之间互相交换源程序进行，也可以由会审小组正式地进行。

  人工测试与计算机测试相比具有的优势是：一次会审会上可以发现许多错误，而计算机测试发现错误之后，需要修改这个错误才能继续进行测试。因此，人工测试的方法可以减少系统测试的总工作量。

  2) 计算机测试

  系统中的模块并不是完全独立的，因此应为每个测试模块开发一个驱动模块和（或）若干个桩模块。通常称驱动模块为"主程序"，它接收测试数据并将这些数据传递到被测试模块,被测试模块被调用后,"主程序"打印"进入-退出"消息。桩模块代替被测模块所调用的模块,通常称桩模块为"虚拟子程序"。下面通过一个简单例子说明计算机测试的过程。

【例 6.1】 假设有个模块单元 JAM(boolean judgeAccountMoney(String accountID))的功能是判断某账户(accountID)的余额是否满足投资要求,在该模块单元中调用另一模块 GAM(int getAccountMoney(String accountID)),模块 GAM 的功能是从数据库中获得某账户的余额。模块单元 JAM 的程序代码如下。

```
boolean judgeAccountMoney(String accountID){
    intmoney = getAccountMoney(accountID);   //获得账户 accountID 的余额
    if(money > 50 000)
        return true;
    else
        returnfalse;
}
```

为了测试模块单元 JAM 的功能,为它编写驱动模块和桩模块用 C 语言实现。

(1) 编写桩模块。因为在模块 JAM 中调用另一模块 GAM,所以为了测试模块 JAM 的功能,需要编写桩模块(子程序)模拟模块 GAM 的功能。桩模块的功能并不是真正获得账户的余额,只是提供一个模拟的数据。桩模块代码如下。

```
intgetAccountMoney(String accountID){
    return 60 000;
}
```

(2) 编写驱动模块。驱动模块首先向被测模块 JAM 传递一个账户数据,然后给出该账户是否满足投资要求的明确答复。驱动模块的代码如下。

```
#include< stdio.h >
void  main(  ){
    String accountID;
    printf("请输入账户:\n");
    scanf(" %s",&accountID);
    printf("进入测试\n");
    boolean b = judgeAccountMoney(accountID);
    if(b == true)
        printf("该账户满足投资要求\n");
    else
        printf("该账户不满足投资要求\n");
    printf("退出测试\n");
}
```

驱动模块和桩模块是测试使用的程序,而不是软件产品的组成部分,不需要把它们交付给用户,但它们需要一定的开销。若驱动模块和桩模块比较简单,实际开销相对低些。遗憾的是,仅用简单的驱动模块和桩模块不能完成某些模块的测试任务,为了减少开销,只能在集成测试的过程中完成模块的详尽测试。

6.3.2 能力目标

理解单元测试的任务,掌握单元测试的方法。

6.3.3 任务驱动

1. 任务的主要内容

假设有个模块单元 ILUIP(boolean isLegalUserIP(String userID))的功能是根据用户登录的 ID 判断该用户的 IP 是否合法。在模块单元 ILUIP 中调用模块 GUIP(String getUserIP(String userID))和模块 ILIP(isLegalIP(String IP))。模块 GUIP 的功能是根据用户登录的 ID 获得用户的 IP,模块 ILIP 的功能是判断 IP 是否合法。模块单元 ILUIP 的程序代码如下。

```
boolean isLegalUserIP(String userID){
    String IP = getUserIP(userID);      //获得用户 userID 的 IP
    boolean b = isLegalIP(IP);
    if(b)                               //合法的 IP
        return true;
    else                                //不合法的 IP
        return false;
}
```

为了测试模块单元 ILUIP 的功能,为它编写驱动模块和桩模块,用 C 语言实现。

2. 任务分析

由于在模块 ILUIP 中调用模块 GUIP 和 ILIP,所以为了测试模块 ILUIP 的功能,需要编写两个桩模块(子程序)模拟模块 GUIP 和 ILIP 的功能。桩模块 GUIP 的功能并不是真正获得用户的 IP,只是静态提供一个 IP;桩模块 ILIP 的功能并不是真正判断 IP 是否合法,也只是静态返回数据。驱动模块应首先向被测模块 ILUIP 传递一个 userID(用户登录的 ID),然后给出该用户的 IP 是否合法的明确答复。在测试过程中我们通过键盘输入用户的 ID 代替用户登录的 ID。

3. 任务小结或知识扩展

模块的内聚程度高可以简化单元测试过程,这也是人们为什么追求"高内聚、低耦合"的原因。假如说,每个模块只完成单一的功能,那么需要的测试用例数目将会减少,模块中的错误也会更容易预测和发现。

4. 任务的参考答案

【答案】 可参考例 6.1 完成桩模块和驱动模块的编写,参考代码如下。

1) 桩模块 GUIP

```
String getUserIP(String userID){
    return "202.198.13.14";
}
```

2) 桩模块 ILIP

```
boolean isLegalIP(String IP){
    return true;
}
```

3) 驱动模块

```
#include<stdio.h>
void main( ){
    String userId;
    printf("请输入用户的 ID: \n");
    scanf("%s",&userId);
    printf("进入测试\n");
    boolean b = isLegalUserIP(userId);
    if(b == true)
        printf("该用户的 IP 合法\n");
    else
        printf("该用户的 IP 不合法\n");
    printf("退出测试\n");
}
```

6.3.4 实践环节

由于单元测试需要编写驱动模块和桩模块,非常麻烦,能否等到整个系统全部开发完之后,再集中精力进行一次性单元测试呢?

6.4 集 成 测 试

6.4.1 核心知识

在单元测试的基础上,将所有模块按照概要设计要求(如软件结构图)组装成为子系统或系统,进行集成测试。集成测试又称组装测试或联合测试,是针对各个相关模块的组合测试,主要目标是尽可能多地发现与接口有关的问题。

经常有这样的情况发生,每个模块都能独立工作,但将这些模块组合在一起之后却不能正常工作。例如,一台主机、一台液晶显示器、一套键盘鼠标等设备,单独使用这些设备时没有发现问题,但把它们组装成一台计算机时,你可能发现鼠标不好用或键盘不好用。这是为什么呢?经过专业人员检测,最后发现这套键盘鼠标与这台主机不兼容。这就是为什么要进行集成测试。主要原因是,相关模块组合在一起时会引入许多接口问题。

有人习惯先分别测试每个模块,再把所有模块按设计要求组合成所要的程序,然后进行整体测试,这称为非渐增式测试方法。还有人习惯把即将要测的模块和已测好的那些模块组合起来进行测试,测试完之后再把下一个要测的模块组合进来测试,这称为渐增式测试方法。下面来对比一下这两种方法。

非渐增式测试方法一次性把所有模块组合在一起作为一个整体测试,很容易出现混乱局面。因为测试时可能同时发现很多错误,找到并修改这些错误是非常困难的,并且在改正一个错误的同时又可能引入新的错误,新旧错误混杂,更难找到并修改错误。

与之相反的是渐增式测试方法,程序一小段一小段地扩展,测试的范围一步一步地增大,错误也易于找到和修改。因此,大多系统进行集成测试时采用渐增式测试方法。

集成测试的实施策略有很多种,如自底向上集成测试、自顶向下集成测试、Big-Bang 集成测试、三明治集成测试、核心集成测试、分层集成测试、基于使用的集成测试等。这些策略的讨论超出了本书的范畴。下面仅讨论两种渐增式测试方法。

1. 自顶向下集成

自顶向下集成方法是一个渐增式的组装软件结构的方法,从主控模块开始,沿着软件的控制层次结构,以深度优先或广度优先的策略,把模块一一集成在一起。

深度优先策略首先是把主控制路径上的模块集成在一起,至于选择哪一条路径作为主控制路径,带有一定的随意性,一般根据应用的特点来确定。而广度优先策略是沿着控制层次结构水平地移动,把处于同一个控制层次上的所有模块组装起来,逐层组合所有下属模块。下面通过一个例子学习自顶向下集成方法。

1) 例子

【例 6.2】 假设一个系统的软件层次结构图如图 6.2 所示,使用自顶向下集成方法把系统中的模块集成在一起。

(1) 深度优先策略。如果选取最左一条路径作为主控路径,首先集成模块 M1、M2、M5 和 M9;其次集成 M3、M6 和 M7;最后集成 M4 和 M8。因此,按照深度优先策略图 6.2 中的模块集成顺序为:M1、M2、M5、M9、M3、M6、M7、M4 和 M8。

(2) 广度优先策略。广度优先策略是一层一层地按水平顺序集成。因此,按照广度优先策略图 6.2 中的模块集成顺序为:M1、M2、M3、M4、M5、M6、M7、M8 和 M9。

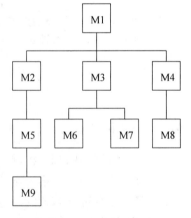

图 6.2 自顶向下集成

2) 测试步骤

自顶向下集成测试的具体步骤如下。

(1) 用主控模块作为测试驱动模块,其直接下属模块用桩模块来代替。

(2) 依据所选的集成策略(深度优先或广度优先),每次用实际模块代替下属的桩模块(新集成进来的模块往往又需要新的桩模块)。

(3) 在集成每个实际模块时都要进行测试。

(4) 完成一组测试后再用一个实际模块代替另一个桩模块。

(5) 可以进行回归测试(即重新再做所有的或者部分已做过的测试),以保证不引入新的错误。

从第二步开始,循环执行上述步骤,直至整个软件结构构造完毕。

2. 自底向上集成

自底向上集成方法是最常用的方法之一,是从软件结构最底层的模块开始集成和测试。因为模块是自底向上进行集成的,对于一个给定层次的模块,它的子模块(包括子模块的所有下属模块)事先已经完成集成并经过测试,所以不再需要开发桩模块。

1) 测试步骤

自底向上集成测试的具体步骤如下。

① 把低层模块组合成实现某个特定子功能的模块群。

② 开发一个测试驱动模块,控制测试数据的输入和测试结果的输出。

③ 对每个模块群进行测试。

④ 去掉测试使用的驱动模块,沿着软件结构自底向上移动,把模块群与较高层模块组合成实现更大功能的新模块群。

从第一步开始循环执行上述各步骤,直至整个软件结构构造完毕。

2) 例子

【例 6.3】 图 6.3 描绘了自底向上的集成过程。

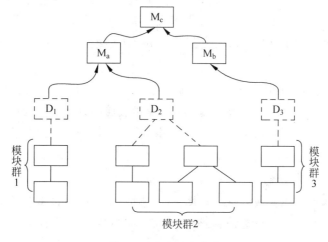

图 6.3 自底向上集成

在图 6.3 中首先将模块组合成模块群 1、模块群 2 和模块群 3,使用驱动模块(图中虚线框表示)对每个子功能模块群进行测试。模块群 1 和模块群 2 中的模块是模块 M_a 的下层模块,因此,去掉驱动模块 D_1 和 D_2,把这两个模块群直接与 M_a 集成起来。同样原理,模块群 3 在和模块 M_b 集成之前去掉驱动模块 D_3。最终 M_a 和 M_b 这两个模块都与 M_c 集成起来。

3. 两种集成策略的比较

自顶向下集成方法的优点在于能尽早地对软件系统的主要功能进行检验,而且能较早地发现上层模块的接口错误。缺点是当测试上层模块时,下层模块需要使用桩模块替代,桩模块不能反映真实情况、重要数据不能及时回送到上层模块,因此测试并不充分,并且开发桩模块需要一定的开销。

自底向上集成方法的优点是不需要桩模块,测试用例的设计也相对简单,但缺点是系统最后一个模块加入时才具有整体形象。它与自顶向下集成方法的优缺点恰好相反。因此，在测试软件系统时，应根据软件系统的特点和工程的进度，选用适当的测试策略，有时混合使用两种策略更为有效，上层模块用自顶向下集成方法，下层模块用自底向上集成方法。

6.4.2 能力目标

理解自顶向下集成测试方法和自底向上集成测试方法的测试步骤。

6.4.3 任务驱动

1．任务的主要内容

分析下面这个故事，判断张飞使用的测试方法是属于自底向上集成测试方法还是属于自顶向下集成测试方法？

某日张飞上数学课，他的老师给了他很多个不同的直角三角板，让张飞用尺子去量三角板的三条边，并将长度记录下来。两个小时过去之后，张飞出色地完成任务，把数据拿给老师看。老师对他说："还有一个任务就是观察三条边之间的数量关系。"又过了两个小时，聪明的张飞连蹦带跳地走进老师办公室，说："老师，我找到了，三条边之中有两条直角边的平方和约等于另外一条边的平方。"老师拍拍张飞的头说："你今天学会了一个定理——勾股定理。直角三角形有两条直角边的平方和等于第三边的平方。"

2．任务分析

从任务的故事描述中可以看出，先从具体的直角三角形的边长出发去总结它们的规律，这就是由具体到抽象。自底向上集成测试方法是由底层的具体子功能模块群去测试上层模块的功能，也可以说是从具体到抽象。因此，本故事使用的测试方法是自底向上集成测试方法。

3．任务小结或知识扩展

本节介绍了两种进行集成测试的具体方法，不同的项目，测试部门的负责人可以根据实际情况选择。但是在实施测试之前，必须给出实施的步骤和测试计划。

4．任务的参考答案

【答案】 自底向上集成测试方法。

6.4.4 实践环节

分析下面这个故事，判断张飞使用的测试方法是属于自底向上集成测试方法还是属于自顶向下集成测试方法？

某日老师告诉张飞："今天要教你一个定理——勾股定理。"

张飞说："什么是勾股定理呢？"

老师告诉他："勾股定理是说，直角三角形中有两条直角边的平方和等于第三边的平方。"然后老师给了他一大堆直角三角板给张飞，让他去验证。两个小时后，张飞告诉老师定理是完全正确的。

6.5 白盒测试技术

不管进行什么样的测试,要想完成高质量的测试工作,必须设计出恰当的测试用例。测试用例包括输入的测试数据和预期的输出结果。如何设计出恰当的测试用例,一直是测试人员关注的问题。本节讲述的白盒测试技术就是一种设计测试用例的典型技术,6.6 节讲述的黑盒测试技术也是一种设计测试用例的典型技术。

6.5.1 核心知识

白盒测试是一种测试用例设计方法,把被测软件看成一个透明的盒子,如图 6.4 所示,按照程序内部的逻辑结构测试程序,测试人员完全知道程序的内部结构和处理过程。白盒测试的覆盖标准有逻辑覆盖、循环覆盖和基本路径测试,本节重点介绍逻辑覆盖和基本路径测试,循环覆盖请读者查阅资料自行学习。

1. 逻辑覆盖

人们不可能做到穷举所有的测试用例覆盖程序中的每一条路径。因此,测试用例应尽可能多地覆盖程序的路径,已成为测试人员的共识。为了衡量覆盖程度(覆盖率),下面给出一些覆盖标准。

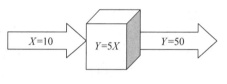

图 6.4 白盒测试

1) 语句覆盖

语句覆盖是指选择足够多的测试用例,将被测程序中每个语句至少执行一次。下面通过一个简单例子学习语句覆盖。

【例 6.4】 C 语言源程序如下。

```
int max( int x, int y){
    int m = 0;
    if(x > 0 && y > 0){
        m = x + y - 10;
    }else{
        m = x + y + 10;
    }
    if(m < 0){
        m = 0;
    }
    return m;
}
```

白盒测试是根据程序的流程图来设计测试用例,该 C 语言程序对应的程序流程图如图 6.5 所示。

为了使每个语句都执行一次,图 6.5 程序的执行路径应该是 sabce 和 safcde。为此使用下面两个测试用例即可达到语句覆盖的标准:

$x=6,y=7$(执行路径 sabce)

$x=-8,y=-3$(执行路径 safcde)

如果把判定语句的条件"$x>0\&\&y>0$"错写为"$x>0\|y>0$",使用上面两个测试用例仍然可以把所有语句覆盖,所以,使用语句覆盖并不能发现这个逻辑错误。综上所述,语句覆盖是一种很弱的逻辑覆盖标准。

2) 判定覆盖

判定覆盖又称分支覆盖,它的含义是:设计足够多的测试用例,使得被测程序中的每个判定的"真""假"分支至少被执行一次。在例 6.4 中共有两个判定表达式 $x>0\&\&y>0$ 和 $m<0$,对于这两个判定表达式也可以使用下面的测试用例达到判定覆盖的标准:

$x=6,y=7$($x>0\&\&y>0$ 为真,$m<0$ 为假,执行路径 sabce)

$x=-8,y=-3$($x>0\&\&y>0$ 为假,$m<0$ 为真,执行路径 safcde)

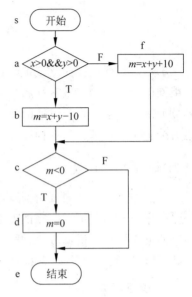

图 6.5 被测程序的流程图

如果把判定语句的条件"$x>0\&\&y>0$"错写为"$x>0\|y>0$"使用上面两个测试用例仍然达到判定覆盖的标准,所以,使用判定覆盖也不能发现这个逻辑错误。但判定覆盖比语句覆盖更强。因为可执行语句要么在判定的真分支上,要么在判定的假分支上,所以,只要满足了判定覆盖标准就一定满足语句覆盖标准;反之则不然。

3) 条件覆盖

条件覆盖的含义是:设计足够多的测试用例,使得被测程序中的每个判定表达式中的每个逻辑条件的可能值至少都被满足一次。在例子 6-4 中共有两个判定表达式 $x>0\&\&y>0$ 和 $m<0$,共计 3 个逻辑条件 $x>0,y>0$ 和 $m<0$。对于这 3 个逻辑条件也可以使用下面的测试用例达到条件覆盖的标准:

$x=6,y=7$($x>0,y>0,m>0$,执行路径 sabce)

$x=-8,y=-3$($x<0,y<0,m<0$,执行路径 safcde)

在条件覆盖中要使每个判定表达式中的每个逻辑条件的可能值至少都被满足一次,而判定覆盖只关心整个判定表达式的值。因此条件覆盖通常要比判定覆盖强。例如上面的测试用例满足了条件覆盖的同时也满足判定覆盖。也有相反的情况,例如使用下面的测试用例满足了条件覆盖,但不满足判定覆盖(判定表达式 $x>0\&\&y>0$ 总为假):

$x=6,y=-1$($x>0,y<0,m>0$,执行路径 safce)

$x=-12,y=1$($x<0,y>0,m<0$ 执行路径 safcde)

4) 判定/条件覆盖

条件覆盖不一定满足判定覆盖,判定覆盖也不一定满足条件覆盖。因此出现了另一种覆盖标准,它既满足条件覆盖,又满足判定覆盖,这就是判定/条件覆盖。它的含义是:设计足够多的测试用例,使得被测程序中的每个判定表达式的判定结果(真/假)至少满足一次,同时,判定表达式中的每个逻辑条件的可能值也至少被满足一次。

对于例 6.4 来说,下面的测试用例就满足判定/条件覆盖:

$x=6, y=7 (x>0, y>0, m>0, x>0 \&\& y>0$ 为真,执行路径 sabce)
$x=-8, y=-4 (x<0, y<0, m<0, x>0 \&\& y>0$ 为假,执行路径 safcde)

5) 条件组合覆盖

条件组合覆盖是更强的逻辑覆盖标准,它的含义是:设计足够多的测试用例,使被测程序中的每个判定表达式中条件的所有可能组合都至少被满足一次。组合条件时需要注意以下内容。

① 条件组合只针对同一个判定表达式中存在多个条件的情况,让这些条件的取值进行组合。

② 不同的判定表达式的条件取值之间不需要组合。

③ 对于单条件的判定表达式,只需要满足自己的所有取值即可。

对于例 6.4 来说,只有判定表达式 $x>0 \&\& y>0$ 中存在多个条件的情况,因此,本例中共有 4 个条件组合。

(a) $x>0, y>0$;
(b) $x>0, y<0$;
(c) $x<0, y>0$;
(d) $x<0, y<0$。

针对上面的组合,可以使用下面的测试用例使上面的四种组合,每种至少出现一次。

$x=-8, y=-4$(满足组合 4 和 $m<0$,执行路径 safcde)
$x=-8, y=2$(满足组合 3 和 $m>0$,执行路径 safce)
$x=8, y=1$(满足组合 1 和 $m<0$,执行路径 sabcde)
$x=2, y=-1$(满足组合 2 和 $m>0$,执行路径 safce)

很容易看出,满足条件组合覆盖标准的测试用例,也一定满足判定覆盖、条件覆盖和判定/条件覆盖标准。但是,满足条件组合覆盖标准的测试用例未必能执行到所有路径。例如上述 4 组测试用例都没有执行到路径 sabce。

6) 路径覆盖

路径覆盖的含义是:设计足够多的测试用例,使得被测程序中的每条路径至少被执行一次。对于例 6.4 来说,可以使用以下测试用例达到路径覆盖的标准:

$x=-8, y=-4$(执行路径 safcde)
$x=6, y=7$(执行路径 sabce)
$x=8, y=1$(执行路径 sabcde)
$x=2, y=-1$(执行路径 safce)

经过上述分析可知,满足条件组合覆盖标准的测试数据,一定满足判定/条件覆盖标准;满足判定/条件覆盖标准的测试数据,一定满足判定覆盖和条件覆盖标准;满足判定覆盖标准的测试数据,一定满足语句覆盖标准。但是满足判定覆盖标准未必满足条件覆盖标准,满足条件覆盖标准也未必满足判定覆盖标准。

2. 基本路径测试

基本路径测试是在程序流图的基础上,通过分析程序的环形复杂度,导出基本可执行路径集合,从而设计测试用例的方法。设计出的测试用例要保证被测程序中的每个可执行语句至少执行一次,而且每个条件在执行时都将分别取真、假两种值。

使用基本路径测试技术设计测试用例的步骤如下。
(1) 根据过程设计结果画出对应的流图。
(2) 计算流图的环形复杂度。
(3) 确定独立路径的基本集合。
(4) 设计执行基本集合中的每一条路径的测试用例。

下面通过一个例子来学习基本路径测试技术。

【例 6.5】 有个 C 语言函数 double arithmetic(double x,double y,int flag),其功能是:当 $flag=0$,返回 $x+y$;当 $flag=1$,返回 $x-y$;当 $flag=2$,返回 $x*y$;当 $flag=3$,返回 x/y;当 $flag$ 不满足上述值返回 0。程序代码如下。

```
1    double arithmetic(double x,double y,int flag){
2        double result = 0;
3        if(flag == 0){
4            result = x + y;
5        }
6        if(flag == 1){
7            result = x - y;
8        }
9        if(flag == 2){
10            result = x * y;
11        }
12        if(flag == 3){
13            result = x/y;
14        }
15        return result;
16    }
```

第一步,根据上述程序和语句的行号画出如图 6.6 所示的流图。

第二步,可以使用 5.5 节的 McCabe 方法计算图 6.6 所示流图的环形复杂度,经计算流图的环形复杂度为 5。

第三步,确定独立路径的基本集合。

独立路径是指从程序的开始节点到结束节点可以选择任何的路径遍历,但是每条路径至少应该包含一条已定义路径中不曾用到的边。

程序的环形复杂度决定了独立路径的数量,因此本例中共有 5 条独立路径。那么图 6.6 流图中从节点 2(开始)到节点 15(结束)共有几条路径呢?

路径 1:2—3—6—9—12—15
路径 2:2—3—4—6—9—12—15
路径 3:2—3—6—7—9—12—15
路径 4:2—3—6—9—10—12—15
路径 5:2—3—6—9—12—13—15

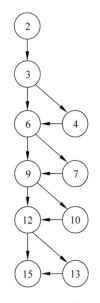

图 6.6 四则运算的流图

还有没有独立路径呢？路径6：2—3—4—6—9—12—13—15是独立路径吗？因为上面5条件路径已经包含了所有边,路径6中不包含没有用过的边。因此上面5条路径就是本例的5条独立路径。

第四步,针对第三步确定的独立路径集合设计测试用例。

路径1的测试用例：

  输入数据：x,y分别输入有效值；$flag$输入除0,1,2,3数字之外的整数

  预期结果：$result=0$

路径2的测试用例：

  输入数据：x,y分别输入有效值；$flag=0$

  预期结果：$result=x+y$

路径3的测试用例：

  输入数据：x,y分别输入有效值；$flag=1$

  预期结果：$result=x-y$

路径4的测试用例：

  输入数据：x,y分别输入有效值；$flag=2$

  预期结果：$result=x*y$

路径5的测试用例：

  输入数据：x,y分别输入有效值；$flag=3$

  预期结果：$result=x/y$

在对独立路径测试的过程中,执行每个测试用例并把实际结果与预期结果相比较。只要执行完所有测试用例,就可以保证程序中每条语句都至少执行一次,而且每个判定条件都分别取过true和false值。

6.5.2 能力目标

灵活使用基本路径测试和逻辑覆盖设计测试用例。

6.5.3 任务驱动

1. 任务的主要内容

针对例6.4,使用基本路径测试设计测试用例。

2. 任务分析

基本路径测试需要4个步骤。

第一步,画出例6.4对应的流图,如图6.7所示。

第二步,根据流图计算出程序的环形复杂度为3。

第三步,确定独立路径。

因为,程序的环形复杂度为3,所以独立路径也有3条。

路径1：s—a—f—c—d—e

路径2：s—a—b—c—d—e

路径3：s—a—b—c—e

第四步,针对第三步确定的独立路径集合设计测试

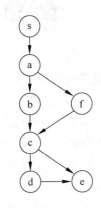

图6.7 例6.4对应的流图

用例。

测试用例由读者给出。

3. 任务小结或知识扩展

其实,独立路径集合并不是唯一的,但集合中的路径数目是唯一的。例如,本任务中有 3 条独立路径,因为,程序的环形复杂度为 3。本任务中独立路径集合还可以有如下表示。

路径 1:s—a—f—c—d—e

路径 2:s—a—b—c—d—e

路径 3:s—a—f—c—e

4. 任务的参考答案

【答案】 见任务分析。

6.5.4 实践环节

针对例 6.5,使用逻辑覆盖中的条件组合覆盖设计测试用例。

6.6 黑盒测试技术

在学习黑盒测试技术之前,先读一个故事。

某日我买了一款非常智能的手机,见到朋友很得意地说:"你看我这电话可以自动拨号,只要说出你的电话号码。"朋友半信半疑地说:"是吗?这么先进,让我试试。"于是他对着电话说出了"12306",然后再看 12306 真的被拨出去了。朋友兴奋地说:"这么神奇,是怎么实现的?"我说:"我哪知道,不管它怎么实现的,只要功能好用就行!"

通过上述故事,可以看出,只要手机能自动拨出你说的电话号码,就说明手机的自动拨号功能是好用的。实际上这就是一种测试,我们只关注被测试的手机功能是否好用,而不关心手机内部是如何实现的,也看不到手机内部是如何工作的。那么这种着重软件功能的测试,就是黑盒测试。

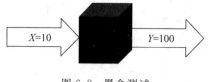

图 6.8 黑盒测试

黑盒测试又称功能测试,把测试对象看作一个黑盒子。如图 6.8 所示,测试人员完全不考虑程序内部的逻辑结构和内部特性,只根据程序的功能和需求规格说明,检查程序的功能是否符合它的需求规格说明。

白盒测试在测试的早期阶段进行,而黑盒测试主要在测试的后期进行。黑盒测试力争发现以下类型的错误。

(1) 功能错误或遗漏。

(2) 在接口上,输入接收错误或输出结果错误。

(3) 数据结构错误或外部信息(如数据库)访问错误。

(4) 性能错误。

(5) 初始化或终止错误。

6.6.1 核心知识

采用黑盒技术设计测试用例的方法有：等价类划分、边界值分析、错误推测、因果图和综合策略。本节重点介绍等价类划分和边界值分析，其他的方法读者可查阅软件测试的相关书籍学习。

1．等价类划分

1) 定义

等价类划分是把程序的输入集合划分成若干子集，然后从每一个子集中选取少数(因为穷尽不可能做到)具有代表性的数据作为测试用例，该方法是一种常用的黑盒测试用例设计方法。

等价类是指输入集合的子集合。在该子集合中，各个输入数据对于发现程序中的错误都是等效的，并合理地假设：测试某等价类的具有代表性的数据就等于对这一类其他数据的测试。因此，可以把全部输入数据合理地划分成若干等价类，在每一个等价类中取一个数据作为测试的输入条件，就可以用少量代表性的测试数据，取得较好的测试结果。等价类划分有两种：有效等价类和无效等价类。

有效等价类是指对于程序的需求规格说明来说是合理的、有意义的输入数据构成的集合。因此，利用有效等价类可检验程序是否实现了需求规格说明中所规定的功能和性能。无效等价类与有效等价类的定义恰巧相反。设计测试用例时，要同时考虑这两种等价类。因为，软件不仅要能接收合理的数据，也要能经受意外的考验。

2) 划分等价类的原则

划分等价类不能靠死记硬背原则，要正确分析被测程序，同时要注意积累经验。下面列出很小一部分等价类划分原则。

(1) 如果规定了输入值的范围，则可以划分出一个有效等价类(在范围内的值)和两个无效等价类(小于最小值或大于最大值)。

(2) 如果输入值是布尔类型，则可以划分出一个有效等价类(真)和一个无效等价类(假)。

(3) 如果规定了输入数据的一组值，并且程序对不同输入值做不同处理，则每个允许的输入值就是一个有效等价类，而任何一个不允许的输入值就是一个无效等价类。

(4) 如果规定了输入数据必须遵守的规则，则可以划分出一个有效等价类(符合规则)和若干个无效等价类(从不同角度违反规则)。

3) 设计测试用例步骤

划分出等价类以后，需要根据等价类按照下面 3 个主要步骤设计测试用例。

(1) 为每一个等价类规定一个唯一的编号。

(2) 设计一个新的测试用例，使其尽可能多地覆盖尚未被覆盖的有效等价类，重复这一步，直到所有的有效等价类都被覆盖为止。

(3) 设计一个新的测试用例，使其覆盖一个而且只覆盖一个尚未被覆盖的无效等价类，重复这一步，直到所有的无效等价类都被覆盖为止。

4) 例子

下面通过一个例子来学习等价类划分方法。

【例6.6】 设某高校有一个学生信息管理系统,要求输入学生的出生年月。假设出生年月限定在1980年1月—2000年12月,并规定出生年月由6位数字字符组成,前4位表示年(如1982),后2位表示月(如05)。输入有效数据时,则提示"输入有效"信息;反之,提示"输入无效"信息。用等价类划分法设计测试用例,来测试程序的"出生年月检查功能"。

第一步,划分等价类并编号。

根据程序的需求规格说明,可以把输入数据的规定条件划分为"出生年月的类型及长度""年份范围"以及"月份范围",针对这3个输入条件划分如下等价类。

有效"出生年月的类型及长度"的等价类有:6位数字字符

无效"出生年月的类型及长度"的等价类如下。

① 有非数字字符;

② 少于6位数字字符;

③ 多于6位数字字符。

有效"年份范围"的等价类有:在1980~2000之间

无效"年份范围"的等价类如下。

① 小于1980;

② 大于2000。

有效"月份范围"的等价类有:在01~12之间

无效"月份范围"的等价类如下。

① 小于01;

② 大于12。

第二步,设计测试用例,覆盖所有的有效等价类。

测试用例如下。

测试数据:199511;
期望结果:输入有效;
覆盖的有效等价类:(1)、(5)、(8).

第三步,为每个无效等价类设计测试用例。

设计结果如表6.1所示。

表6.1 无效等价类的测试用例

测试数据	期望结果	覆盖的无效等价类
1996ab	输入无效	(2)
19961	输入无效	(3)
1996111	输入无效	(4)
134501	输入无效	(6)
205005	输入无效	(7)
200000	输入无效	(9)
200014	输入无效	(10)

2．边界值分析

在编写程序时,经常碰到数组下标越界的问题。实际上,这就是不当处理边界值造成的错误。因此,设计使程序运行在边界值附近的测试用例,发现程序错误的概率更高。

使用边界值分析方法设计测试用例,首先应确定边界情况。通常输入和输出等价类的边界,就是应着重测试的边界情况。应当选取正好等于,刚刚大于或刚刚小于边界的值作为测试数据,而不是选取等价类中的典型值或任意值作为测试数据。通常边界值分析法作为对等价类划分法的补充。

【例 6.7】 用边界值分析法设计测试用例,来测试例 6.6 中程序的"出生年月检查功能"。

第一步,划分数据的边界。

年份边界为:1980 和 2000;

月份边界为:01 和 12。

第二步,设计测试用例。

应当选取正好等于、刚刚大于或刚刚小于边界的值作为测试数据。因此,可选如下测试用例。

(1) 使输入的年份和月份刚好等于最小值

输入:198001

预期结果:输入有效

(2) 使输入的年份和月份刚好大于最小值

输入:198102

预期结果:输入有效

(3) 使输入的年份刚好小于最小值

输入:197902

预期结果:输入无效

(4) 使输入的月份刚好小于最小值

输入:199500

预期结果:输入无效

(5) 使输入的年份和月份刚好等于最大值

输入:200012

预期结果:输入有效

(6) 使输入的年份和月份刚好小于最大值

输入:199911

预期结果:输入有效

(7) 使输入的年份刚好大于最大值

输入:200102

预期结果:输入无效

(8) 使输入的月份刚好大于最大值

输入:199513

预期结果:输入无效

6.6.2 能力目标

灵活使用等价类划分和边界值分析设计测试用例。

6.6.3 任务驱动

1. 任务的主要内容

一个程序的规格说明如下：当输入一个大于或等于0的数字时，返回其算术正平方根；当输入一个小于0的数字时，显示错误信息"平方根非法，输入值小于0"；当输入非数字时，显示错误信息"平方根非法，输入非数字字符"。请使用等价类划分法为该程序设计测试用例。

2. 任务分析

使用等价类划分法设计测试用例的步骤如下：

第一步，根据程序的规格说明划分等价类。

1) 有效输入等价类有

(1) <=0 的数字

2) 无效输入等价类有

(2) <0 的数字

(3) 非数字

第二步，设计测试用例，覆盖所有的有效等价类。

测试用例如下：

  测试数据：100

  期望结果：10

  覆盖的有效等价类：(1)

第三步，为每个无效等价类设计测试用例。

覆盖无效等价类(2)的测试用例如下：

  测试数据：-100

  期望结果：平方根非法，输入值小于0

  覆盖的无效等价类：(2)

覆盖无效等价类(3)的测试用例如下：

  测试数据：abc345

  期望结果：平方根非法，输入非数字字符

  覆盖的无效等价类：(3)

3. 任务小结或知识扩展

常见的边界值如下。

(1) 对16位的整数而言32 767和-32 768是边界。

(2) 屏幕上光标在最左上、最右下位置。

(3) 报表的第一行和最后一行。

(4) 数组元素的第一个和最后一个。

(5) 循环的第 0 次、第 1 次和倒数第 2 次、最后一次。

4．任务的参考答案

【答案】 参考任务分析。

6.6.4 实践环节

使用边界值分析法为任务中的程序设计测试用例（假设在 16 位机器上测试程序）。

6.7　JUnit 单元测试

本节将介绍 JUnit 的基本工作原理，以及应用 JUnit 进行单元测试。重点在于如何使用 MyEclipse 集成开发平台下的 JUnit 进行测试用例（TestCase）和测试套件（TestSuite）的编写和应用。

6.7.1 核心知识

1．JUnit 简介

JUnit 是由 Erich Gamma 和 Kent Beck 编写的一个回归测试框架（Regression Testing Framework），供 Java 开发人员编写单元测试之用。JUnit 测试是程序员测试，即所谓白盒测试。

1）JUnit 测试框架

在 JUnit 测试框架中包含 4 个核心类，分别是 TestCase、TestSuite、TestRunner 和 TestResult。

① TestCase（测试用例）。TestCase 中包含很多以 test 开头的方法，用来测试被测类中的 public 类型的方法。通过比较方法的输出结果和预期结果是否相同，来判断本次测试是成功还是失败。

② TestSuite（测试套件）。TestCase 并不能孤立的使用，它总是需要依附在 TestSuite 中。TestSuite 代表一个或者一组 TestCase。通过 TestSuite 把 TestCase 很好地组合在一起，形成一组测试单元，也称为测试套件。

③ TestRunner（测试运行器）。TestRunner 是负责执行 TestSuite 的程序，负责对整个测试过程进行跟踪，显示测试的结果，并报告测试的进度等。

④ TestResult（测试结果）。TestResult 负责收集 TestCase 执行后的结果。测试结果通常可以分为两类：客户可以预测到的错误（Failure）和不可预测的错误（Error）。

JUnit 测试框架中四个核心类之间的关系如图 6.9 所示。

2）JUnit 中的断言

在 JUnit 测试框架中，使用断言方法来实现单元测试。断言方法以 assert 为前缀，返回一个布尔类型的值，如果返回值为 true，代表测试通过；否则说明该测试单元中存在 Bug（错误）。在运行测试用例后，TestRunner

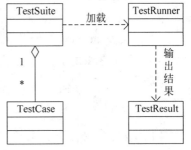

图 6.9　JUnit 核心类图

会报告哪些断言通过,哪些断言没有通过,从而快速地定位错误。而传统的测试方法都是借助于输出语句 System.out.println()等语句将信息打印到控制台后,由开发人员对输出信息进行比对后,得到测试结果。

JUnit 中的 assert 方法全部放在 Assert 类中,JUnit 类中常用的 assert 方法分类如下。

① assertTrue/False([String message,]boolean condition)。

(a) assertTrue 判断为真,如果第二个参数为 false 时,输出第一个参数的内容。

(b) assert False 判断为假,如果第二个参数为 true 时,输出第一个参数的内容。

例如:

assertTrue("结果为假",false);

测试结果:

java.lang.AssertionError:结果为假

② assertEquals(Object expected,Object actual)。

判断第一个参数和第二个参数是否相等,如果不相等,提示错误信息。第一个参数是期望对象,第二个参数是实际对象。

例如:

assertEquals(3,1+1);

测试结果:

java.lang.AssertionError: expected:<3> but was:<2>

③ assertNotNull/Null([String message,]Object obj)

(a) assertNotNull 判断对象非空。当第二个参数为 Null 时,输出第一个参数的值。

(b) assertNull 判断对象为空。当第二个参数不为 Null 时,输出第一个参数的值。

例如:

assertNotNull("对象为空",null);

测试结果:

java.lang.AssertionError:对象为空

④ assertSame/NotSame([String message,]Object expected,Object actual)

(a) assertSame 判断第二个参数和第三个参数为同一个对象。当不是同一个对象时,输出第一个参数的值。

(b) assertNotSame 判断第二个参数和第三个参数不是同一个对象。当是同一个对象时,输出第一个参数的值。

例如:

assertSame("对象不相等","admin","ADMIN");

测试结果:

java.lang.AssertionError:对象不相等 expected same:<admin> was not:<ADMIN>

2. JUnit 的应用

1）添加 JUnit 测试框架

MyEclipse 是 Java 语言的集成开发平台，内部集成了 JUnit 测试框架，只需要在自己的 Java 项目中添加相应的 jar 包，就可以使用。

① 创建一个 Java Project，名字为 JUnitProject。

使用 MyEclipse 创建 Java 项目步骤如下：单击 File→New→Java Project 命令在弹出的窗体 Project name 中录入 JUnitProject，单击 Finish 按钮完成，如图 6.10 所示。

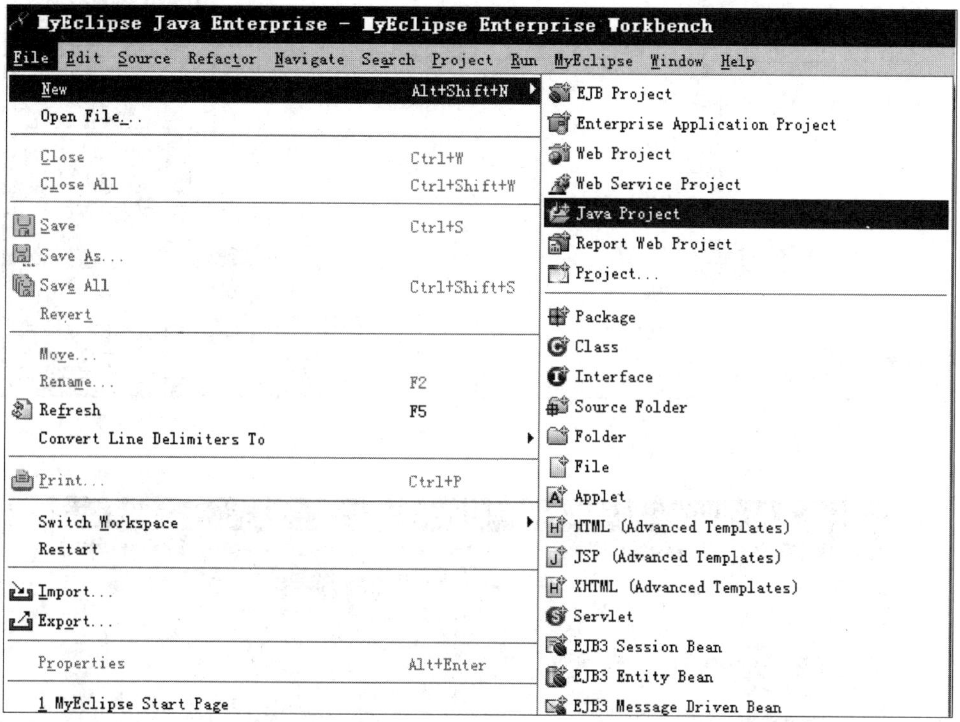

图 6.10　创建 Java 项目

② 为项目 JUnitProject 添加 JUnit 测试框架。

选中项目名称 JUnitProject，右击选择 Properties，弹出如图 6.11 所示的窗口。在图 6.11 所示的窗口中，选择 Java Build Path→Libraries→Add Library→JUnit→Next→JUnit 4→Finish→OK 命令，完成 JUnit 测试框架的添加。成功添加 JUnit 测试框架后，在项目中 JUnitProject 会显示 JUnit 的 jar 包，如图 6.12 所示。

2）创建 TestCase

① 创建待测试类 Calculator。

为了方便使用 JUnit 进行单元测试，在项目 JUnitProject 中创建一个待测试程序计算器类，类名为 Calculator。在类中定义一个 int 类型的属性 result，保存计算结果；创建方法 add()，实现两个整数的加法运算；创建方法 subStract()，实现两个整数的减法运算；创建方法 multiply()，实现两个整数的乘法运算；创建方法 divide()，实现两个整数的除法运算；创建方法 clear()，实现结果清零。

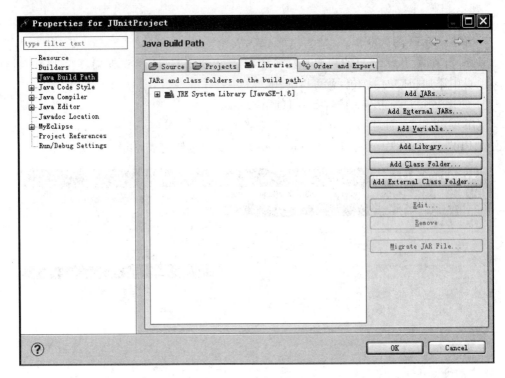

图 6.11　Properties 窗口

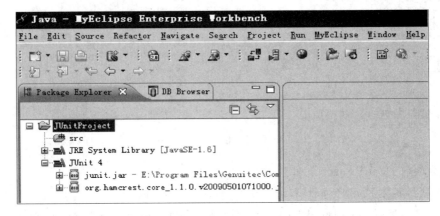

图 6.12　成功添加 JUnit 测试框架

Calculator.java 的代码如下。

```
public class Calculator {
    int result;
    //求两个整数的和
    public int add(int n, int m) {
        result = n + m;
        return result;
    }
    //求两个整数的差
```

```
public int substract(int n, int m) {
    result = n - m;
    return result;
}
//求两个整数的积
public int multiply(int n, int m) {
    result = n * m;
    return result;
}
//求两个整数的商
public int divide(int n, int m) {
    result = n / m;
    return result;
}
//对结果清零
public void clear() {
    result = 0;
}
}
```

② 为待测试类 Calculator 编写 TestCase。

操作过程：首先选择待测试的类 Calculator，右击选择 New→JUnit Test Case→Next 命令，如图 6.13 所示。然后选择待测试的方法（这里把 Calculator 类的 4 个方法都选上），单击 Finish 命令，如图 6.14 所示。

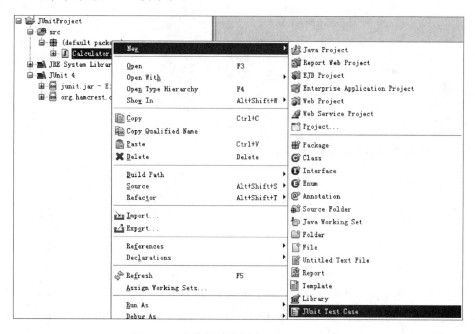

图 6.13　为待测试类创建 JUnit Test Case

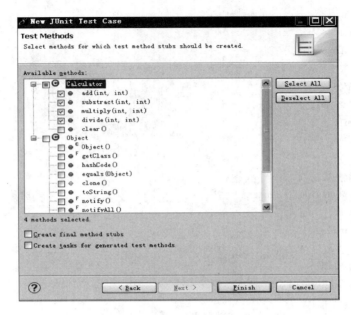

图 6.14 选择待测试的方法

JUnit 框架自动生成对 Calculator 的测试类 CalculatorTest,代码如下。

```
import static org.junit.Assert.*;
import org.junit.Test;
public class CalculatorTest {
    @Test
    public void testAdd() {
        fail("Not yet implemented");
    }
    @Test
    public void testSubstract() {
        fail("Not yet implemented");
    }
    @Test
    public void testMultiply() {
        fail("Not yet implemented");
    }
    @Test
    public void testDivide() {
        fail("Not yet implemented");
    }
}
```

测试类 CalculatorTest 的代码说明如下。

"import static org.junit.Assert.*;"表示静态引入断言方法。例如 assertEquals 是 Assert 类中的一个静态方法,一般的使用方式是 Assert.assertEquals(),但是使用了静态包含后,前面的类名就可以省略了,使用起来更加的方便。

"@Test"下的所有方法都是以 test 为前缀,是用来对 Calculator 类中的每个方法进行测试,返回类型为 void。

3）编写断言

采用 assertEquals() 断言方法进行单元测试。对测试类 CalculatorTest 的代码进行修改，代码如下。

```java
import static org.junit.Assert.*;
import junit.framework.TestCase;
import org.junit.Before;
import org.junit.Test;
public class CalculatorTest extends TestCase {
    Calculator calculator = new Calculator();
    @Before
    public void setUp() throws Exception {
        calculator.clear();
    }
    @Test
    public void testAdd() {
        assertEquals(3, calculator.add(1, 2));
    }
    @Test
    public void testSubstract() {
        //预期结果应该为-1
        assertEquals(1, calculator.substract(1, 2));
    }
    @Test
    public void testMultiply() {
        assertEquals(2, calculator.multiply(1, 2));
    }
    @Test
    public void testDivide() {
        //除以0,出现异常
        assertEquals(0, calculator.divide(1, 0));
    }
}
```

修改后的代码说明如下。

首先，在测试用例 CalculatorTest 类中创建一个被测类 Calculator 的对象：Calculator calculator=new Calculator()；"@Before"说明在任何一个测试方法执行之前都必须先执行 setUp() 方法中的代码。这里可以调用计算器清零的方法，因为每次在进行新的计算之前，都需要清零操作。

其次，在各个测试方法中使用 assertEquals() 断言方法判断计算器计算出来的结果和预期结果是否相等。如果相等，本方法测试通过。

4）运行 TestCase

测试用例编写好之后，可以运行测试用例。在菜单栏选择 Run→Run As→Junit Test 命令，如图 6.15 所示。

5）观察测试结果

运行测试用例后，会得到测试结果，如图 6.16 所示。

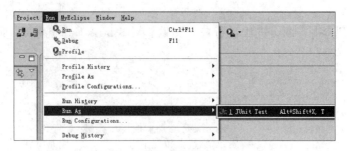

图 6.15 运行 TestCase

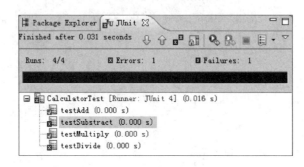

图 6.16 测试结果

运行结果说明运行了 4 个方法,成功通过测试的方法有 testAdd()和 testMultiply(),错误的方法有 testSubstract(),出现异常的方法有 testDivide()。

单击错误的方法 testSubstract()后,在 Failure Trace 文本区域内会出现错误信息,如图 6.17 所示。说明 assertEquals(1,calculator.substract(1,2))断言方法,期望值是 1,但是实际值是－1,所以测试失败。通过错误信息可以很快定位到测试有问题的代码,进行修改。

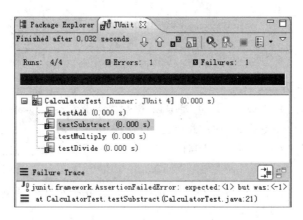

图 6.17 查看错误信息

单击异常的方法 testDivide 后,在 Failure Trace 文本区域会出现异常的信息,如图 6.18 所示。

图 6.18 说明 assertEquals(0,calculator.divide(1,0))断言方法出现算数异常,所以测试失败。通过异常信息可以很快定位到测试有问题的代码,进行修改。

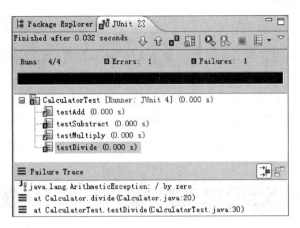

图 6.18 查看异常信息

6）创建并运行 TestSuite

TestCase 需要有 TestSuite 才能运行，如果测试人员没有提供 TestSuite，TestRunner 会自动创建一个测试套件 TestSuite。TestSuite 的作用主要有两个：对多个 TestCase 归为一组进行测试；对单个 TestCase 中的方法进行单独测试。

① 对多个 TestCase 测试。前面针对计算器类创建了一个 TestCase，类名为 CalculatorTest。接着按照相同的方式创建另一个类 SmallestNumber，用来获得整型数组中最小的数，同时创建出该类的 TestCase，类名为 SmallestNumberTest。

SmallestNumber.java

```java
public class SmallestNumber {
    public int getSmallest(int nums[]){
        int min = nums[0];
        for(int i = 1;i < nums.length;i++){
            if(min > nums[i]){
                min = nums[i];
            }
        }
        return min;
    }
}
```

代码说明：在 getSmallest()方法中传入一个整型数组 nums。把数组中第一个元素赋值给局部变量 min，通过循环比较，得到该数组中最小的整数并返回。

SmallestNumberTest.java

```java
import junit.framework.TestCase;
import org.junit.Test;
public class SmallestNumberTest extends TestCase{
    SmallestNumber sn = new SmallestNumber();
    @Test
    public void testGetSmallest() {
        int nums[] = {20,14,1,100};
        assertEquals(1, sn.getSmallest(nums));
```

}
}

代码说明：在 SmallestNumberTest 类中有个测试方法 testGetSmallest()，通过断言 assertEquals()判断测试数组 nums 中的最小整数是否是 1。如果是 1，代表该 TestCase 测试通过。

测试用例 SmallestNumberTest 编写完成后，接着创建 TestSuite。步骤选择 New→Other→Java→JUnit→JUnit Test Suite→next 命令，打开"JUnit Test Suite"窗口，如图 6.19 所示。

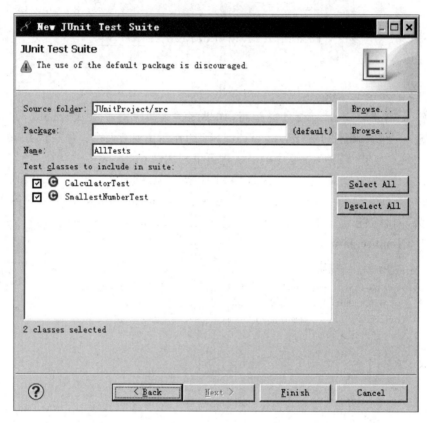

图 6.19　JUnit Test Suite 窗口

在图 6.19 中，TestSuite 名称为 AllTests。默认情况下，系统自动把两个 TestCase 加入到该 TestSuite 中，单击 Finish 按钮。自动生成如下代码。

AllTests.java

```
import junit.framework.Test;
import junit.framework.TestSuite;
public class AllTests {
    public static Test suite() {                                          //1 行
        TestSuite suite = new TestSuite("Test for default package");      //2 行
        //$JUnit-BEGIN$
        suite.addTestSuite(CalculatorTest.class);                         //3 行
        suite.addTestSuite(SmallestNumberTest.class);                     //4 行
        //$JUnit-END$
```

```
        return suite;
    }
}
```

代码说明如下。

1 行：静态方法，返回 TestSuite 类对象。该方法主要是构造 TestSuite 对象，然后向其中加入想要测试的方法。

2 行：构造 TestSuite 类对象。

3、4 行：向 TestSuite 对象中添加两个 TestCase 作为一组进行测试。

最后，运行该 TestSuite。步骤为选择 Run→Run As→JUnit Test 命令，运行结果如图 6.20 所示。

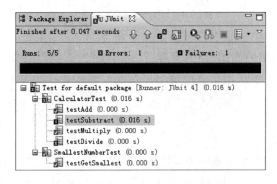

图 6.20 多个 TestCase 测试结果

② 对单个 TestCase 测试。前面每次运行测试类时，该测试类的所有方法全部都被测试一遍，如果想单独测试某个方法比较麻烦，这时可以利用测试套件来解决这个问题。例如，我们想测试 CalculatorTest 中的某一个方法，具体步骤如下。

首先，向 CalculatorTest 中添加一个构造方法，目的是决定调用类中的哪一个测试方法。代码如下。

```
public CalculatorTest(String name){
    super(name);
}
```

其次，修改 AllTests 的代码。

```
public class AllTests {
    public static Test suite() {
        TestSuite suite = new TestSuite("Test for default package");
        //$ JUnit-BEGIN $
        //测试 CalculatorTest 类的 testDivide 方法
        suite.addTest(new CalculatorTest("testDivide"));
        //$ JUnit-END $
        return suite;
    }
}
```

最后，运行 AllTests，测试结果如图 6.21 所示。

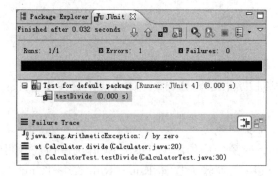

图 6.21　单个 TestCase 测试结果

6.7.2　能力目标

掌握 JUnit 测试框架的添加过程，掌握 TestCase 的编写，学会使用断言进行单元测试，学会观察测试结果，并能够找出错误的情况以及定位错误。

6.7.3　任务驱动

1．任务的主要内容

创建一个待测试程序银行账户类，类名为 Account。在类 Account 中定义两个属性：分别是 String 类型的"账号"和 double 类型的"账户金额"；创建构造方法 Account()，实现账户的初始化功能；创建方法 saveMoney()，实现向账号存钱功能；创建方法 drawMoney()，实现取钱功能，创建方法 getBalance()，实现查询余额功能。创建 TestCase，名称为 AccountTest，在 AccoutTest 类中对上述定义的方法进行单元测试。

2．任务的代码模板

将下列类中有【代码】标志的替换为 Java 程序代码。

Account.java

```java
public class Account {
    【代码 1】//声明一个私有的字符串变量,名字是 accountId
    private double money;
    public Account(String accountId){
        this.accountId = accountId;
        【代码 2】//账户金额初始化为 0
    }
    public void saveMoney(double m) {
        【代码 3】//向账户金额中存钱,金额为 m
    }
    public void drawMoney(double m) {
        money = money - m;
    }
    public double getBalance() {
        【代码 4】//返回账户金额
    }
}
```

AccountTest.java

```
public class AccountTest extends TestCase{
    【代码5】//创建一个银行账户对象 acc,账号为"A001"
    @Before
    public void setUp() throws Exception {
    }
    @Test
    public void testSaveMoney() {
        【代码6】//存入 1000
        【代码7】//使用断言判断期望余额结果和实际计算余额结果是否相等
    }
    @Test
    public void testDrawMoney() {
        acc.saveMoney(1000);
        【代码8】//取出 400
        【代码9】//使用断言判断期望余额结果和实际计算余额结果是否相等
    }
    @Test
    public void testGetBalance() {
    }
}
```

3. 任务小结或知识扩展

需要注意的是：double 类型的属性，在赋值的过程中，如果是整数，会自动在末尾补上".0"。在测试 testSaveMoney()和 testDrawMoney()时，账户金额都是初始值 0。所以类中【代码7】中的第一个参数值为 1000.0 时，该断言为真；类中【代码9】中的第一个参数值为 600.0 时，该断言为真。

4. 代码模板的参考答案

【代码1】：private String accountId;

【代码2】：money=0;

【代码3】：money = money + m;

【代码4】：return money;

【代码5】：Account acc=new Account("A001");

【代码6】：acc.saveMoney(1000);

【代码7】：assertEquals(1000.0, acc.getBalance());

【代码8】：acc.drawMoney(400);

【代码9】：assertEquals(600.0, acc.getBalance());

6.7.4 实践环节

圆形 Circle 类具有类型为 double 的半径、周长和面积属性,具有返回周长、面积的功能,包括一个构造方法对半径进行初始化。

编写相关的 Java 程序,并使用 JUnit 对计算圆形周长和面积的方法进行单元测试。

6.8 案例分析——图书管理系统测试

以图书管理系统中的"用户注册"功能模块为测试点,介绍黑盒测试用例的编写过程。"用户注册"功能要求用户必须输入用户名、密码及确认密码,对每一项输入条件的要求如下。

用户名要求 3~12 位,使用英文字母、数字、"_"组合,且首字符必须为字母;密码要求 6~10 位,只能使用英文字母、数字、"_"组合,且区分大小写。

分析如下。

(1)分析程序员的规格说明,列出等价类表(包括有效等价类和无效等价类),如表 6.2 所示。

表 6.2 等价类表

输入条件	有效等价类	编号	无效等价类	编号
用户名	3~12 位	1	少于 3 位	7
	首字符为字母	2	多于 12 位	8
	英文字母、数字、"_"组合	3	组合中含有非法命名字符	9
密码	6~10 位	4	少于 6 位	10
	英文字母、数字、"_"组合	5	组合中含有非法命名字符	11
确认密码	内容同密码相同	6	内容同密码相同,但字母大小不同	12

(2)根据上述的等价类表,设计测试用例如表 6.3 所示。

表 6.3 测试用例

测试用例	用 户 名	密 码	确认密码	提示信息
TC1	ABC_2016	ABC_123	ABC_123	注册成功
TC2	abc_2016	abc_123	abc_123	注册成功
TC3	ab	123456789	123456789	提示用户名错误
TC4	abcefghijklmn	12345678	12345678	提示用户名错误
TC5	_ABC2016	1234567	1234567	提示用户名错误
TC6	2016_ABC	1234567	1234567	提示用户名错误
TC7	ABC_2016	abced	abced	提示密码错误
TC8	ABC_2016	123abdef	123ABdef	提示密码错误
TC9	ABC_2016	Abc&123456	Abc&123456	提示密码错误
TC10	ABC_2016	Abc_456789	Abc@456789	提示密码错误

6.9 小 结

为了高效地编写程序代码,能缩短开发周期,并减少维护代价,应该从用户、程序员、软件的移植性、软件的应用领域等方面考虑选择程序设计语言。

测试的目的是尽可能地发现程序中迄今没有被发现的错误。测试技术分为静态测试和动态测试。所谓静态测试是指不需要执行被测程序,仅通过人工分析或检查源程序的语法、结构、过程、接口等来检查程序的正确性。所谓动态测试是指通过执行被测程序,发现程序的错误。静态测试包括桌前检查、代码会审以及步行检查;动态测试包括白盒测试和黑盒测试。

软件测试过程则是自底向上、逐步集成的过程,与软件开发过程恰恰相反。一般来说,大型软件系统的测试过程由单元测试、集成测试、确认测试以及系统测试等4个步骤组成。

单元测试和编码属于软件开发过程的同一个阶段,它主要测试人为规定的最小的功能模块。在单元测试中以白盒测试为主,黑盒测试为辅。

当把通过单元测试的各个相关模块组合在一起后,就要进行集成测试。集成测试又称组装测试或联合测试,目的是尽可能多地发现与接口有关的问题。

不管进行什么种类的测试,测试部门的负责人都要周密安排测试计划和实施步骤。

白盒测试是把被测软件看成一个透明的盒子,测试人员完全知道被测程序的内部结构和处理过程。白盒测试的覆盖标准有逻辑覆盖、循环覆盖和基本路径测试。逻辑覆盖有语句覆盖、判定覆盖、条件覆盖、判定/条件覆盖、条件组合覆盖和路径覆盖。

基本路径测试的过程一般由画出被测程序对应的流图,根据流图求出程序的环形复杂度,确定独立路径,针对独立路径设计测试用例等四步组成。

黑盒测试是把测试对象看作一个黑盒子,测试人员完全不考虑被测程序内部的逻辑结构和内部特性,只根据被测程序的功能和需求规格说明,检查程序的功能是否符合它的需求规格说明。黑盒测试的方法有等价类划分、边界值分析、错误推测、因果图和综合策略。

不管什么种类的软件,不能仅靠测试提高软件质量。因为,一个软件系统是分析、设计、编码、测试以及维护等一系列工作的结晶。

JUnit测试框架是一个已经被多数Java程序员采用和实证的、优秀的测试框架。开发人员只需要按照JUnit的约定编写测试代码,就可以进行单元测试。

习 题 6

一、单项选择题

1. 以下属于第三代程序设计语言的选项是(   )。
    A. 机器语言
    B. Java、C++等面向对象语言
    C. 汇编语言
    D. SQL语言

2. 以下描述错误的是(   )。
    A. 程序设计语言的特性和程序设计风格,会深刻地影响软件的质量和可维护性
    B. 为了保证程序编码的质量,程序员必须深刻理解、熟练掌握并正确地运用程序设计语言的特性
    C. 高效的程序代码能缩短开发周期,并减少维护代价
    D. 只要程序设计语言选择的好就可以设计出高效的程序代码,对于程序的结构没有要求

3. 以下属于选择程序设计语言的标准的选项是(   )。
    A. 选择用户熟悉的程序设计语言

B. 从程序员知识水平和心理因素等方面考虑
C. 从软件的可移植性考虑
D. 以上三项都属于

4. 编程时应注意的编程风格是(　　)。
   A. 源程序文档化　　　　　　　　B. 数据说明
   C. 满足运行工程学的输入输出风格　　D. 以上三项都属于

5. 结构化程序设计主要强调的是(　　)。
   A. 程序的规模　　　　　　　　B. 程序的效率
   C. 程序设计语言的先进性　　　D. 程序易读性

6. 下列属于编码时标准书写格式的是(　　)。
   A. 书写时适当使用空格分隔　　　B. 一行写入多条语句
   C. 嵌套结构不使用分层缩进的写法　D. 程序中不加注释

7. 以下符合程序设计过程中语句结构要求的是(　　)。
   A. 一行内可写多条语句
   B. 程序的编写首先应当考虑效率：效率第一,清晰第二
   C. 尽可能用通俗易懂的伪码来描述程序的流程,然后再翻译成必须使用的语言
   D. 尽量使用"否定"条件的条件语句

8. 下面测试方法属于白盒测试方法的是(　　)。
   A. 边界值分析法　　　　　　　B. 等价类划分法
   C. 因果法　　　　　　　　　　D. 基本路径测试法

9. 下面测试方法属于黑盒测试方法的是(　　)。
   A. 边界值分析法　　　　　　　B. 条件组合覆盖法
   C. 循环覆盖法　　　　　　　　D. 基本路径测试法

10. 程序中的独立路径数量是由(　　)决定。
    A. 程序的语句数量
    B. 程序的环形复杂度
    C. 从开始节点到结束节点所有路径的总数量
    D. 以上都不对

11. 软件开发时,一个错误发现得越晚,为改正它所付出的代价就(　　)。
    A. 越大　　　　　　　　　　B. 越小
    C. 越不可捉摸　　　　　　　D. 越接近平均水平

12. 确定测试计划是在(　　)阶段制订的。
    A. 概要设计　　　　　　　　B. 详细设计
    C. 编码　　　　　　　　　　D. 测试

13. 以下有关软件测试的描述正确的是(　　)。
    A. 测试是一个为了发现所有错误而执行程序的过程
    B. 一个好的测试用例是指能够发现所有错误的测试用例
    C. 一个成功的测试是指揭示了迄今为止尚未发现的错误的测试
    D. 软件测试只能通过自动的手段来执行和评价系统或系统部件

14. 为了提高测试的效率,应该( )。
    A. 在完成编码以后制订软件的测试计划
    B. 取一切可能的输入数据作为测试数据
    C. 随机地选取测试数据
    D. 选择发现错误可能性大的数据作为测试数据

15. 系统因错误而发生故障时,仍然能在一定程度上完成预期功能的能力被称为( )。
    A. 软件容错   B. 系统软件
    C. 测试软件   D. 恢复测试

16. 下面说法正确的是( )。
    A. 经过测试没有发现错误说明程序正确
    B. 测试的目标是为了证明程序没有错误
    C. 成功的测试是发现了迄今尚未发现的错误的测试
    D. 成功的测试是没有发现错误的测试

17. 经过严密的软件测试后所提交给用户的软件产品中( )。
    A. 软件不再包含任何错误
    B. 还可能包含少量软件错误
    C. 所提交给用户的可执行文件不会含有错误
    D. 文档中不会含有错误

18. 在进行软件测试时,首先应当进行( ),然后进行子系统测试,最后进行验收测试。
    A. 单元测试   B. 集成测试
    C. 确认测试   D. 系统测试

19. 软件测试的目标是( )。
    A. 证明软件是正确的   B. 发现错误、减低错误带来的风险
    C. 排除软件中所有的错误   D. 与软件调试相同

20. 以下对黑盒测试方法描述错误的是( )。
    A. 又称功能测试
    B. 测试人员完全不考虑程序内部的逻辑结构和内部特性,只检查程序的功能是否符合它的功能说明
    C. 黑盒测试不关心输入与输出的对应关系
    D. 黑盒测试不关心被测程序的内部关系

21. 以下不属于黑盒测试方法和技术的是( )。
    A. 等价类划分   B. 边界值分析
    C. 接口测试   D. 基本路径覆盖

22. 黑盒测试在设计测试用例时,主要需要研究( )。
    A. 需求规格说明与概要设计说明 B. 详细设计说明
    C. 项目开发计划   D. 概要设计说明与详细设计说明

23. 黑盒测试的优点是( )。
    A. 适用于各阶段测试   B. 有一定的充分性度量手段

  C. 可获较多工具支持   D. 代码测试全面

24. 以下不属于黑盒测试方法要测试的错误的是(　　)。

  A. 是否有不正确或遗漏了的功能

  B. 输入能否正确地接受,能否输出正确的结果

  C. 性能上是否能够满足要求

  D. 内部数据结构的是否有效

25. 以下对白盒测试方法描述正确的是(　　)。

  A. 白盒测试又称逻辑驱动测试

  B. 白盒测试允许测试人员利用程序内部的逻辑结构及有关信息,设计或选择测试用例

  C. 白盒测试允许对程序所有逻辑路径进行测试

  D. 以上三项全都正确

二、判断题

1. SQL语言属于第三代程序设计语言。(　　)
2. 程序设计这一阶段的工作是把详细设计中,具体的过程性描述内容,翻译成某一种程序设计语言编写的源程序。(　　)
3. 高效的程序代码能缩短开发周期,并减少维护代价。(　　)
4. 程序设计风格指人们编制程序时所表现出来的特点、习惯、逻辑思路。(　　)
5. 编码时应从以下几方面注意编程风格:源程序文档化、数据说明、语句结构、满足运行工程学的输入输出风格。(　　)
6. 夹在程序中的注释可有可无。(　　)
7. 在设计阶段已经确定了数据结构的组织及其复杂性。因此在编写程序时,无须再注意数据说明的风格。(　　)
8. 软件测试是为了证明程序是正确的。(　　)
9. 软件测试能发现程序中所有的错误。(　　)
10. 要通过测试发现程序中的所有错误,就要穷举所有可能的输入数据,实际也能做到。(　　)
11. 程序测试是为了证明程序正确地执行了预期的功能。(　　)
12. 一个好的测试用例是指很可能找到迄今为止尚未发现的错误的测试用例。(　　)
13. 软件测试是用人工或自动的手段来执行和评价系统或系统部件的过程,以检验它是否满足规定的需求,或识别期望的结果和实际的结果之间有无差别。(　　)
14. 所有的测试都应可追溯到客户需求。(　　)
15. 需妥善保存测试计划、测试用例、出错统计和最终分析报告,为维护提供方便。(　　)
16. 黑盒测试是把测试对象看作一个黑盒,测试人员完全不考虑程序内部的逻辑结构和内部特性,只依据程序的需求和功能规格说明,检查程序的功能是否符合它的功能说明。(　　)
17. 黑盒测试只关心被测程序的内部关系。(　　)
18. 路径覆盖测试要求对程序模块的所有独立的执行路径至少测试一次。(　　)

19. 逻辑覆盖测试要求对所有的逻辑判定,取"真"与取"假"的两种情况都至少测试一次。( )

20. 白盒测试法是将程序看成一个透明的盒子,不需要了解程序的内部结构和处理过程。( )

三、简答题

1. 什么是黑盒测试？什么是白盒测试？两者有什么不同？
2. 简述软件测试过程。
3. 什么是单元测试？什么是集成测试？它们各有什么特点？

四、综合题

某程序代码如下。

```
1   int Test( int i_count, int i_flag){
2       int i_temp = 1 ;
3       while (i_count > 0 ){
4           if ( 0 == i_flag){
5               i_temp = i_count + 100 ;
6               break ;
7           }
8           else {
9               if ( 1 == i_flag){
10                  i_temp = i_temp * 10 ;
11              }
12              else {
13                  i_temp = i_temp * 20 ;
14              }
15          }
16          i_count -- ;
17      }
18      return i_temp;
19  }
```

使用基本路径测试方法为该程序设计测试用例。

维 护

主要内容

(1) 维护的定义与类型。
(2) 维护实施过程。
(3) 软件的可维护性。

为了保证自己心爱的汽车安全行驶,要时常保养它,一直到它报废。同理,为了保证软件产品能够正常运行,就要花费大量的精力和费用来维护它。软件维护,是软件生命周期的最后一个阶段,也是最长的一个阶段,覆盖了从软件交付使用到软件被淘汰的整个时期。

人们常说,买得起好车,却养不起好车。同样,软件的维护成本远远大于它的开发成本。平均来说,大型软件的维护成本大约是开发成本的 4 倍左右。因此,如何提高软件的可维护性,减少软件维护所需要的工作量,降低软件产品的总成本,是软件工程的重要任务。

7.1 维护概述

软件维护是指软件交付使用之后,为了改正错误或满足新的需要而修改软件的过程。

1. 软件维护的类型

1) 改正性维护

通过测试不可能发现大型软件系统的所有错误。因此,为了保证软件系统正常工作,维护人员的首要任务就是改正程序中的错误和缺陷。把诊断和改正错误的维护过程称为改正性维护。

2) 适应性维护

硬件极其频繁地更新换代,需要软件的性价比越来越高。为了使软件适应内部或外部环境变化,而去修改软件的过程称为适应性维护。

3) 完善性维护

例如,某银行的网银系统为了方便人们的生活,需要提供新的服务:网上缴费(水电费、通信费、学杂费等)、网上投资(股票、基金、期货等)、网上购物等,这样就需要该网银系统增加新功能。这种为增加软件功能或修改已有功能而进行的维护活动称为完善性维护。

4）预防性维护

为了提高软件的可维护性、可靠性等,为以后进一步改进软件打下良好基础而修改软件的活动。这样的维护活动称为预防性维护。

2．软件维护的特点

1）软件维护的问题多

如果在软件设计与开发阶段没有严格而又科学的管理和规划,必然会给软件维护的工作带来很多问题。下面列出部分和软件维护有关的问题。

① 理解别人编写的程序有一定的困难,尤其缺失软件配置的文档。没有文档的程序,几乎是没有办法理解的。

② 没有合格的文档,或者文档资料明显不足。

③ 软件维护的周期长,软件开发人员流动大。这样一般不能指望原来的开发人员来完成维护或提供软件的解释。

④ 很多软件在设计时就没有考虑将来的扩展和修改。

⑤ 软件维护是一项没有吸引力的工作。因为,软件维护的工作量大、难度也大,而且没有成就感。

2）软件维护的代价昂贵

软件维护的成本是软件开发成本的 4 倍左右,而维护成本只不过是软件维护的最明显的代价。事实上还有一些无法度量的无形代价,例如,可用的资源供维护工作使用,以致耽误开发新软件的良机,甚至失去有利的商机。其他无形的代价还有几种。

① 一些看起来是合理的改错或修改的要求不能及时得到满足时,可能引起用户不满。

② 在软件维护时,可能会因为改动软件而带来潜在的故障,造成软件维护的恶性循环,从而降低软件的质量。

③ 因为资源是有限的,当软件工程师必须去协调维护工作时,可能会给开发过程带来困难。

④ 软件文档的缺失和软件开发人员的流动给维护工作带来了极大困难,无形中增加了维护的工作量。

3）远程维护是现代软件维护的新途径

通信和网络技术的发展为软件的维护提供了便捷的方式,软件使用中会出现各种各样的问题,其中许多问题可以通过电话、E-mail、在线交谈和视频指导等方式加以解决。一些跨国大公司为了降低维护成本,把软件维护的工作放到劳动力低廉的国家或地区去做。远程维护成为现代软件维护的主流途径,是大势所趋。

4）结构化维护与非结构化维护差异明显

（1）结构化维护。维护软件时,如果有一个完整的软件配置存在,那么维护人员可以进行结构化维护。结构化维护的起点是评价设计文档,维护步骤如下。

① 确定软件结构特点。

② 性能特点分析。

③ 接口特点分析。

④ 估计改动带来的影响。

⑤ 计划实施途径。

⑥ 修改设计并对所做的修改仔细复查。
⑦ 编写相应的源程序。
⑧ 回归测试。
⑨ 交付使用。

（2）非结构化维护。维护软件时，如果没有一个完整的软件配置存在，甚至只有程序代码，那么维护人员只能进行非结构化维护。非结构化维护的起点是评价程序代码，维护步骤如下。

① 分析用户需求。
② 代码评价。
③ 评价反馈。
④ 重新编码。
⑤ 复查。
⑥ 交付使用。

由于文档资料缺失，而使非结构化维护难于评价软件结构、全程数据结构、系统接口和代码改动的后果。因此，非结构化维护需要付出高昂的代价，是因为这种维护方式没有使用良好定义的方法学来开发软件。相反，结构化维护能够使维护工作井然有序，减少维护成本，提高软件维护的质量。

3. 影响软件维护的因素

影响软件维护的因素包括人员因素，技术因素和管理因素，程序自身的因素，具体如下。

（1）系统的规模。系统规模越大，维护越困难。
（2）系统的年龄。系统运行时间越长，在维护中结构被多次修改造成维护的困难。
（3）系统的结构。不合理的程序结构会带来维护困难。
（4）系统的开发方法。使用软件工程方法开发的软件，虽然不能保证维护没有问题，但可以减少维护的工作量，并提高质量。

4. 软件维护的副作用

软件维护的目的是延长软件的寿命使其创造更多的价值，经过维护，软件的错误被纠正了，功能完善了。但同时，因为修改而引入的潜伏的错误也在增加。这种因修改软件而造成的错误或不希望出现的情况称为软件维护的副作用。软件维护的副作用有编码副作用、数据副作用和文档副作用三种。

7.1.2 能力目标

掌握软件维护的定义和类型，理解软件维护的特点。

7.1.3 任务驱动

1. 任务的主要内容

为了实施国家的安居工程，某市于2012年7月1日上调了新职工(1998年12月1日后参加工作的职工)的住房补贴缴存基数与住房公积金缴存基数。由于基数的调整，某单位的工资管理系统不能正确计算工资了,必须进行软件系统维护。针对工资管理系统的维护属于哪种类型的维护?

2．任务分析

从任务的描述中,可以发现,工资管理系统不能正常工作的原因是上调了新职工的住房补贴缴存基数与住房公积金缴存基数,明显是软件系统外部环境的变化,软件系统为了适应这种变化需要进行维护。

3．任务小结或知识扩展

在实践中,软件维护各种活动常常交织在一起,尽管这些维护在性质上有些重叠,但还是有充分的理由区分这些维护活动。只有正确区分维护活动的类型才能够更有效地确定维护需求,才能保证软件系统尽快正常运行。

4．任务的参考答案

【答案】 适应性维护。

7.1.4 实践环节

假如,某 ATM 取款机突然出现这样的情况:取钱之后,账户余额不变。于是,工作人员迅速赶到现场进行抢修。这种维护属于哪种类型的维护?

7.2 维护实施过程

软件维护实施过程和软件开发过程一样,必须有严格的规范,才能保证软件维护工作顺利进行,才能提高软件质量。

7.2.1 核心知识

概括地说,软件维护实施过程如下。

(1) 建立维护组织。

(2) 填写维护申请。

(3) 维护的工作流程。

(4) 保存维护记录。

(5) 评价维护活动。

1．建立维护组织

通常,软件维护工作并不需要建立一个正式的组织机构。但是,委派一个非专门的维护管理员负责维护工作是绝对必要的。维护管理员、变化授权人和系统管理员等分别代表了维护工作的某个职责范围。维护管理员、变化授权人可以是指定的某个人,也可以是一个包括管理人员、高级技术人员等在内的小组。系统管理员是被委派熟悉一部分产品程序的技术人员。每个维护需求都由维护管理员转交给对应的系统管理员去评价。系统管理员对维护需求评价后,由变化授权人决定应该进行哪些活动。图 7.1 描述了上述组织方式。

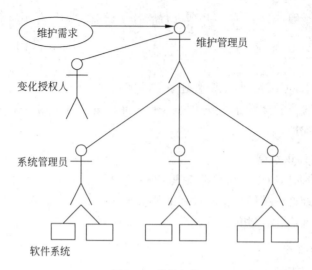

图 7.1 维护组织

2. 填写维护申请

所有维护申请应按规定的方式提出。维护组织通常提供维护申请表(Maintenance Request Form,MRF),由申请维护的用户填写。如果申请的是改正性维护,用户必须完整地说明出错的情况,如输入数据,全部输出信息以及其他有关材料。如果申请的是适应性或完善性维护,则应提出一个简短的软件需求说明书。

维护申请表是由软件维护组织外部提交的文档,它是计划维护活动的基础。软件维护组织内部应相应地做出软件修改报告(Software Change Report,SCR),内容包括如下几点。

(1) 为满足 MRF 要求所需工作量。

(2) 维护需求的性质。

(3) 维护申请的优先次序。

(4) 预计修改后的状况。

在进一步安排维护工作之前,应将软件修改报告提交给变化授权人审查批准。

3. 维护的工作流程

图 7.2 给出了由一项维护需求而引起的工作流程。

(1) 判定维护类型。当用户和维护管理人员对维护类型的判定存在不同意见时,应协商解决。

(2) 对改正性维护请求,从评价错误的严重性开始。如果存在严重错误,则应在系统管理员的指导下分派人员立即进行维护工作;否则,就同其他开发任务一起,统一安排工作时间。

(3) 对适应性和完善性维护请求,应先确定请求的优先次序。如果某项请求的优先次序非常高,就应立即开始维护工作;否则,就同其他开发任务一起,统一安排工作时间。

尽管维护类型不同,但都需要进行同样的技术工作:修改软件需求说明、修改软件设计、设计评审、对代码作必要的修改、单元测试、集成测试(回归测试)、确认测试等。

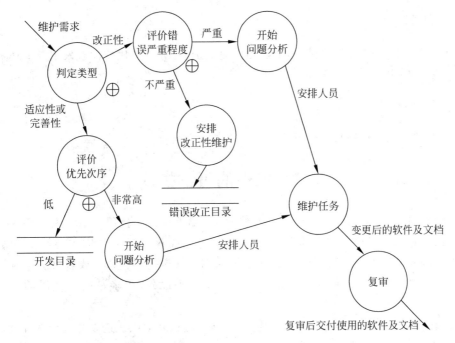

图 7.2 维护的工作流程

4．保存维护记录

维护人员对程序进行修改前要着重保存好两个记录：维护申请表和软件修改报告。保存维护记录的第一个问题就是哪些数据值得保存？Swanson 提出了下述内容：程序标识；源程序语句数；机器代码指令数；使用的程序设计语言；程序交付日期；程序交付以来的运行次数；自交付以来程序失效的次数；程序变动的层次和标识；因程序变动而增加的语句数；因程序变动而删除的语句数；每项修改耗费的人时数；程序修改日期；软件工程师名字；维护请求表的标识；维护类型；维护开始与结束日期；累计用于维护的人时数；与完成的维护相联系的效益。

5．评价维护活动

如果已经开始保存维护记录了，那么可以对维护工作做一些定量度量，至少可以从以下几个方面进行评价。

（1）每次程序运行平均失败的次数。

（2）用于每一类维护活动的总人时数。

（3）平均每个程序、每种语言、每种维护类型所必需的程序修改数。

（4）维护过程中增加或删除源语句平均花费的人时数。

（5）维护每种语言平均花费的人时数。

（6）一张维护申请表的平均周转时间。

（7）不同维护类型所占的比例。

7.2.2 能力目标

理解软件维护实施的具体过程。

7.2.3 任务驱动

有人说：维护就是改改程序，不需要再去完成别的工作，要比软件开发简单。怎么看他的观点？说明理由。

7.2.4 实践环节

软件维护组织有哪些角色？其作用是什么？

7.3 软件的可维护性

人们经常把别人的代码进行简单地修修补补，变成自己的代码。这种经历往往并不像看起来那么简单，有时修改别人的少许代码，会觉得无从下手，究其原因主要是代码晦涩，关系复杂，难以隔离影响等。而这时我们或者抱怨别人代码写的垃圾；或者又会自惭自己编码水平太次。其实引起这种困境的原因除了技术水平以外，更多是因为代码的可维护性不够。

所谓软件的可维护性就是指软件能够被理解、改正、改动或改进以适应新的环境的难易程度。如果一个软件系统的可维护性很低，那么可能需要开销很大才能维护它，甚至直接淘汰掉，这样就造成了极大的资源浪费。因此，提高软件的可维护性是决定软件工程方法学所有步骤的关键目标。

7.3.1 核心知识

1. 影响软件可维护性的软件属性

如果软件是可理解的、可测试的、可修改的、可靠的、可移植的、可复用的、有效的以及可使用的，则说该软件是可维护的。定性地说，软件可维护性取决于软件的 3 个属性，即可理解性、可测试性、可修改性。

1）可理解性

软件可理解性表现为外来读者通过阅读程序代码和相关文档，理解软件的结构、接口、功能和内部过程的难易程度。提高软件可理解性的措施有：采用模块化的程序结构；书写详细正确的文档；采用结构化程序设计；书写源程序的内部文档；使用良好的高级程序设计语言；具有良好的编码风格等。

2）可测试性

软件可测试性是指测试和诊断软件中错误的难易程度。它一方面与程序代码有关，要求程序易理解；另一方面要求有齐全的测试文档，包括以前曾用过的测试用例与结果。

3）可修改性

软件可修改性是指修改软件的难易程度。在修改软件时经常会看到这样的情景：修改了程序中某个错误的同时又产生新的错误；或者在程序中增加了某个功能后，导致原先的某些功能不能正常运行。为什么追求模块"高内聚、低耦合"？就是为了提高软件的可修改性。一般来说，内聚、耦合、信息隐藏、局部化、作用域与控制域等因素都会影响软件的可修改性。

除上述三个软件属性之外,可靠性、可移植性、可使用性、有效性等,也是影响软件可维护性的软件属性。

2．提高软件可维护性的方法

软件的可维护性对于延长软件的寿命具有决定性的意义。提高软件的可维护性可以从两方面考虑,一方面,在软件开发期的各个阶段都必须考虑维护问题,保证软件产品交付之后具有高水准的可维护性;另一方面,对软件进行维护的同时也要兼顾提高软件的可维护性。具体的提高软件可维护性的方法主要有以下几个。

1）建立明确的软件质量目标

一个可维护的软件产品应该是可理解的、可靠的、可测试的、可修改的、可移植的、有效的以及可使用的。但事实上,要满足可维护性的全部要求,需要付出很大的代价,几乎是不现实的,但有些可维护性是相互促进的,因此要明确软件所追求的质量目标。

2）采用先进的软件开发技术和工具

利用先进的软件开发技术能大大提高软件质量和减少软件费用。例如,模块化是软件开发过程中提高软件可维护性的有效技术。由于模块的独立性,即使改变一个模块,也不会对其他模块有大的影响。模块化程序的测试比较容易,错误易于定位和纠正。因此,采用模块化技术可以提高软件的可维护性。

3）建立明确的质量保证

质量保证是指为提高软件质量所做的各种检查工作。质量保证检查是非常有效的方法,不仅在软件开发的各阶段中得到了广泛应用,而且在软件维护中也是一个非常重要的工具。

4）选择可维护的程序设计语言

程序设计语言的选择对维护影响很大。低级语言很难理解,很难掌握,因而很难维护。一般来说,高级语言比低级语言更容易理解,容易编程,容易修改,改进了程序的可维护性。

5）改进程序的文档

程序文档是对程序功能、程序各组成部分之间的关系、程序设计算法、程序实现过程的历史数据等的说明和补充。程序文档对提高程序的可读性有重要作用。为了维护程序,人们必须阅读和理解程序文档。

7.3.2 能力目标

掌握软件可维护性的定义,理解影响软件可维护性的软件属性,了解提高软件可维护性的方法。

7.3.3 任务驱动

假如,你是一个软件项目经理(PM),正在组织实施一个软件系统的开发。应该如何提高该软件系统的可维护性?

7.3.4 实践环节

假如,你是一个软件项目经理(PM),正在组织实施一个软件系统的开发。现在的任务是要找出有哪些因素影响该软件系统的可维护性?

7.4 小　　结

　　软件维护是软件生命周期的最后一个阶段,也是成本最高的阶段。软件维护阶段越长,软件的生存周期也就越长。软件工程方法学的主要目的之一便是提高软件的可维护性,降低软件维护的成本。

　　软件维护不同于硬件维护,通常有四种类型:改正性维护、适应性维护、完善性维护和预防性维护。软件维护大多要涉及软件设计内容的修改,从而要重视软件维护的副作用,对软件维护要有正式的组织,制定规范化的过程,实行严格的维护评价。

　　软件可维护性取决于软件的可理解性、可测试性和可修改性。在开发软件时,就要考虑到软件的可维护性。

习　题　7

一、单项选择题

1. 软件生命周期中花费最多的阶段是(　　)。
   A. 详细设计　　　　　　　　　　B. 软件编码
   C. 软件测试　　　　　　　　　　D. 软件维护
2. 下列属于维护阶段的文档是(　　)。
   A. 软件规格说明　　　　　　　　B. 用户操作手册
   C. 软件修改报告　　　　　　　　D. 软件测试分析报告
3. 软件维护产生的副作用,是指(　　)。
   A. 开发时的错误　　　　　　　　B. 隐含的错误
   C. 因修改软件而造成的错误　　　D. 运行时误操作
4. 软件维护的四类维护活动是(　　)。
   A. 改正性维护,适应性维护,完善性维护和预防性维护
   B. 适应性维护,完善性维护,抢救性维护和辅助性维护
   C. 改正性维护,适应性维护,完善性维护和辅助性维护
   D. 适应性维护,完善性维护,抢救性维护和预防性维护
5. 对于改正性维护描述正确的是(　　)。
   A. 改正软件系统中的错误,使软件能够满足预期的正常运行状态的要求而进行的维护
   B. 使软件适应内部或外部环境变化,而去修改软件的过程
   C. 满足使用过程中用户提出增加新功能或修改已有功能的建议维护
   D. 提高软件的可维护性、可靠性等,为以后进一步改进软件打下良好基础而修改软件的活动
6. 以下描述正确的是(　　)。
   A. 只有正确区分维护活动的类型才能够更有效地确定维护需求的优先级
   B. 对于非改错性维护,则首先判断维护类型,对适应性维护,按照评估后得到的优

先级放入队列

C. 对于完善性维护,则还要考虑是否采取行动,如果接受申请,则同样按照评估后得到的优先级放入队列,如果拒绝申请,则通知请求者,并说明原因

D. 以上三项全都正确

7. 下面属于影响软件维护因素的是(　　)。
   A. 人员因素　　　　　　　　　　B. 程序自身的因素
   C. 技术因素和管理因素　　　　　D. 以上三项全都属于

8. 以下对软件维护的描述正确的是(　　)。
   A. 系统规模越大,维护越困难
   B. 系统运行时间越长,在维护中结构的多次修改会造成维护的困难
   C. 不合理的程序结构会带来维护困难
   D. 以上三项全都正确

9. 以下不属于软件可维护性主要影响因素的选项是(　　)。
   A. 可理解性　　　　　　　　　　B. 正确性
   C. 可修改性　　　　　　　　　　D. 可测试性

二、判断题

1. 软件维护是指软件系统交付使用以后,为了改正错误或满足新的需要而修改软件的过程。(　　)
2. 软件维护是在软件产品生产过程中对其进行修改,以达到随时纠正故障的目的。(　　)
3. 软件维护是一次新的开发活动。(　　)
4. 软件维护就是改错。(　　)
5. 软件维护是软件生命周期中历时最长,但人力和资源耗费却是最少的一个阶段,也是研究最少的一个阶段。(　　)
6. 软件维护可以分为改正性维护、适应性维护、完善性维护和预防性维护四类。(　　)
7. 为了改正软件系统中的错误,使软件能够满足预期的正常运行状态的要求而进行的维护叫作软件的改正性维护。(　　)
8. 为了提高软件的可维护性、可靠性等,为以后进一步改进软件打下良好基础而修改软件的活动叫作软件的完善性维护。(　　)
9. 系统规模越大,维护越困难。(　　)
10. 影响软件维护的因素不包括人员因素和管理因素。(　　)
11. 维护中的多次修改只会改善系统而不会造成维护的困难。(　　)

三、简答题

1. 简述软件维护的实施过程。
2. 软件维护类型都有哪些?并分别举例说明。
3. 软件维护的特点是什么?
4. 软件可维护性与哪些因素有关?应该采用哪些措施提高软件可维护性?
5. 什么是结构化维护?什么是非结构化维护?它们各自的特点是什么?

面向对象方法学

主要内容

(1) 面向对象的基本概念。
(2) 面向对象分析建模。
(3) 设计模式简介。
(4) 面向对象的程序设计与实现。

前面几章介绍了传统的软件工程方法学,该方法学推动了软件产业的发展与进步,在许多中小规模的软件项目开发中得到了广泛的应用,在一定程度上缓解了软件危机。但是,人们发现传统的软件工程方法在开发大型软件项目时,成功的概率就很小了。

在 20 世纪 60 年代,首次提出了面向对象的概念。经过近 20 年的发展,到 80 年代,人们开始着眼于面向对象分析和设计的研究,逐步形成了面向对象方法学。目前,面向对象技术已成为最流行的软件开发技术之一。

8.1 面向对象方法概述

面向对象方法作为一种新型的独具优越性的新方法正引起全世界越来越广泛的关注和高度的重视,更是当前计算机界关心的重点。

1. 面向对象的定义

面向对象是按人类习惯的思维方法,以现实世界中客观存在的事物(即对象)为中心来思考和认识问题。它采用抽象、分类、继承、聚合、封装等方法与原则,以易于理解的方式表达软件系统。

软件工程学家 Coad 和 Yourdon 认为:"面向对象=对象+类+继承+通信"。

如果一个软件系统采用对象、类、继承以及通信等概念来建立模型并予以实现,那么它就是面向对象的。

2. 面向对象的相关概念

1) 对象

对象是要研究的任何事物。一台计算机、一张书桌、一个人、一个生产计划都可看作对象,它不仅能表示有形的实体,也能表示无形的(抽象的)规则、计划或事件。对象由数据(描述事物的属性)和作用于数据的操作(体现事物的行为)构成一独立整体。从程序设计者来看,对象是一个程序模块,从用户来看,对象为他们提供所希望的行为。

2) 类

类是对象的模板。即类是对一组有相同数据(属性)和相同操作(方法)的对象的定义,一个类所包含的方法和数据描述一组对象的共同属性和行为。类是在对象之上的抽象,对象则是类的具体化,是类的实例。例如,在学生信息管理系统中,"学生"是一个类,其属性有学号、姓名、性别、年龄、院系、年级、专业等,其行为(方法)有"选课""注册"等。一个具体的学生"陈恒"是一个对象,也是"学生"类的一个实例。

3) 消息和方法

对象之间进行通信的结构叫作消息。在对象的操作中,当将一个消息发送给某个对象时,消息包含接收对象去执行某种操作的信息。发送一条消息至少要包括说明接收消息的对象名、发送给该对象的消息名(即对象名、方法名)。

方法也称为行为,定义了某一特定类的数据的操作,描述了该类对象向外界提供的服务,表达了该类对象的动态性质。

【例 8.1】 使用 Java 语言编写的 Circle 类的代码如下。

```
public class Circle{
    double getArea(double radius){
        return 3.14 * radius * radius;
    }
}
```

假设,myCircle 是 Circle 类的一个对象,也就是 Circle 类的一个实例,当要求它计算出半径是 5cm 圆的面积时,应该向它发出消息:myCircle.getArea(5)。

其中,myCircle 是接收消息的对象的名字,getArea 是消息名字,圆括号内的 5 是消息的变元(实参)。

3. 面向对象的基本特征

面向对象编程更加符合人的思维模式,编写的程序更加强壮。面向对象编程把世界万物都看成对象,这样更加容易解决复杂的问题,实现复杂的程序,它主要具有以下 3 个重要特征。

1) 封装

封装是面向对象编程核心思想之一,它主要有两个含义。

一是指将对象的相同属性(数据)和相同行为(对数据的操作)封装在一起。通过抽象,即从具体的实例中抽取共性,过滤掉不同性,形成一般的概念。比如,在现实生活中,每个人都有名字与性别,每天都要吃饭。用这些共有的属性(名字与性别)和行为(吃饭)给出一个概念:人类。也就是说,谈到的"人类"就是从具体的实例中抽取共同的属性和行为形成的一个概念,那么每一个人就是"人类"的是一个实例,即对象。

二是指通过对类中的成员设置访问控制权限实现类的内部信息对外界隐藏,不允许外界直接存取对象的属性,而只能通过外部接口访问。面向对象技术通过封装实现了信息的隐藏,对于类的使用者只需要知道所访问类的外部接口,而不必了解其内部实现细节。例如,进口一架空客A580,制造商只会告诉如何使用这架飞机,不会告诉这架飞机是怎么制造的。

2)继承

继承是面向对象编程的重要特征,体现了一种先进的编程模式。在面向对象编程中子类可以继承父类(超类)的属性(成员变量)和功能(方法,又叫行为),即子类继承了父类所具有的数据和对数据的操作,同时子类又可以新增自己独有的属性和功能。例如,在中国通常是"孩子"继承了"父母"的财产,同时"孩子"通过辛勤的劳动又增添了自己的财产。

继承在软件程序设计中充分提高了代码的复用性。复用减少了程序的代码量和复杂度,提高了软件的质量和可靠性,软件的维护也变得更加容易。

3)多态

多态是指在一个类或多个类中定义的同名方法具有不同的行为。在面向对象编程中有两种意义的多态。

一是在一个类中,多个操作具有相同的名字,但这些操作所接收的消息必须不同。也就是说,在一个类中多个方法具有相同的名字,但这些方法的参数必须不同(个数或类型不同)。例如,让我帮你进行数字计算,我可能会问你:是求和,还是求差?

二是和继承有关的多态,是指同一个操作被不同类型对象调用时可能产生不同的行为。例如,空军和海军都具有军队类的功能——"开火"。当空军操作"开火"时可能是"发射空对地导弹",而当海军操作"开火"时可能是"利用潜艇发射洲际导弹"。

多态机制不但为软件的结构设计提供了灵活性,减少了信息冗余,而且明显提高了软件的可复用性和可扩充性。

4.面向对象的软件工程方法

面向对象的软件工程方法是面向对象方法在软件工程领域的全面运用,涉及从面向对象分析(Object Oriented Analysis,OOA)、面向对象设计(Object Oriented Design,OOD)、面向对象编程(Object Oriented Programming,OOP)、面向对象测试(Object Oriented Testing,OOT)到面向对象软件维护(Object Oriented Software Maintenance,OOSM)的全过程。

面向对象软件工程方法的实施步骤是:首先根据客户需求抽象出业务对象;然后对需求进行合理分层,构建相对独立的业务模块;之后设计业务逻辑,利用多态、继承、封装、抽象的编程思想,实现业务需求;最后通过整合各模块,达到高内聚、低耦合的效果,从而满足客户要求。

面向对象方法与传统的软件开发方法相比,具有许多优点,具体如下。

① 面向对象方法按照人类的自然思维方式,面向客观世界建立目标系统模型,有利于理解问题域,有利于沟通交流。

② 在面向对象的开发过程中采用统一的概念和模型表示,填平了语言间的鸿沟,使开发活动连续而平滑。

③ 面向对象的三大特征(封装、继承、多态),更容易实现软件复用,提高开发效率和质量。

④ 在面向对象方法中,系统由对象构成,对象是一个包含属性和操作两方面的独立单

元,对象之间通过消息进行联系。使用面向对象方法开发的系统一旦出错,容易定位和修改,提高了系统的可维护性。

8.1.2 能力目标

理解面向对象的相关观念,掌握面向对象的基本特征,理解面向对象软件工程方法的实施步骤。

8.1.3 任务驱动

你学过哪些面向对象编程语言?它们各自的特点是什么?

8.1.4 实践环节

面向对象三大特征是什么?举例说明。

8.2 面向对象分析建模

为了更好地理解软件系统的问题域,系统分析员常常采用建立模型的方法。

8.2.1 核心知识

1. 面向对象模型

模型是由一组图示符号和组织这些符号的规则组成,利用它们来定义和描述问题域中的术语和概念。

用面向对象方法开发软件系统,通常需要建立三种形式的模型:描述系统数据结构的对象模型、描述系统控制结构的动态模型和描述系统功能的功能模型。一般的建模顺序如图 8.1 所示。

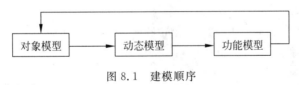

图 8.1 建模顺序

对象模型(Object Model)定义实体,描述系统数据,定义"对谁做"。动态模型(Dynamic Model)描述系统控制结构,规定"何时做"。功能模型(Functional Model)描述系统功能,指明系统应该"做什么"。

2. 几种著名的面向对象方法

1) Coad-Yourdon 方法

Coad-Yourdon 方法严格区分了面向对象分析(OOA)和面向对象设计(OOD)。

(1) OOA。在 OOA 阶段,需要完成如下 5 个活动。

① 标识类及对象。描述如何标识类及对象。从应用领域开始识别类及对象,形成整个应用的基础,然后,据此分析系统的责任。

② 识别结构。该阶段分为两个步骤。第一,识别一般与特殊结构(is a 关系),该结构捕

获了识别出的类的层次结构；第二，识别整体与部分结构（has a 关系），该结构用来表示一个对象如何成为另一个对象的一部分，以及多个对象如何组装成更大的对象。

③ 定义主题。主题由一组类及对象组成，用于将类及对象模型划分为更大的单位，便于理解。

④ 定义属性。其中包括定义类的实例（对象）之间的实例连接。实例连接是一个实例对象与另一个实例对象的映射关系。例如，一个班级有很多学生，一个学生只能在一个班级，那么"班级"类的实例与"学生"类的实例间就有一对多的实例连接关系。

⑤ 定义服务。其中包括定义对象之间的消息连接。当一个对象需要向另一个对象发送消息时，它们之间就存在消息连接。

在 OOA 阶段，经过 5 个活动后的结果是一个分成 5 个层次的问题域模型，包括主题、类及对象、结构、属性、服务 5 个层次，由类及对象图表示。5 个活动的顺序并不重要，5 个活动一旦完成，OOA 的模型就建立了。

（2）OOD。OOA 中的 5 个层次和 5 个活动继续贯穿在 OOD 过程中。OOD 模型需要进一步区分以下 4 个部分。

① 设计问题域部分。OOA 的结果直接放入该部分，分析的结果在 OOD 中可以被改动或增补，但基于问题域的总体组织框架是长时间稳定的。

② 设计人机交互部分。这部分的活动包括对用户分类，描述人机交互的脚本，设计命令层次结构，设计详细的交互，生成用户界面的原型。

③ 设计任务管理部分。这部分的活动包括识别任务（进程）、任务所提供的服务、任务的优先级、进程是事件驱动还是时钟驱动以及任务与其他进程和外界如何通信。

④ 设计数据管理部分。这一部分依赖于存储技术，是文件系统，还是关系数据库管理系统，还是面向对象数据库管理系统。

Coad-Yourdon 方法简单、易学，适合于面向对象技术的初学者使用，但由于该方法在处理能力方面的局限，目前已很少使用。

2）Booch 方法

Booch 认为软件开发是一个螺旋上升的过程，在螺旋上升的每个周期中有以下步骤。

① 标识类和对象。
② 确定类和对象的含义。
③ 标识类和对象之间的关系。
④ 说明每一个类的界面和实现。

Booch 方法的 OOD 模型如图 8.2 所示。

在 Booch 的 OOD 模型中，除了类图、对象图、模块图和进程图外，还使用了两种动态描述图：状态转换图和时序图。状态转换图是刻画特定类实例；时序图是描述对象间的事件变化。Booch 方法比较适合于系统的设计和构造。

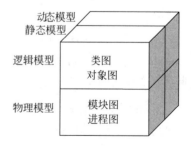

图 8.2 Booch 方法的 OOD 模型

3）OMT 方法

对象建模技术（Object Modeling Technique，OMT）是由 J. Rumbaugh 等人提出的。OMT 定义了三种模型：对象模型、动态模型和功能模型。OMT 用这三种模型来描述系统。OMT方法有4个步骤：分析、系统设计、对象设计和实现。OMT方法的每一步都使用这三种模型，通过每一步对三种模型不断地精化和扩充。OMT方法特别适用于分析和描述以数据为中心的信息系统。

4）OOSE方法

OOSE(Object Oriented Software Engineering，面向对象软件工程)方法是由Jacobson提出的，最大特点是面向用例(Use-Case)，并在用例的描述中引入了外部角色的概念。用例的概念是精确描述需求的重要武器，但用例贯穿于整个开发过程，包括对系统的测试和验证。OOSE方法比较适合支持商业工程和需求分析。

综上所述，首先，用户面对众多的建模语言，由于没有能力区别不同语言之间的差别，因此很难找到一种比较适合其应用特点的语言；其次，众多的建模语言实际上各有千秋；最后，虽然不同的建模语言大多雷同，但仍存在某些细微的差别，极大地妨碍了用户之间的交流。因此在客观上，极有必要在精心比较不同的建模语言优缺点及总结面向对象技术应用实践的基础上，组织联合设计小组，根据应用需求，取其精华，去其糟粕，求同存异，统一建模语言。

Booch和J. Rumbaugh于1994年10月开始致力于这一工作。他们首先将Booch方法和OMT方法统一起来，并于1995年10月发布了第一个公开版本，称之为统一方法UM 0.8(Unified Method)。1995年秋，OOSE的创始人Jacobson加盟到这一工作。经过Booch、Rumbaugh和Jacobson三人的共同努力，于1996年6月和10月分别发布了两个新的版本，即UML 0.9和UML 0.91，并将UM重新命名为UML(Unified Modeling Language)。

5）UML统一建模语言

统一建模语言(Unified Modeling Language，UML)是一种面向对象的建模语言，它是运用统一的、标准化的标记和定义实现对软件系统进行面向对象的描述和建模。它不仅统一了Booch、Rumbaugh和Jacobson的表示方法，而且做了进一步的发展，并最终统一为大众所接受的标准建模语言。

UML适用于以面向对象技术来描述任何类型的系统，而且适用于系统开发的不同阶段，从需求规格描述直至系统完成后的测试和维护。

UML的相关知识将在后续的分析与建模中介绍，本章中有关UML的图形符号都是使用Microsoft Visio绘制而成。

8.2.2 能力目标

理解对象模型、动态模型和功能模型的用途，了解Booch、OMT、OOSE等面向对象方法的特点。

8.2.3 任务驱动

已经有了众多建模语言，人们为什么还要研究UML统一建模语言呢？

8.2.4 实践环节

UML与Booch、OMT以及OOSE等方法之间，有什么关系？

8.3 建立对象模型

对象模型描述系统内部对象的静态结构,包括对象本身的定义、对象的属性和操作以及对象与其他对象之间的关系。

8.3.1 核心知识

在 UML 中,通常使用"类图"和"对象图"来描述对象模型。

1. 类

类图(Class Diagram)描述类及类与类之间的静态关系。在 UML 中,类的图形符号是一个纵向分成三部分的矩形,从上到下分别写入类名、属性和方法,如图 8.3 所示。

图 8.3 中,Student 是类名,sno 与 sname 是属性名,每个属性按照以下语法定义:

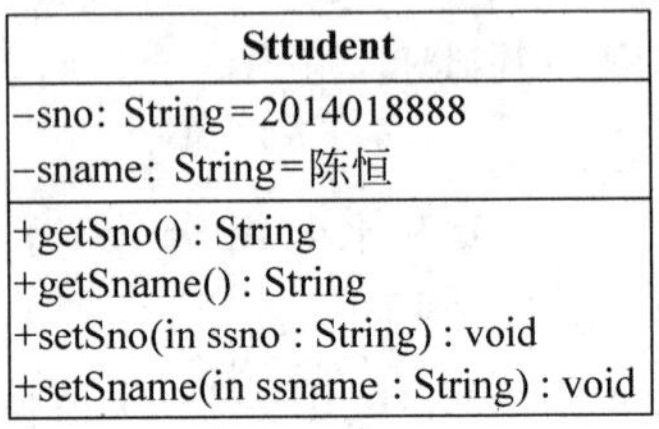

可见性 属性名:类型名 = 初始值

Sttudent
-sno: String=2014018888
-sname: String=陈恒
+getSno() : String
+getSname() : String
+setSno(in ssno : String) : void
+setSname(in ssname : String) : void

图 8.3 类示例

其中,可见性有如下四种类型。

(1) 公有 public。用(+)表示,说明该属性所有对象都可以访问。

(2) 私有 private。用(-)表示,说明该属性只有该类产生的实例可以访问。

(3) 受保护的 protected。用(♯)表示,说明该属性只有该类及其子类产生的对象可以访问。

(4) 包 package。用(~)表示,说明该属性只有属于同一个包的类产生的对象可以访问。

图 8.3 中,getSno、getSname、setSno 以及 setSname 是方法名,方法是类可以提供的对数据的操作,方法按照以下语法定义:

可见性 方法名(参数列表):返回值类型

其中,可见性与属性中的相同。参数列表中每个参数的定义格式如下:

方向 参数名:类型 = 默认值

其中,方向有如下四种类型。

(1) in,表示传递给方法的参数。
(2) out,表示传送给调用者的参数。
(3) inout,表示在方法和调用者之间双向传送的参数。
(4) return,表示作为方法返回值返回给调用者的参数。

2. 包

包(Package)是一种常规用途的组合机制,每个包的名称对这个包进行了唯一性的标识。在 UML 中包的图形表示如图 8.4 所示。

3. 接口

接口(Interface)是一系列操作的集合,它指定了一个类所提供的服务。在 UML 中接口的图形表示如图 8.5 所示。

4. 对象

对象图(Object Diagram)描述对象及对象与对象之间的静态关系。对象是类的实例。在 UML 中,对象的图形符号是一个纵向分成两部分的矩形,从上到下分别写入对象名和属性值,如图 8.6 所示。

| packageName | <<interface>>
InterfaceName
+methodName() : void | chenheng : Student
sno : String = 2014018888
sname : String = 陈恒 |

图 8.4　包示例　　　图 8.5　接口示例　　　图 8.6　对象示例

图 8.6 中,chenheng 为对象名,Student 为创建该对象的类名,对象名和类名之间由":"隔开。在对象图中,对象名的定义格式如下:

对象名:类名

在对象图中,对象的每个属性都有指定类型和取值。

5. 关系

类与类之间可以有多种关系相互连接在一起,一个系统的静态模型就是由类图和类之间的关系作为基础构成的。

UML 中有四种关系:依赖、关联、泛化和实现。

1) 依赖

依赖(Dependency)是两个事物间的语义关系,其中一个事物发生变化会影响另一个事物的语义。例如,成绩依赖课程。在图形上,把一个依赖画成一条有方向的虚线,如图 8.7 所示。

2) 关联

关联(Association)是表示两个类的对象之间存在某种语义上的联系。例如,学生使用计算机,认为在学生和计算机之间存在某种语义连接,因此,在类图中应该在学生和计算机之间建立关联关系。关联的图形化表示,如图 8.8 所示,在关联上可以标注关联名称、重复度和角色,默认重复度是 1。

　　　　　　　　　　　　　　　　　*　　　　1..*
　－－－－－－－－＞　　　　　student　　computer

　　图 8.7　依赖　　　　　　　　　图 8.8　关联

重复度的表示方法通常有:

0..1	表示 0 到 1 个对象
0..* 或 *	表示 0 到多个对象
1+ 或 1..*	表示 1 到多个对象
1..n	表示 1 到 n 个对象
n	表示 n 个对象

【例 8.2】 关联示例(学生与计算机),如图 8.9 所示。

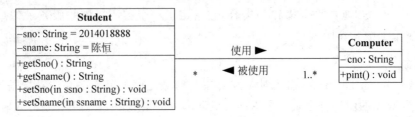

图 8.9 关联示例

聚集(Aggregation)是一种特殊类型的关联,它描述了整体与部分间的结构关系。聚集的图形化表示,如图 8.10 所示。

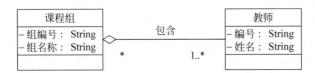

图 8.10 聚集

聚集有共享聚集和复合聚集两种形式。如果在聚集关系中处于部分方的对象可同时参与多个处于整体方对象的构成,则该聚集称为共享聚集。如果部分与整体共存,整体不存在了部分也会随之消失,则该聚集称为复合聚集。聚集的图形符号是在表示关联关系的直线末端紧挨着整体方的地方画一个菱形,共享聚集用空心菱形表示,复合聚集用实心菱形表示。

【例 8.3】 一个课程组包含许多教师,每个教师又可以成为另一个课程组的成员,则课程组和教师之间是共享聚集关系,如图 8.11 所示。

图 8.11 共享聚集示例

3) 泛化

泛化(Generalization)是父类和子类之间的继承关系,子类拥有父类的信息,还可以扩展自己的新信息。在图形上,用一端为空心三角形的连线表示泛化关系,三角形的顶角指向父类,如图 8.12 所示。

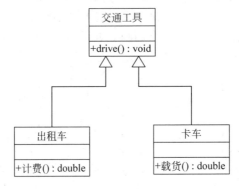

图 8.12 泛化关系示例

4) 实现

实现(Realization)是类元之间的语义关系,接口和实现它们的类或构件之间就是实现的关系。在图形上,把一个实现关系画成一条带有空心三角形的虚线。图 8.13 描述了用"出租车"类来实现"计费"和"调节温度"接口。此外,实现关系还可存在于用例和实现它们的协作之间。

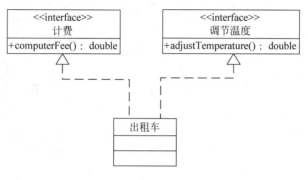

图 8.13 实现关系示例

8.3.2 能力目标

掌握 UML 中类、包、接口以及对象的图形表示,理解类与类之间的各种关系。

8.3.3 任务驱动

1. 任务的主要内容

某个银行系统包括:一个账户库、一个储户库及一个 ATM 系统。许多单个账户组成账户库,许多储户组成储户库,ATM 系统包含许多 ATM 机。一个储户可以有一个或多个账户。画出该银行系统的类图,不考虑每个类的属性和操作,只考虑它们之间的关系。

2. 任务分析

由问题的描述可知,银行与账户库、储户库及 ATM 系统之间是整体与部分的关系,并且它们是共存的。因此,银行与账户库、储户库及 ATM 系统之间是复合聚集关系。同理,账户库与账户之间、储户库与储户之间以及 ATM 系统与 ATM 机之间,都存在复合聚集关系。

在实际生活中,储户与账户、ATM 机之间应该有关联关系。

3. 任务小结或知识扩展

画类图的难点就是类与类之间的关系表示。有的类图只需把类与类之间的关系表示出来,而有的类图可能要把每一类的属性和操作都标注出来。类图画到什么程度,一般是根据建模的要求确定的。

4. 任务的参考答案

【答案】 如图 8.14 所示。

8.3.4 实践环节

某系统有个数据库操作接口 DataOperation,该接口由 public int delete()、public int insert()、public Object select()以及 public int update()等操作构成。有实现类 Sql 和 Oracle 分别实现接口 DataOperation。画出该系统的类图(接口与类中的操作需标注清晰)。

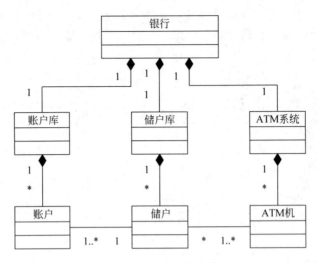

图 8.14 某银行系统的类图

8.4 建立动态模型

动态模型描述与操作时间和顺序有关的系统特征、影响更改的事件、事件的序列、事件的环境以及事件的组织。一旦对象模型建立之后，就需要考察对象的动态行为。在 UML 中用各种行为图来描述系统的动态模型，其中比较重要的有状态图和序列图。

8.4.1 核心知识

1．状态图

状态图(State Diagram)是一种常用的描述系统动态特性的工具，用于显示对象可能具备的状态，以及那些引起对象状态改变的事件。

在实际建模时，并不一定为所有的对象都绘制状态图，仅对那些具有明确状态的对象，并且这些状态会影响和改变对象的行为才绘制对象的状态图。

本书 3.3 节已经介绍过状态图，此处不再赘述。

2．序列图

序列图(Sequence Diagram)，又叫顺序图、时序图按时间顺序显示多个对象之间的动态协作，描述了系统通过对象之间的消息传递实现用例的过程。

序列图中包括如下元素：对象、生命线、激活和消息，如图 8.15 所示。

图 8.15 序列图的元素

（1）对象：排列在图的顶部，它是图中虚垂线顶端的矩形框。

（2）生命线：每个对象下面的虚垂线是对象的生命线，它表明对象在一段时间内存在。

（3）激活：生命线上覆盖的长条矩形称为激活，表示一个对象执行一个动作所经历的时间段。

（4）消息：用从一个对象的生命线到另一个对象的生命线的箭头表示。

序列图的重点是显示对象之间发送消息的时间顺序。在图中时间从上到下推移，并且显示对象之间随着时间的推移而交换的消息。

【**例 8.4**】 顾客在餐馆用餐与付款的具体过程描述如下：顾客找服务员点菜，点菜后服务员给厨师下单；厨师做完菜后，服务员给顾客上菜；顾客用餐后，向服务员提示埋单，服务员通知收款员算账，收款员算账后，服务员把账单给顾客；顾客把信用卡给服务员，服务员送信用卡给收款员；收款员刷卡并打印信用卡签字确认单，服务员把信用卡签字确认单送给顾客，顾客签字后，服务员把签字确认单送给收款员；收款员校对签名，并把存根给服务员，最后服务员把存根送给顾客。描述上述过程的序列图，如图 8.16 所示。

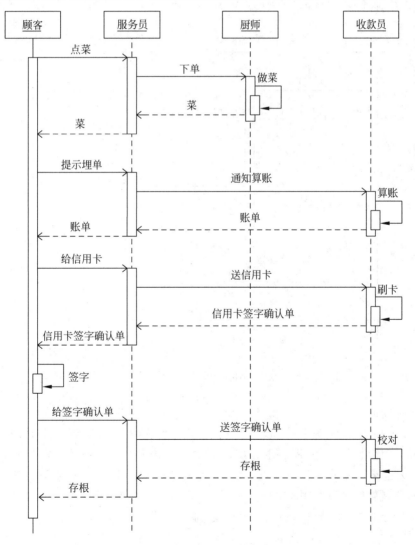

图 8.16 顾客用餐的序列图

8.4.2 能力目标

灵活使用序列图建立系统的动态模型。

8.4.3 任务驱动

1．任务的主要内容

基于 Java Servlet 的 MVC(M—模型，V—视图，C—控制器)模式开发流程如下。

① 由视图(JSP 页面)向控制器(Servelt)发出请求。

② 控制器把请求转发给业务处理模型进行处理，并把处理结果保存在实体模型中，业务处理模型最后把要跳转的页面返回给控制器。

③ 控制器根据页面跳转找到视图。

④ 最后，视图从实体模型中取得结果并显示。

根据上述描述，画出该流程的序列图，如图 8.17 所示，请把图中的"消息"补充完整。

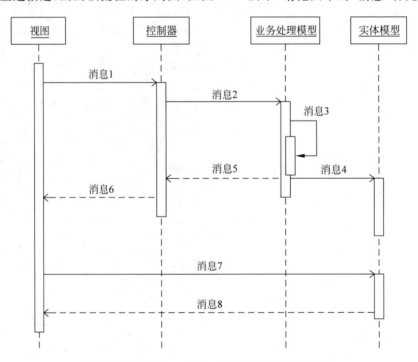

图 8.17 基于 Java Servlet 的 MVC 模式的序列图

2．任务分析

根据任务描述可知，基于 Java Servlet 的 MVC 模式中有四类对象：视图、控制器、业务处理模型和实体模型。由流程描述①可知，消息 1 应该是"发送请求"；由流程描述②可知，消息 2 应该是"转发请求"，消息 3 应该是"处理请求"，消息 4 应该是"保存结果"，消息 5 应该是"返回要跳转的视图"；由流程描述③可知，消息 6 应该是"页面跳转"；由流程描述④可知，消息 7 应该是"取得结果"，消息 8 应该是"显示结果"。

3．任务小结或知识扩展

除了使用状态图和序列图建立系统的动态模型外，UML 还提供了协作图和活动图。协作图是一种行为图，强调消息发送和接收对象的结构组织，按时间和空间的顺序描述对象之间的关系。活动图也是一种行为图，描述对象的活动，强调从活动到活动的流动，本质上是一种流动图。

4．任务的参考答案

【答案】 见任务分析。

8.4.4 实践环节

ATM 取款系统的正常情况如下。

① ATM 请储户插卡，储户插入一张现金兑换卡。

② ATM 接受该卡并读取分行代码和卡号。

③ ATM 要求储户输入密码，储户正确输入自己的密码。

④ ATM 请求总行验证卡号和密码，总行要求对应的分行核对储户密码，然后通知 ATM 这张卡有效。

⑤ ATM 要求储户选择事务类型（取款、转账、查询等），储户选择"取款"。

⑥ ATM 要求储户输入取款金额，储户合法输入金额。

⑦ ATM 确认取款金额在规定的限额内，然后要求总行处理该事务，总行把请求转发给分行，分行成功地处理该项事务。

⑧ ATM 吐出现金并请储户拿走这些现金，储户拿走现金。

⑨ ATM 问储户是否继续这项事务，储户回答"不"。

⑩ ATM 打印账单，退出现金兑换卡，储户取走账单和卡。

⑪ ATM 显示主屏幕，请储户插卡。

根据上述描述，画出 ATM 取款系统的序列图。

8.5 建立功能模型

通常在建立了对象模型和动态模型之后再建立功能模型。功能模型指明了系统应该"做什么"，更直接地反映了用户对目标系统的需求。

在结构化分析方法中，功能模型通常由一组数据流图组成；在面向对象方法学中，UML 提供的用例图是进行需求分析和建立功能模型的强有力工具。在 UML 中把用例图建立起来的系统模型称为用例模型。

8.5.1 核心知识

1．用例图

用例图（Use Case Diagram）是一种行为图，显示一组用例、参与者及它们的关系，由系统边界、用例、参与者和通信组成，如图 8.18 所示。

图 8.18 用例图的元素

1) 用例

一个用例是对系统提供的某个功能的描述,仅仅描述系统参与者从外部通过对系统的观察而得到的那些功能,而不描述这些功能在系统内部是如何实现的。在 UML 中,用一个椭圆形表示用例。

2) 参与者

参与者也称为角色,是指系统外部与系统进行信息交互的人或物。在 UML 中,用一个人的图形表示参与者。

3) 系统边界

系统边界表明了软件系统的边界。在 UML 中,用一个矩形表示系统边界。

4) 通信

通信也称为关联,它连接参与者与用例,表示了参与者与用例之间的关系。在 UML 中,用一根实线表示(线端可以有箭头)。

2. 用例间的关系

除了与角色关联外,用例之间主要有扩展、使用和包含的关系。

1) 扩展

在一个用例中增加一些新的动作,则构成了另一个用例,两个用例之间的关系称为扩展关系。扩展是泛化关系的一种,是由一般用例扩展到特殊用例的过程,用带关键字<<extends>>的实线表示扩展关系,箭头指向被扩展的用例,如图 8.19 所示。

2) 使用

使用关系表示一个用例需要借用另一个用例的功能来完成自己的功能,用带关键字<<uses>>的实线表示,箭头指向被使用的用例,如图 8.20 所示。

图 8.19 扩展关系　　　　　　　　图 8.20 使用关系

3) 包含

包含通常是指一个大的用例包含了几个小的用例,几个小的用例组成一个大的用例。用带关键字<<include>>的实线表示包含关系,箭头指向被包含的用例。

【例 8.5】 某个仓库系统有 3 个用例(活动):货物进仓、货物出仓和显示库存。当出仓时,要检查货物的库存情况,如果库存小于 10 就不能出仓。仓库管理员是活动的执行者,货物出入仓时,仓库管理员需要开具"出入仓单"。

分析：从上面的描述得知货物出仓要检查库存情况，因此用例"货物出仓"要使用用例"显示货物的库存"。而对于用例"货物进仓"，仓库管理员在货物进仓的同时，要检查货物的库存情况，因此两者之间可以是扩展关系。该仓库系统的用例图，如图8.21所示。

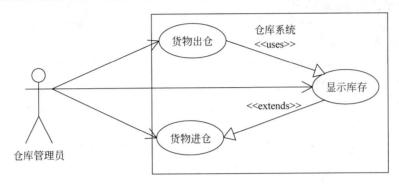

图8.21　仓库系统的用例图

8.5.2　能力目标

灵活使用"用例图"建立系统的功能模型。

8.5.3　任务驱动

1．任务的主要内容

假设，某管理信息系统的系统管理员具有：添加部门、添加角色和添加用户的功能，其中添加角色包括角色基本信息和角色权限。请使用"用例图"建立系统管理员的功能模型。

2．任务分析

由上述假设可知，用例图中应该有："添加部门""添加角色""添加用户""角色基本信息"和"角色权限"等用例。其中，用例"添加角色"包含用例"角色基本信息"和"角色权限"。根据分析，可画出如图8.22所示的用例图。

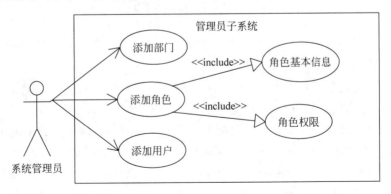

图8.22　管理员子系统的用例图

3．任务小结或知识扩展

为了清晰描述目标系统的功能需求，还要对用例图中的用例进行描述，即详细展开每个用例的内容。用例描述可以是文字性的，也可以使用活动图进行说明。文字性的用例描述模板如图8.23所示。

```
用例编号：（用例编号）
用例名称：（用例名称）
用例描述：（用例描述）
前置条件：（描述用例执行前必须满足的条件）
后置条件：（描述用例执行后将执行的内容）
基本事件流（主事件流）：（描述在正常情况下系统执行的步骤）
 1．步骤1……
 2．步骤2……
 3．……
扩展事件流（分支事件流）：（描述在其他情况下系统执行的步骤）
 1．步骤1……
 2．步骤2……
 3．……
异常事件流：（描述在异常情况下可能出现的情况）
```

图8.23　用例描述（文字性）模板

4．任务的参考答案

【答案】　如图8.22所示。

8.5.4　实践环节

POS机系统中，系统的参与者主要有收银员、经理、顾客和公司销售员等。其中，收银员负责处理销售和支付，经理负责处理退货。画出POS机系统的部分用例图（只考虑收银员和经理的功能）。

8.6　设计模式简介

按照设计模式的目的可以将23种设计模式分为三大类：创建型设计模式、结构型设计模式和行为型设计模式。

创建型设计模式包括：Abstract Factory（抽象工厂模式）、Factory Method（工厂方法模式）、Singleton（单态模式）、Builder（建造者模式）和Prototype（原型模式）。

结构型设计模式包括：Adapter（适配器模式）、Bridge（桥接模式）、Composite（组合模式）、Decorator（装饰模式）、Façade（外观模式）、Flyweight（享元模式）和Proxy（代理模式）。

行为型设计模式包括：Chain of Responsibility（责任链模式）、Command（命令模式）、Interpreter（解释器模式）、Iterator（迭代器模式）、Mediator（中介者模式）、Memento（备忘录模式）、Observer（观察者模式）、State（状态模式）、Strategy（策略模式）、Template Method（模板方法模式）和Visitor（访问者模式）。

本节重点介绍创建型设计模式的用法。本节中有关设计模式的代码实现都是基于

Java 语言编写的。

8.6.1 核心知识

1. 创建型设计模式

创建型模式是对类的实例化过程的抽象化,如何有效地进行一个类的实例化。在创建型设计模式中有两个不断出现的主旋律。第一,将关于系统使用哪些具体的类的信息封装起来;第二,隐藏了这些类的实例是如何被创建的。

1) 抽象工厂模式

抽象工厂模式提供一个创建一系列相关或相互依赖对象的接口,而无须指定它们具体的类。例如,麦当劳的汉堡和肯德基的汉堡都是你爱吃的东西,虽然口味有所不同,但不管你去麦当劳还是肯德基,只管向服务员说"来个汉堡"就行了。麦当劳和肯德基就是生产汉堡的工厂。消费者任何时候需要某种产品,只需向工厂请求即可。消费者无须修改就可以接纳新产品。缺点是当产品修改时,抽象工厂也要做相应的修改。

在抽象工厂模式中,一般需要如下参与者。

① 抽象工厂(Abstract Factory):声明一个创建抽象产品对象的操作接口。

② 具体工厂(Concrete Factory):实现创建具体产品对象的操作,即实现"抽象工厂"接口。

③ 抽象产品(Abstract Product):为一类产品对象声明一个接口。

④ 具体产品(Concrete Product):定义一个将被相应的具体工厂创建的产品对象,实现"抽象产品"接口。

⑤ 测试程序(如主类):仅使用由"抽象工厂"和"抽象产品"声明的接口。

抽象工厂模式的类图如图 8.24 所示。

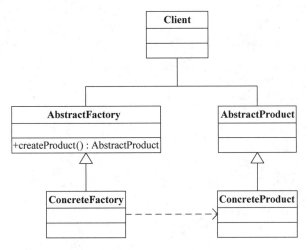

图 8.24 抽象工厂模式的类图

【例 8.6】 俗话说:"不管是黑猫还是白猫,能抓住耗子即是好猫。"使用抽象工厂模式模拟此情景,程序对应的类图如图 8.25 所示。

程序代码如下。

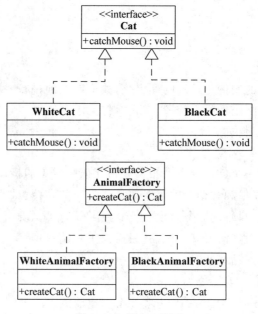

图 8.25　例 8.6 类图

① 抽象工厂：

```
public interface AnimalFactory {
    public Cat createCat();
}
```

② 具体工厂：

```
public class WhiteAnimalFactory implements AnimalFactory{
    public Cat createCat(){
        return new WhiteCat();
    }
}
public class BlackAnimalFactory implements AnimalFactory{
    public Cat createCat(){
        return new BlackCat();
    }
}
```

③ 抽象产品：

```
public interface Cat {
    public void catchMouse();
}
```

④ 具体产品：

```
public class WhiteCat implements Cat{
    public void catchMouse(){
        System.out.println("虽然我是白猫,但能抓耗子!");
    }
}
public class BlackCat implements Cat{
```

```
        public void catchMouse(){
            System.out.println("虽然我是黑猫,但能抓耗子!");
        }
    }
```

⑤ 测试程序:

```
public class Client {
    public static void main(String[] args) {
        //创建白猫
        AnimalFactory waf = new WhiteAnimalFactory();
        Cat whiteCat = waf.createCat();
        whiteCat.catchMouse();
        //创建黑猫
        AnimalFactory baf = new BlackAnimalFactory();
        Cat blackCat = baf.createCat();
        blackCat.catchMouse();
    }
}
```

2) 工厂方法模式

在工厂方法模式中核心工厂类不再负责所有产品的创建,而是将具体创建的工作交给子类去做,成为一个抽象工厂角色,仅负责给出具体工厂类必须实现的接口。例如,请朋友去麦当劳吃汉堡,不同的朋友有不同的口味,要记住每个朋友的口味是一件很麻烦的事情,你可以采用 Factory Method 模式,带着朋友到服务员那里,说"要一个汉堡",具体要什么样的汉堡呢,让朋友直接跟服务员说就行了。

在工厂方法模式中,一般需要如下参与者。

① 产品接口(Product Interface):定义工厂方法所创建的对象的接口。
② 具体产品(Concrete Product):实现"产品"接口。
③ 工厂接口(Factory Interface):声明工厂方法,该方法返回一个"产品接口"类型的对象。
④ 具体工厂(Concrete Factory):重定义工厂方法以返回一个"具体产品"实例。
⑤ 测试程序(如主类):仅使用由"工厂接口"声明的接口。

工厂方法模式的类图如图 8.26 所示。

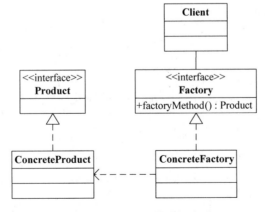

图 8.26 工厂方法模式的类图

【例 8.7】 在学校,不管是学生还是教师都在努力地做着自己该做的事情。使用工厂方法模式模拟此情景,程序对应的类图如图 8.27 所示。

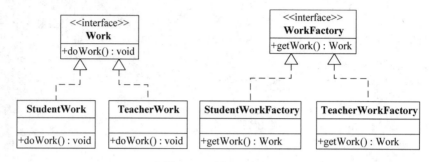

图 8.27　例 8.7 类图

程序代码如下。

① 产品接口:

```
public interface Work {
    public void doWork();
}
```

② 具体产品:

```
public class StudentWork implements Work{
    public void doWork() {
        System.out.println("学生努力并快乐地学习着!");
    }
}
public class TeacherWork implements Work{
    public void doWork() {
        System.out.println("教师高兴并努力地工作着!");
    }
}
```

③ 工厂接口:

```
public interface WorkFactory {
    public Work getWork();
}
```

④ 具体工厂:

```
public class StudentWorkFactory implements WorkFactory{
    public Work getWork() {
        return new StudentWork();
    }
}
public class TeacherWorkFactory implements WorkFactory{
    public Work getWork() {
        return new TeacherWork();
    }
}
```

⑤ 测试程序：

```
public class Client {
    public static void main(String[] args) {
        //学生学习
        WorkFactory studentWorkFactory = new StudentWorkFactory();
        studentWorkFactory.getWork().doWork();
        //老师工作
        WorkFactory teacherWorkFactory = new TeacherWorkFactory();
        teacherWorkFactory.getWork().doWork();
    }
}
```

3）单态模式

单态（Singleton）模式保证一个类仅有一个实例，而且自行实例化并向整个系统提供这个实例单态模式。例如，一位父亲有 3 个儿子，这位父亲就是他们家里的老爸 Singleton，儿子们只要说"老爸"，指的是同一个人，那就是这位老父亲。

在 Singleton 模式中定义一个 Instance 操作，允许客户访问它的唯一实例。Instance 是一个类操作，负责创建它自己的唯一实例。

【例 8.8】 通常情况下，应用系统的配置信息经常保存在配置文件中，应用系统在启动时首先将配置文件加载到内存中，这些内存配置信息应该有且仅有一份。因此，应用单态模式可以保证配置信息类只能有一个实例。

程序代码如下。

```
public class Configure {
    private static Configure config;
    private Configure(){}
    //方法 getInstance 负责创建唯一的 Configure 实例
    public static Configure getInstance() {
        if (config == null) {
            config = new Configure();
        }
        return config;
    }
}
public class Client {
    public static void main(String[] args) {
        Configure conf1 = Configure.getInstance();
        Configure conf2 = Configure.getInstance();
        System.out.println(conf1);
        System.out.println(conf2);
    }
}
```

例 8.8 程序运行结果为：

singleton.Configure@c17164
singleton.Configure@c17164

从运行结果可以看出 conf1 与 conf2 是同一个对象的实体（内存地址完全相同），因此采用单态模式的类，只能创建唯一实例。

4）建造者模式

建造者模式将一个复杂对象的构建与它的表示分离,使得同样的构建过程可以创建不同的表示。例如,朋友见面都喜欢说"你好"这句话,见到不同地方的朋友,要能够用他们的方言跟他们说这句话。假设有一个多种语言翻译机,上面每种语言都有一个按键,见到朋友只要按对应的键,它就能够用相应的语言说出"你好"这句话了,国外的朋友也可以轻松听懂,这就是"你好"建造者(Builder)。

在建造者模式中,一般需要如下参与者。

① 建造者(Builder):为创建一个产品对象的各个部件指定抽象接口。

② 具体建造者(Concrete Builder):实现建造者接口以构造和装配该产品的各个部件。

③ 导演(Director):构造一个使用建造者接口的对象。

④ 产品(Product):表示被构造的复杂对象。具体建造者创建该产品的内部表示并定义它的装配过程。

建造者模式的类图如图 8.28 所示。

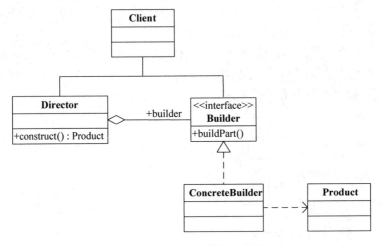

图 8.28　建造者模式的类图

【例 8.9】"你好"建造者的模拟实现。

程序代码如下。

① 建造者接口:

```
public interface HelloBuilder {
    public void buildEnglishHello();
    public void buildChineseHello();
    public void buildJapaneseHello();
    public Hello buildHello();
}
```

② 具体建造者:

```
public class AllHelloBuilder implements HelloBuilder{
    Hello hello;
    public AllHelloBuilder(){
        hello = new Hello();
    }
```

```java
    public void buildEnglishHello() {
        hello.setEnglishHello("hello!");
    }
    public void buildChineseHello() {
        hello.setChineseHello("你好");
    }
    public void buildJapaneseHello() {
        hello.setJapaneseHello("こんにちは");
    }
    public Hello buildHello() {
        return hello;
    }
}
```

③ 导演：

```java
public class HelloDirector {
    public Hello constructHello(HelloBuilder hb) {
        hb.buildChineseHello();
        hb.buildEnglishHello();
        hb.buildJapaneseHello();
        return hb.buildHello();
    }
}
```

④ 产品：

```java
public class Hello {
    private String englishHello;
     private String chineseHello;
     private String japaneseHello;
    public String getEnglishHello() {
        return englishHello;
    }
    public void setEnglishHello(String englishHello) {
        this.englishHello = englishHello;
    }
    public String getChineseHello() {
        return chineseHello;
    }
    public void setChineseHello(String chineseHello) {
        this.chineseHello = chineseHello;
    }
    public String getJapaneseHello() {
        return japaneseHello;
    }
    public void setJapaneseHello(String japaneseHello) {
        this.japaneseHello = japaneseHello;
    }
}
```

⑤ 测试程序：

```java
public class Client {
    public static void main(String[] args) {
```

```
            HelloDirector hd = new HelloDirector();
            //"你好"建造者
            Hello hello = hd.constructHello(new AllHelloBuilder());
            //获得中文 hello
            System.out.println(hello.getChineseHello());
            //获得英文 hello
            System.out.println(hello.getEnglishHello());
            //获得日文 hello
            System.out.println(hello.getJapaneseHello());
    }
}
```

5) 原型模式

原型模式就是用原型实例指定创建对象的种类,并且通过复制这些原型创建新的对象。例如,为了提高软件开发的效率,经常积累很多经典的算法,需要时只要复制出来放到相应的程序里面就行,这就是算法"原型"了。

在原型模式中,一般需要如下参与者。

① 原型类(Prototype):声明一个克隆自身的类。

② 原型子类(Concrete Prototype):子类继承原型类。

③ 测试程序(如主类):让一个原型克隆自身从而创建一个新的对象。

原型类需要具备以下两个条件。

① 实现 Cloneable 接口。在 Java 语言有一个 Cloneable 接口,它的作用只有一个,就是在运行时通知虚拟机可以安全地在实现了此接口的类上使用 clone()方法。在 Java 虚拟机中,只有实现了这个接口的类才可以被复制,否则在运行时会抛出 CloneNotSupportedException 异常。

② 重写 Object 类中的 clone 方法。Java 中,所有类的父类都是 Object 类,Object 类中有一个 clone()方法,作用是返回对象的一个副本。

【例 8.10】 原型模式的代码实现。

程序代码如下。

① 原型类:

```
public class Prototype implements Cloneable {
    public Prototype clone() {
        Prototype prototype = null;
        try {
            prototype = (Prototype) super.clone();
        } catch (CloneNotSupportedException e) {
            e.printStackTrace();
        }
        return prototype;
    }
}
```

② 原型子类:

```
public class ConcretePrototype extends Prototype {
    public void show() {
```

```
            System.out.println("原型模式实现类");
        }
    }
```

③ 测试程序:

```
public class Client {
    public static void main(String[] args) {
        ConcretePrototype cp = new ConcretePrototype();
        for (int i = 0; i < 5; i++) {
            //克隆对象
            ConcretePrototype clonecp = (ConcretePrototype) cp.clone();
            clonecp.show();
        }
    }
}
```

2. 结构型设计模式

结构型模式采用继承机制来组合接口或实现,描述类和对象之间如何组合才最有成效且更合理。在这里只简单介绍适配器模式的用法,读者可查阅相关资料学习其他的结构型设计模式。

1) 适配器模式

将一个类的接口转换成客户希望的另外一个接口。Adapter 模式使得原本由于接口不兼容而不能一起工作的那些类可以在一起工作。例如,笔记本电脑不能直接与 220V 的交流电源连接,需要使用电源适配器才能把电脑和交流电源连接在一起。

在适配器模式中,一般需要如下参与者。

① 目标接口(Target):客户所期待的接口。目标可以是具体的或抽象的类,也可以是接口。

② 适配类(Adaptee):需要适配的类。

③ 适配器(Adapter):通过包装一个需要适配的对象,把原接口转换成目标接口。

适配器模式的类图如图 8.29 所示。

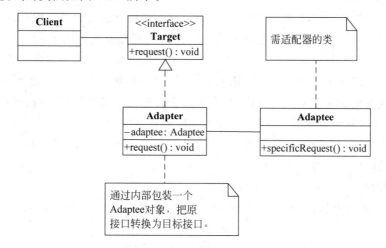

图 8.29 适配器模式的类图

【例 8.11】 笔记本电脑的电源适配器的模拟实现。

程序代码如下。

① 目标接口：

```java
public interface Target {
    public void linkRequest();
}
```

② 适配类：

```java
public class Adaptee {
    public void specificRequest(){
        System.out.println("把笔记本电脑与220V交流电源连接");
    }
}
```

③ 适配器：

```java
public class Adapter implements Target{
    private Adaptee adaptee = new Adaptee();
    public void linkRequest() {
        System.out.println("通过电源适配器");
        adaptee.specificRequest();
    }
}
```

④ 测试程序：

```java
public class Client {
    public static void main(String[] args) {
        Target tg = new Adapter();
        tg.linkRequest();
    }
}
```

3. 行为型设计模式

行为型模式是如何正确地标识各个类之间的职责,将合适的职责分配到合适的对象上,使用继承机制在类间分派职责。在这里只简单介绍观察者模式的用法,读者可查阅相关资料学习其他的行为型设计模式。

观察者模式定义了一种一对多的依赖关系,让多个观察者对象同时监听某一个主题对象。这个主题对象在状态上发生变化时,会通知所有观察者对象,使他们能够自动更新。例如,韩国和日本想知道朝鲜的最新情报,加入美国的情报机构就行了,美国负责搜集情报,发现的新情报不用一个一个地通知韩国和日本,只要直接发布到情报机构,韩国和日本作为订阅者(观察者)就可以及时收到情报。

在观察者模式中,一般需要如下参与者。

① 被观察的对象接口(Subject):规定具体被观察对象的统一接口,每个 Subject 可以有多个观察者。

② 具体被观察对象(Concrete Subject):维护对所有具体观察者的引用的列表,状态发

生变化时会发送通知给所有注册的观察者。

③ 观察者接口(Observer)：规定具体观察者的统一接口，定义了一个更新方法，在被观察对象状态改变时会被调用。

④ 具体观察者(Concrete Observer)：维护一个对 Concrete Subject 的引用，特定状态与 Concrete Subject 同步，实现 Observer 接口，通过更新方法接收 Concrete Subject 的通知。

观察者模式的类图如图 8.30 所示。

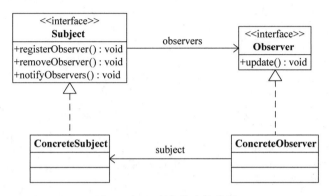

图 8.30　观察者模式的类图

【例 8.12】 美日韩情报联盟的模拟实现。

程序代码如下。

① 被观察的对象接口：

```java
public interface IntelligenceSubject {
    public void registerObserver(Observer o);
    public void removeObserver(Observer o);
    public void notifyObservers();
    public String getMessage();
    public void sendMessage(String message);
}
```

② 具体被观察对象：

```java
import java.util.ArrayList;
public class AmericanIntelligence implements IntelligenceSubject{
    ArrayList<Observer> observers = new ArrayList<Observer>();
    String message = null;
    public void registerObserver(Observer o) {
        observers.add(o);
    }
    public void removeObserver(Observer o) {
        observers.remove(o);
    }
    public void notifyObservers() {
        for(int i = 0; i < observers.size(); i++) {
            Observer observer = observers.get(i);
            //通知所有观察者
```

```java
            observer.Update(this);
        }
    }
    public String getMessage() {
        return message;
    }
    public void sendMessage(String message){
        this.message = message;
    }
}
```

③ 观察者接口：

```java
public interface Observer {
    public void Update(IntelligenceSubject isub);
}
```

④ 具体观察者：

```java
public class JapaneseObserver implements Observer{
    public void Update(IntelligenceSubject isub) {
        //从情报机构获得消息
        String mes = isub.getMessage();
        if("normal".equals(mes)){
            System.out.println("朝鲜正常!");
        }
        if("unnormal".equals(mes)){
            System.out.println("朝鲜在核武实验!");
        }
    }
}
public class KoreaObserver implements Observer{
    public void Update(IntelligenceSubject isub) {
        //从情报机构获得消息
        String mes = isub.getMessage();
        if("normal".equals(mes)){
            System.out.println("朝鲜正常!");
        }
        if("unnormal".equals(mes)){
            System.out.println("朝鲜在核武实验!");
        }
    }
}
```

⑤ 测试程序：

```java
public class Client {
    public static void main(String[] args) {
        Observer ob1 = new JapaneseObserver();
        Observer ob2 = new KoreaObserver();
        IntelligenceSubject isub = new AmericanIntelligence();
        //注册观察者
        isub.registerObserver(ob1);
```

```
            isub.registerObserver(ob2);
            //情报机构发布消息
            isub.sendMessage("normal");
            //观察者收到消息
            ob1.Update(isub);
            ob2.Update(isub);
    }
}
```

8.6.2 能力目标

了解 23 种设计模式的设计思想。

8.6.3 任务驱动

1. 任务的主要内容

想当年齐天大圣为解救师父唐僧，前往南海普陀山请菩萨降伏妖怪红孩儿。菩萨听后哼了一声，便将手中宝珠净瓶往海里扑的一摜，只见那海当中，惊涛骇浪，钻出个瓶来，原来是一个怪物（兴风作浪恶乌龟）驮着出来。

使用观察者模式模拟实现上述情景。

2. 任务的代码模板

将下列程序中的【代码】替换为 Java 程序代码。

Subject.java

```java
public interface Subject {
    public void registerObserver(Observer o);
    public void removeObserver(Observer o);
    public void notifyObserver();
    public String getMessage();
    public void sendMessage(String message);
}
```

BodhisattvaSubject.java

```java
import java.util.ArrayList;
public class BodhisattvaSubject implements Subject{
    ArrayList<Observer> observers = new ArrayList<Observer>();
    String message = null;
    public void registerObserver(Observer o) {
        【代码 1】//注册观察者
    }
    public void removeObserver(Observer o) {
        observers.remove(o);
    }
    public void notifyObserver() {
        for(int i = 0; i < observers.size(); i++) {
            Observer observer = observers.get(i);
            //通知所有观察者
            observer.Update(this);
```

```
        }
    }
    public String getMessage() {
        return message;
    }
    public void sendMessage(String message){
        this.message = message;
    }
}
```

Observer.java

```
public interface Observer {
    public void Update(Subject bsub);
}
```

TortoiseObserver.java

```
public class TortoiseObserver implements Observer{
    public void Update(Subject bsub) {
        String mes =【代码 2】//使用对象 bsub 调用方法 getMessage,从菩萨那里获得消息
        if("gogo".equals(mes)){
            System.out.println("乌龟：菩萨找我有事啦!");
        }
    }
}
```

GOKUObserver.java

```
public class GOKUObserver implements Observer{
    public void Update(Subject bsub) {
        //从菩萨那里获得消息
        String mes = bsub.getMessage();
        if("gogo".equals(mes)){
            System.out.println("孙悟空：哈哈,菩萨出山救我师父啦!");
        }
    }
}
```

Client.java

```
public class Client {
    public static void main(String[] args) {
        Observer ob1 =【代码 3】//创建乌龟观察者
        Observer ob2 =【代码 4】//创建孙悟空观察者
        Subject sub = new BodhisattvaSubject();
        【代码 5】//注册乌龟观察者
        【代码 6】//注册孙悟空观察者
        //菩萨发布消息
        sub.sendMessage("gogo");
        //观察者收到消息
        ob1.Update(sub);
        ob2.Update(sub);
```

        }
    }

3．任务小结或知识扩展

使用面向对象的语言描述，乌龟便是一个观察者对象，它观察的主题是菩萨。一旦菩萨将净瓶掼到海里，就象征着菩萨作为主题调用了 notifyObservers()方法。在西游记中，观察者对象有两个，一个是乌龟，另一个是悟空。悟空的反应是激动万分（师父有救了），而乌龟的反应便是将瓶子驮回海岸。

4．代码模板的参考答案

【代码 1】：observers.add(o);

【代码 2】：bsub.getMessage();

【代码 3】：new TortoiseObserver();

【代码 4】：new GOKUObserver();

【代码 5】：sub.registerObserver(ob1);

【代码 6】：sub.registerObserver(ob2);

8.6.4 实践环节

使用适配器设计模式模拟实现手机电源适配器。

8.7 面向对象的程序设计与实现

8.7.1 核心知识

1．设计与实现

面向对象程序设计相对于面向对象分析建模更接近底层、更接近代码，主要是根据问题的详细描述，设计出能够转换为面向对象程序实现的代码。

使用面向对象方法学习解决一个具体问题时，应首先根据问题进行设计，然后根据设计进行实现。由于面向对象的设计与实现之间不存在较大的差异，不同的是设计更多采用 UML 的标准表示，而实现则是采用面向对象语言表达，因此解决问题的关键应该放在面向对象的设计上。

熟练并正确地掌握面向对象设计技术的前提是必须很好地理解常用的 23 种设计模式。运用 23 种设计模式进行面向对象设计时，必须做到以下几点。

（1）根据设计模式的名称画出其对应的类图。

（2）理解类图中每一个类（或接口）的作用与功能。

（3）将现实问题所描述的各种职责映射到类图中具体的类（或接口）。

（4）使用一种面向对象语言实现设计。

2．设计模式的应用

1）问题说明

假设，开发一个打开窗口（open Windows）的应用（My Application），需要在 3 个

(Windows、Linux、Android)不同平台上运行该应用。请使用面向对象设计技术实现该应用。

2) 根据设计模式的名称画出其对应的类图

根据问题的描述,可以在 Windows、Linux 和 Android 平台上分别设计三套不同的应用,但是这样会造成极大的开销与浪费。不妨通过抽象工厂模式屏蔽掉操作系统对应用的影响。3 个不同操作系统上的软件功能是一样的,唯一不同的是调用不同的工厂方法,由不同的产品类去处理与操作系统交互的信息。因此,首先给出抽象工厂模式的类图,如图 8.31 所示。

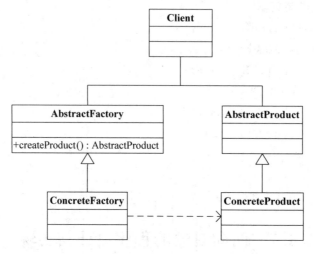

图 8.31 抽象工厂模式的类图

3) 理解类图中每一个类(或接口)的作用与功能

在抽象工厂类图中,类和接口的作用与功能如下。

AbstractFactory 接口定义了一个创建抽象产品对象的操作。

ConcreteFactory 类实现创建具体产品对象的操作,即实现 AbstractFactory 接口。

AbstractProduct 接口声明一类产品对象。

ConcreteProduct 类定义一个将被相应的 ConcreteFactory 创建的产品对象,实现 AbstractProduct 接口。

Client 类是一个主类,在该类中仅使用由 AbstractFactory 和 AbstractProduct 声明的接口。

4) 将现实问题所描述的各种职责映射到设计模式类图中具体的类(或接口)

在提出的具体问题中,与 AbstractProduct 接口对应的应该是 MyApplication,因此,MyApplication 是一个含有 openWindows 方法的接口。Windows、Linux 和 Android 操作系统应该分别有一个 ConcreteProduct 类实现 MyApplication 接口。由图 8.31 可以看出 AbstractFactory 接口应该有一个创建产品(该产品就是 MyApplication)的方法。Windows、Linux 和 Android 操作系统应该分别有一个 ConcreteFactory 类实现 AbstractFactory 接口。

5) 使用一种面向对象语言实现设计

一旦清楚实际问题的设计结果和选用的设计模式类图中类(或接口)的对应关系,便可采用一种面向对象语言实现。下面采用 Java 语言实现给出的设计。

MyApplication.java

```java
public interface MyApplication {
    public void openWindows();
}
```

AndroidApplication.java

```java
public class AndroidApplication implements MyApplication{
    public void openWindows() {
        System.out.println("我是在 Android 系统上打开窗口.");
    }
}
```

LinuxApplication.java

```java
public class LinuxApplication implements MyApplication{
    public void openWindows() {
        System.out.println("我是在 Linux 系统上打开窗口.");
    }
}
```

WindowsApplication.java

```java
public class WindowsApplication implements MyApplication{
    public void openWindows() {
        System.out.println("我是在 Windows 系统上打开窗口.");
    }
}
```

ApplicationFactory.java

```java
public interface ApplicationFactory {
    public MyApplication createApplication();
}
```

AndroidApplicationFactory.java

```java
public class AndroidApplicationFactory implements ApplicationFactory{
    public MyApplication createApplication() {
        return new AndroidApplication();
    }
}
```

LinuxApplicationFactory.java

```java
public class LinuxApplicationFactory implements ApplicationFactory{
    public MyApplication createApplication() {
        return new LinuxApplication();
    }
}
```

WindowsApplicationFactory.java

```java
public class WindowsApplicationFactory implements ApplicationFactory{
    public MyApplication createApplication() {
        return new WindowsApplication();
    }
}
```

Client.java

```java
public class Client {
    public static void main(String[] args) {
        //应用在 Android 系统上运行
        ApplicationFactory appfactory = new AndroidApplicationFactory();
        MyApplication myapp = appfactory.createApplication();
        myapp.openWindows();
        //应用在 Linux 系统上运行
        appfactory = new LinuxApplicationFactory();
        myapp = appfactory.createApplication();
        myapp.openWindows();
        //应用在 Windows 系统上运行
        appfactory = new WindowsApplicationFactory();
        myapp = appfactory.createApplication();
        myapp.openWindows();
    }
}
```

8.7.2 能力目标

灵活使用设计模式进行面向对象的程序设计。

8.7.3 任务驱动

1. 任务的主要内容

假设,需要设计奔驰、宝马的车辆模型,汽车模型的起动(start)、停止(stop)、喇叭声音(alarm)、发动机声音(engineBoom)都由客户自己控制,他想以什么顺序就以什么顺序。例如,奔驰模型 A 是先有发动机声音,然后再响喇叭;奔驰模型 B 是先起动起来,然后再有发动机声音。另外,任何车辆模型都能批量生产。

使用建造者模式实现上述情景。

2. 任务分析

1) 类图

上述情景中的"车辆模型"是被构造的产品对象,"奔驰"和"宝马"是"车辆模型"的两个具体产品对象。构造一个车辆模型时,需要知道组装顺序,组装完成后,得到一个车辆模型。因此"建造者"接口应该有一个设置组装顺序的方法和一个获得车辆模型的方法。"建造者"接口由"奔驰"和"宝马"这两个具体建造者去实现。"导演"可以使用"建造者"按照任意顺序组装"车辆模型"。根据分析,可以绘制出如图 8.32 所示的类图。

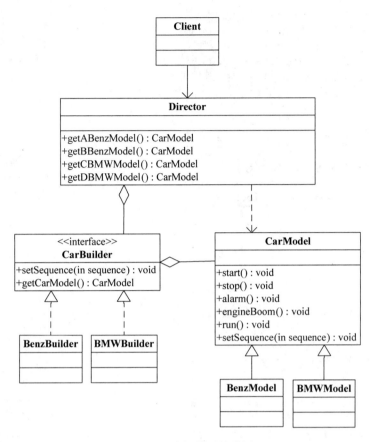

图 8.32 车辆模型的类图

2）任务的代码模板

将下列程序中的【代码】替换为 Java 程序代码。

CarModel.java

```
import java.util.ArrayList;
public 【代码 1】class CarModel {//抽象类
    // 这个变量是各个基本方法执行的顺序
    private ArrayList<String> sequence = new ArrayList<String>();
    // 模型是起动开始跑了
    protected abstract void start();
    // 能发动,那还要能停下来
    protected abstract void stop();
    // 喇叭会出声音,是嘀嘀叫,还是哔哔叫
    protected abstract void alarm();
    // 发动机会轰隆隆地响
    protected abstract void engineBoom();
    // 那模型应该会跑吧,别管是人推的,还是电力驱动,总之要会跑

    final public void run() {
        // 循环一边,谁在前,就先执行谁
        for (int i = 0; i < this.sequence.size(); i++) {
            String actionName = this.sequence.get(i);
            if (actionName.equalsIgnoreCase("start")) {
```

```java
                this.start(); // 起动汽车
            } else if (actionName.equalsIgnoreCase("stop")) {
                this.stop(); // 停止汽车
            } else if (actionName.equalsIgnoreCase("alarm")) {
                this.alarm(); // 喇叭开始叫了
            } else if (actionName.equalsIgnoreCase("engine boom")) {
                this.engineBoom(); // 发动机开始轰鸣
            }
        }
    }
    // 把传递过来的值传递到类内
    final public void setSequence(ArrayList<String> sequence) {
        this.sequence = sequence;
    }
}
```

BenzModel.java

```java
public class BenzModel extends CarModel {
    protected void alarm() {
        System.out.println("奔驰车的喇叭声音是这个样子的……");
    }
    protected void engineBoom() {
        System.out.println("奔驰车的发动机室这个声音的……");
    }
    protected void start() {
        System.out.println("奔驰车跑起来是这个样子的……");
    }
    protected void stop() {
        System.out.println("奔驰车应该这样停车……");
    }
}
```

BMWModel.java

```java
public class BMWModel extends CarModel {
    protected void alarm() {
        System.out.println("宝马车的喇叭声音是这个样子的……");
    }
    protected void engineBoom() {
        System.out.println("宝马车的发动机室这个声音的……");
    }
    protected void start() {
        System.out.println("宝马车跑起来是这个样子的……");
    }
    protected void stop() {
        System.out.println("宝马车应该这样停车……");
    }
}
```

CarBuilder.java

```java
import java.util.ArrayList;
public interface CarBuilder {
    //建造一个模型,给你一个顺序,就是组装顺序
```

```java
    public void setSequence(ArrayList<String> sequence);
    //设置完毕顺序后,就可以直接拿到这个车辆模型
    public 【代码 2】getCarModel(); //返回车辆模型 CarModel
}
```

BenzBuilder.java

```java
import java.util.ArrayList;
public class BenzBuilder implements CarBuilder {
    private CarModel benz = 【代码 3】//创建 benz 对象
    public CarModel getCarModel() {
        return this.benz;
    }
    public void setSequence(ArrayList<String> sequence) {
        this.benz.setSequence(sequence);
    }
}
```

BMWBuilder.java

```java
import java.util.ArrayList;
public class BMWBuilder implements CarBuilder {
    private CarModel bmw = 【代码 4】//创建 bmw 对象
    public CarModel getCarModel() {
        return this.bmw;
    }
    public void setSequence(ArrayList<String> sequence) {
        this.bmw.setSequence(sequence);
    }
}
```

Director.java

```java
import java.util.ArrayList;
public class Director {
    private ArrayList<String> sequence = new ArrayList<String>();
    private CarBuilder benzBuilder = 【代码 5】//创建 benzBuilder 对象
    private CarBuilder bmwBuilder = 【代码 6】//创建 benzBuilder 对象
    /*
     *
     * A 类型的奔驰车模型,先 start,然后 stop,其他什么发动机,喇叭一概没有
     */
    public CarModel getABenzModel() {
        // 清理场景
        this.sequence.clear();
        // 这是 ABenzModel 的执行顺序
        this.sequence.add("start");
        this.sequence.add("stop");
        // 按照顺序返回一个奔驰车
        this.benzBuilder.setSequence(this.sequence);
        return  this.benzBuilder.getCarModel();
    }
    /*
     *
     * B 型号的奔驰车模型,是先发动发动机,然后起动,然后停止,没有喇叭
```

```java
     */
    public CarModel getBBenzModel() {
        this.sequence.clear();
        this.sequence.add("engine boom");
        this.sequence.add("start");
        this.sequence.add("stop");
        this.benzBuilder.setSequence(this.sequence);
        return this.benzBuilder.getCarModel();
    }
    /*
     *
     * C型号的宝马车是先按下喇叭(炫耀嘛),然后起动,然后停止
     */
    public CarModel getCBMWModel() {
        this.sequence.clear();
        this.sequence.add("alarm");
        this.sequence.add("start");
        this.sequence.add("stop");
        this.bmwBuilder.setSequence(this.sequence);
        return this.bmwBuilder.getCarModel();
    }
    /*
     *
     * D类型的宝马车只有一个功能,就是跑,起动起来就跑,永远不停止
     */
    public CarModel getDBMWModel() {
        this.sequence.clear();
        this.sequence.add("start");
        this.bmwBuilder.setSequence(this.sequence);
        return this.benzBuilder.getCarModel();
    }
    /*
     *
     * 这里还可以有很多方法,可以先停止,然后再起动,或者一直停着不动
     *
     * 按照什么顺序是导演说了算
     */
}
```

Client.java

```java
public class Client {
    public static void main(String[] args) {
        Director director = new Director();
        // 1万辆A类型的奔驰车
        for (int i = 0; i < 10 000; i++) {
            director.getABenzModel().run();
        }
        // 100万辆B类型的奔驰车
        for (int i = 0; i < 1 000 000; i++) {
            director.getBBenzModel().run();
        }
        // 1000万辆C类型的宝马车
        for (int i = 0; i < 10 000 000; i++) {
```

```
            director.getCBMWModel().run();
        }
    }
}
```

3. 任务小结或知识扩展

如果调用类中的成员变量或方法,需要在前面加上 this 关键字,不加程序也可以正常运行起来,但是逻辑不够清晰。加上 this 关键字,就是要调用本类中成员变量或方法,而不是本方法中的一个变量,如任务的程序中有很多 this 调用。

在构造车辆模型时,上面每个方法都有一句 this.sequence.clear(),目的是清空列表中的数据,以免数据混乱。ArrayList 和 HashMap 如果定义成类的成员变量,在方法中调用一定要做一个"清空"的动作,防止数据混乱。

4. 代码模板的参考答案

【代码 1】: abstract
【代码 2】: CarModel
【代码 3】: new BenzModel();
【代码 4】: new BMWModel();
【代码 5】: new BenzBuilder();
【代码 6】: new BMWBuilder();

8.7.4 实践环节

在一个公文处理系统中,开发者定义了一个公文类 OfficeDoc,其中定义了公文具有的属性和处理公文的操作。当公文的内容或状态发生变化时,关注此 OfficeDoc 类对象的相应的 DocExplorer 对象都要更新其自身的状态。一个 OfficeDoc 对象能够关联一组 DocExplorer 对象。当 OfficeDoc 对象的内容或状态发生变化时,所有与之相关联的 DocExplorer 对象都将得到通知。选择一种设计模式设计并实现此情景。

8.8 案例分析——图书管理系统分析与设计

8.8.1 图书管理系统分析

1. 图书管理系统参与者

(1) 读者:可直接查询图书馆书情况,图书借阅者根据本人借书证号和密码登录系统,还可以进行本人借书情况的查询和部分个人信息的维护。

(2) 图书管理人员:实现对图书信息、借阅者信息、总体借阅情况信息的管理和统计,工作人员和管理人员信息查看及维护。图书管理人员可以浏览、查询、添加、删除、修改、统计图书的基本信息;浏览、查询、统计、添加、删除和修改图书借阅者的基本信息;浏览、查询、统计图书馆的借阅信息,但不能添加、删除和修改借阅信息。

2. 图书管理系统的功能要求

通过调查分析,本系统具有功能性需求如下。

(1) 图书管理系统为图书管理人员提供主功能界面。图书管理系统在启动时要求图书管理人员输入口令,只有口令正确,才可以进入系统的主功能界面。

(2) 图书管理人员负责对图书管理系统的维护工作,因此系统应赋予图书管理人员对图书信息、读者信息和出版社信息进行输入、修改、查询和删除等功能的操作权限。

(3) 图书管理人员作为读者的代理实现借书与还书业务。

(4) 读者查询图书,查询本人借书情况,进行个人信息的修改。

(5) 图书信息、读者信息和出版社信息保存在对应的数据库表中。

图 8.33 是图书管理系统的顶层用例图,可根据需要进行分解。图 8.34 是图书管理系统对"借还登记"用例进行分解的底层用例图。

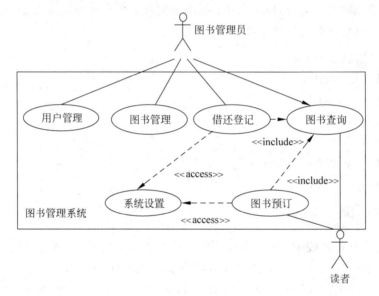

图 8.33　图书管理系统的顶层用例图

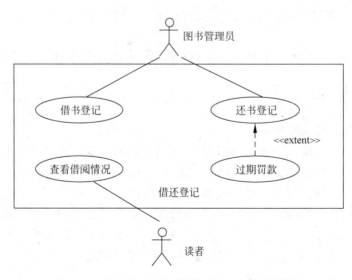

图 8.34　图书管理系统的"借还登记"底层用例图

3. 用例图的说明

用例图的说明如表 8.1 所示。

表 8.1　图书管理系统用例图说明

用 例 名 称	子用例名称	用 例 说 明
图书管理系统	输入图书信息	给定图书编号后,将图书借息输入系统
	查询图书信息	给定查询条件,查询满足条件的图书信息
	修改图书信息	图书信息有误或更新,输入新的图书信息
图书借还管理	借书	图书管理人员验证读者身份后,将借书信息输入系统
	还书	图书管理人员将还书信息输入系统,超期将罚款
读者信息管理	输入读者信息	办理借书证时,将读者信息输入数据库
	查询读者信息	按给定条件,查询读者信息
	修改读者信息	更新或删除读者信息
系统管理	系统登录	输入用户名和口令,验证用户身份的合法性
	系统主控界面	包括主菜单、输入、查询、修改界面

4. 编写用例脚本

对用例行描述可以是文字性的,也可以用活动图进行说明。

"输入图书信息"用例说明如下。

用列编号：101。

用例名称：输入图书信息。

前置条件：具有增加图书权限的图书管理员登录到系统,并且得到已经过分类编号的新书。

后置条件：若成功运后,则增加图书信息记录,并将该图书信息保存到图书信息表中,否则,系统中图书信息不发生变化。

活动步骤如下。

① 当图书管理员要增加图书信息时,启动增加图书信息类。

② 通过主界面菜单操作进入图书信息管理界面。

③ 通过按钮操作调出增加图书信息输入窗口中。

④ 输入该图书相关信息(根据数据库表字段)。

⑤ 通过按钮操作保存图书信息到图书信息数据表中。

扩展点：无。

异常处理如下。

① 若管理员没有增加图书信息的权限,系统给出"您没有该操作的权限"的提示信息。

② 若要增加的图书编号已经存在,给出"该编号图书已经存在"的提示信息。

③ 若要增加的图书必填字段信息输入不完整,系统给出"请输入完整信息"的提示信息,并返回增加图书信息的输入界面等待重新输入；若输入的信息不合法时,系统给出"含

有不合法信息"的提示,并返回增加图书信息状态,等待重新输入信息。若输入的为空信息,则系统给出"您输入的空记录无效"的提示信息。

"查询图书信息"用例说明如下。

用例编号：102

用例名称：查询图书信息。

前置条件：图书管理员或读者以各自权限范围内的身份登录到系统。

后置条件：若成功运行,则图书管理员或读者能够看见所查询图书的相关信息记录。

活动步骤如下。

① 当图书管理员或读者要查询图书信息时,启动查询图书信息类。

② 通过主界面菜单操作进入图书信息管理办面。

③ 通过菜单操作选择查询方法(索引查询、书名查询、作者查询、出版社查询等)。

④ 进入查询图书信息输入窗口中。

⑤ 输入所要查询的图书的相关信息。

⑥ 通过按钮操作在本窗口中显示出所查图书的相关信息。

扩展点：无。

异常处理如下。

① 若系统找不到输入的图书信息,则系统给出"没有该图书"的提示信息,并返回查询状态等待重新输入查询信息。

② 若输入的信息不合法时,则系统给出"含有不合法信息"的提示信息,并返回查询状态等待重新输入查询信息。

③ 若输入的为空信息,则系统给出"您输入的空记录无效"的提示信息。

"修改图书信息"用例说明如下。

用例编号：103。

用例名称：修改图书信息。

前置条件：具有修改图书权限的图管理员登录到系统,并且有需要修改信息的图书。

后置条件：若成功运行,则保存修改后的图书信息到数据库表中。

活动步骤如下。

① 当图书管理员要修改图书信息时,启动修改图书信息类。

② 通过主界面菜单操作进入图书信息管理界面。

③ 通过按钮操作调出修改图书信息窗口。

④ 输入需要修改的图书 ISBN。

⑤ 通过按钮操作在本窗口中调出信息窗口中。

⑥ 覆盖原始信息,输入需要修改的图书信息。

⑦ 通过按钮操作保存修改过的图书信息到图书信息数据表中。

扩展点：无。

异常处理如下。

① 若管理员没有修改图书信息的权限,系统给出"您没有该操作的权限"的提示信息。

② 若系统找不到输入的图书 ISBN,则系统给出"找不到该图书"的提示信息。

③ 若输入的信息不合法时,系统给出"含有不合法信息"的信息。
④ 若输入的为空信息,则系统给出"您输入的空记录无效"的提示信息。
"借书登记"用例描述如下。

用例编号:201。

用例名称:借书登记。

用例描述:图书管理员对读者借阅的图书进行登记。读者借阅图书的数量不能超过规定的数量。如果读者有过期未还的图书,不能借阅新图书。

前置条件:读者请求借阅登记。

后置条件:读者取得借阅的图书。

活动步骤如下。

① 读者请法度借阅图书。
② 检查读者的状态。
③ 检查图书的状态。
④ 标记图书为借出状态。
⑤ 读者获取图书。

扩展点如下。

① 如果用户借阅数量超过规定数量,或者有过期未还的图书,则用例终止。
② 如果借阅的图书不存在,则用例终止。

异常处理:无

图 8.35 还书登记的活动图,描述"还书登记"用例。

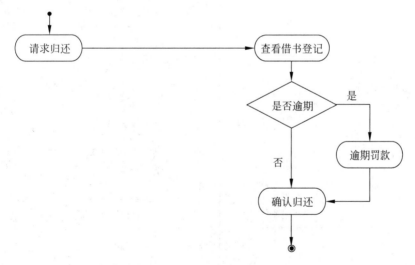

图 8.35　还书登记的活动图

图 8.36 所示的活动图描述了"借书登记"用例。

5. 建立系统分析模型

① 通过对"图书管理系统"用例中的"输入图书信息"子用例的分析,绘制出"输入图书信息"的顺序图,如图 8.37 所示。

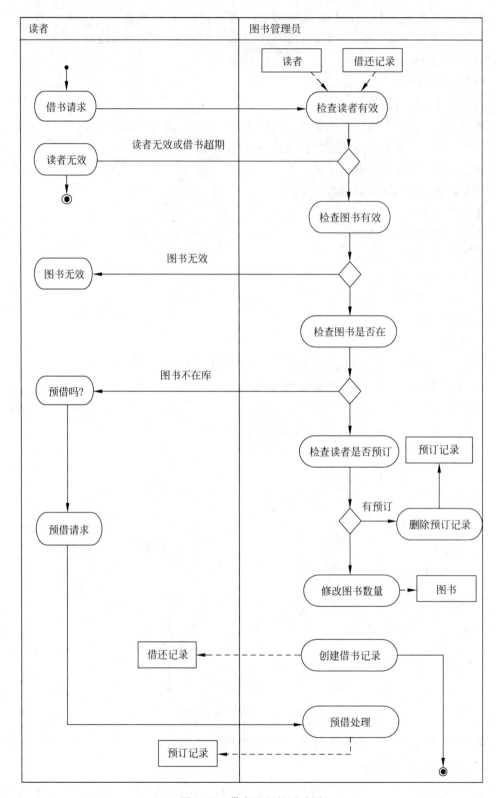

图 8.36　借书登记的活动图

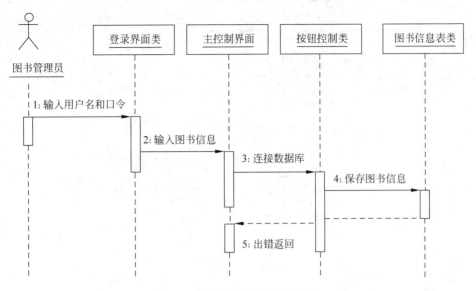

图 8.37 输入图书信息的顺序图

② 通过对"图书管理系统"用例中的"查询图书信息"子用例的分析,绘制出"查询图书信息"的顺序图,如图 8.38 所示。

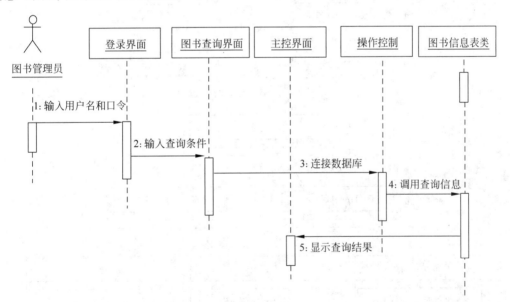

图 8.38 查询图书信息的顺序图

③ 通过对"图书管理系统"用例中的"修改图书信息"子用例的分析,绘制出"修改图书信息"的顺序图,如图 8.39 所示。

8.8.2 图书管理系统设计

图书管理系统的结构可以用包图来描述,如图 8.40 所示。图书管理系统的类图如图 8.41 所示。

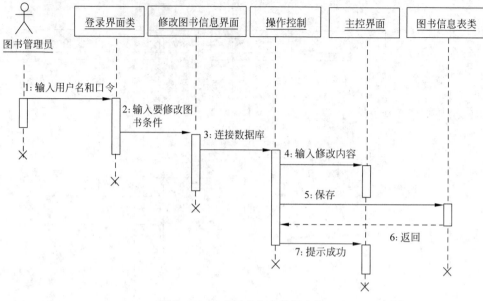

图 8.39　修改图书信息的顺序图

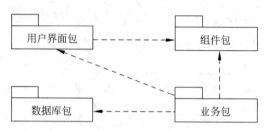

图 8.40　图书管理系统的包图

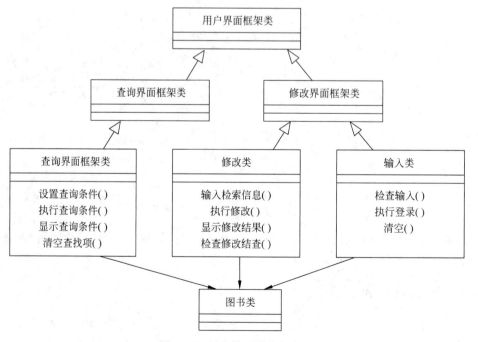

图 8.41　图书管理系统的类图

图书管理系统的构件图,如图 8.42 所示。图书管理系统的部署图,如图 8.43 所示。

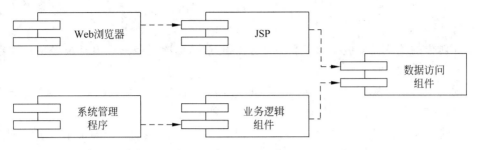

图 8.42 图书管理系统的构件图

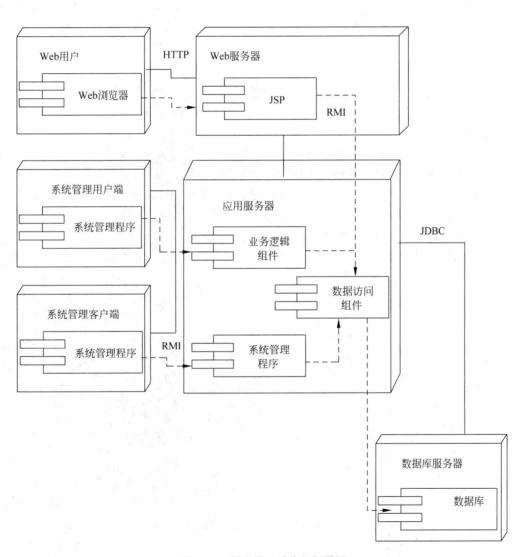

图 8.43 图书管理系统的部署图

8.9 小　　结

面向对象的基本概念包括：对象、类、消息和方法，面向对象的三大特征包括：封装、继承和多态。

面向对象分析建模一般需要建立三种形式的模型：描述系统数据结构的对象模型，描述系统控制结构的动态模型和描述系统功能的功能模型。

23种设计模式按照设计模式的目的可分为三大类：创建型模式（如抽象工厂模式）、结构型模式（如适配器模式）和行为型模式（如观察者模式）。使用设计模式进行面向对象的设计与实现时，需要完成以下工作：根据设计模式的名称画出其对应的类图；理解类图中每一个类（或接口）的作用与功能；将现实问题所描述的各种职责映射到类图中具体的类（或接口）；使用一种面向对象语言实现设计。

习　题　8

简答题

1. 传统的软件工程和面向对象的软件工程有什么区别？
2. 面向对象的三大特征是什么？并分别举例说明它们。
3. 什么是对象模型？什么是动态模型？什么是功能模型？它们之间有什么关系？
4. 目前，设计模式有多少种？分别是什么？
5. 如何使用设计模式进行面向对象的程序设计与实现？

软件项目管理

主要内容

(1) 软件项目管理概述。
(2) 软件项目成本管理。
(3) 软件项目进度管理。
(4) 软件项目配置管理。
(5) 软件项目风险管理。
(6) CMM 与 CMMI。
(7) 项目管理工具 Microsoft Project。

杰出的软件工程师未必能成功开发出大型的软件项目,失败的主要原因是管理不善。经历了失败之后,人们慢慢地认识到软件项目管理的重要性和特殊性。

软件项目管理是为了使软件项目能够按照计划的成本、进度、质量顺利完成,而对涉及的人员、产品、过程和项目进行分析和管理的活动。软件项目管理先于技术工作之前开始,并贯穿于整个软件生命周期。

本章将结合软件项目管理所需要的技术和方法简单介绍一些基本知识和项目管理的相关理论体系。

9.1 软件项目管理概述

1. 项目与软件项目

1) 项目

在日常生活中有很多活动,但是有的活动可以称为项目,有的活动不可以称为项目。

美国项目管理协会对项目的定义是:为完成一个独特的产品、服务或任务所做的一次性努力。项目是在一定的约束条件下(主要是限定时间、限定资源),具有明确目标的一次性任务。例如,陆基中段反导拦截试验、发射"神舟十号"载人飞船、开发 Windows 9 操作系统、策划一次自驾游等活动都可以称为项目。项目与日常工作的不同体现在:项目具有时限性和唯一性,而日常工作是重复进行的;项目以目标为导向,而日常工作是通过有效性体现的;项目是通过团队工作完成的,而日常工作是职能分工完成的。下面给出项目的特点。

① 独特性。每个项目都有自身的独特之处，不同于其他的项目。虽然多次进行陆基中段反导拦截试验，但每次试验所达到的目的和呈现的效果是不相同的。因此，每个项目都是唯一的。

② 目标性。每个项目都有自己明确的目标，目标贯穿于项目的始终。实际上，项目实施过程中的各项工作活动都是为项目的预定目标而进行的。例如，朝鲜第三次核试验的目标是试爆一颗小型原子弹。

③ 约束性。每个项目都需要运用各种资源来实施，但资源是有限的。因此，项目受资源成本的约束。

④ 一次性。项目作为一个独特的产品、服务或任务，一旦完成，即结束，不会有完全相同的项目重复出现。

⑤ 周期性。项目具有明确的起始时间和结束时间。每个项目都将经历启动、开发、实施、结束这样一个比较固定的过程，这一过程常称为项目的生命周期。

⑥ 结果的不可逆转性。不管什么样的项目，项目结束了，结果也就确定了。不论结果如何，都是不可逆转的。例如，朝鲜第三次核试验没有达到预期的核爆威力，但已经结束，结果不可改变。

2) 软件项目

软件项目是一种特殊的项目，它是采用计算机语言为实现一个特定软件系统而开展的活动和过程，它创造的产品或服务是逻辑载体，没有物理形状，只有逻辑的规模和运行的效果。软件项目的要素包括软件开发的过程、结果、资源以及软件项目的特定委托人（客户）。软件项目不同于其他项目，它是一种智力产品，除了具有项目的基本特点之外，还有如下的主要特点。

① 复杂性。软件本身是复杂的，这些复杂性来源于它的应用领域——实际问题的复杂性。例如，有关银行方面的软件系统的复杂性来源于金融业务的复杂性。

② 抽象性。软件不是具体的物理实体，而是一种逻辑实体，它具有抽象性。人们不能看到或摸着软件产品，只能看到它的运行效果。

③ 昂贵性。软件开发的成本主要是投入大量的、复杂的、高强度的脑力劳动，因此成本很高。

④ 失效性。虽然说，软件没有磨损和老化问题，但它会随着环境的变化而失效。

⑤ 定制性。迄今为止，软件开发的工作主要是手工模式，软件产品根据用户的需求进行制作，很难做到利用现有的软件产品组装成用户所需要的软件。

2．软件项目管理过程

软件项目管理的根本目的是为了让软件项目的整个软件生命周期（定义、分析、设计、编码、测试、维护）都能在项目管理者的控制之下，按预定成本及时、高质量地完成软件并交付用户使用。

软件项目管理和其他的项目管理相比有很多特殊性。首先，软件是脑力劳动的结晶，其开发进度和质量很难估计和度量，生产效率也难以预测和保证。其次，软件系统的复杂性使项目管理者难以预见和控制开发过程中的各种风险。

在进行软件项目管理时，重点将软件项目计划、软件配置管理、项目跟踪和控制管理及软件风险管理4个方面内容导入软件开发的整个阶段。这4个方面都是贯穿于整个软件开发过程中的，其中软件项目计划主要包括工作量、成本、开发时间的估算，并根据估算值，制定和调整项目组的工作；软件配置管理针对软件开发过程中人员、工具的配置和使用提出管理策略；项目跟踪和控制管理主要是监控项目计划的实际执行情况，确保项目按预算、按期、高质量地顺利完成；软件风险管理预测未来可能出现的各种危害到软件产品质量的潜在因素并由此采取措施进行预防。

软件项目管理有4个阶段：启动、规划、跟踪控制、结束。每个阶段都有各自的过程，如图9.1所示。其中，规划和跟踪控制是软件项目管理的核心部分。

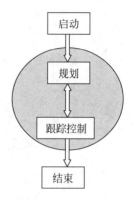

图9.1 软件项目管理的4个阶段

1）启动

项目启动是软件项目管理的第一个阶段，该阶段的主要任务是确定项目的目标和范围。其中包括软件开发的周期，软件完成的主要功能，软件的限制条件、性能、稳定性。在这一阶段，项目的范围要进行明确的定义，项目目标必须是可实现可度量的。万事开头难，如果这一阶段没有管理好，会导致项目最终失败。

2）规划

项目规划是建立项目行动指南的基准，该阶段包括软件项目的成本估算、风险分析、进度计划、人员的配备等。该阶段形成的项目计划书将作为跟踪控制的依据。

3）跟踪控制

项目跟踪控制包括按计划执行项目和跟踪项目，以使项目在预算内、按进度、使用户满意地完成。这个阶段包括：测量实际进度，并与计划进度相比较。当发现计划有不妥之处时，要及时更正计划。当实际进度落后于计划进度、超出预算或没有达到要求时，要及时采取纠正措施，使项目回到正常轨道上。

4）结束

项目结束阶段主要是确认项目实施的各项成果，进行项目的交接和清算，同时对项目做最后的评审，并对项目进行总结。

3．软件项目管理计划书

一个大型软件系统如同其他大型建设项目一样，在项目开始时就必须制订详细的计划，即"计划先行"的指导思想。项目计划是决定项目开发成功与否的关键因素。软件项目计划阶段的主要任务是制定软件项目管理计划书（Software Project Management Plan，SPMP），该计划书为软件开发过程的管理提供一个综合蓝图，是软件项目管理的指导性文件。

在软件项目开发过程中需要做的工作、需要的资源和需要的经费3个部分组成SPMP的主要内容。需要做的工作是指软件项目实施计划，包括进度安排、质量保证措施等。需要的资源是指软件项目资源需求，包括时间、人员、软硬件和组织机构等。需要的经费是指对软件项目的规模、成本的估计。

在SPMP中可以通过"里程碑"来反映软件产品的进展情况，"里程碑"既可以用一份相关文档标志，也可以用计划完成的日期标记。为了降低项目管理计划中的错误，必须由开发人员、管理者和用户组成的小组对每个"里程碑"进行审查。SPMP在提交之前也必须通过审查。图9.2给出了一个软件项目管理计划书的文档模板，供读者参考。

1 引言	3.3 协作与沟通
1.1 编写目的	4 实施计划
1.2 背景	4.1 风险评估及对策
1.3 定义	4.2 工作流程
1.4 参考资料	4.3 总体进度计划
1.5 标准、条约和约定	4.4 项目控制计划
2 项目概述	4.4.1 质量保证计划
2.1 项目目标	4.4.2 进度控制计划
2.2 产品目标与范围	4.4.3 预算监控计划
2.3 假设与约束	4.4.4 配置管理计划
2.4 项目工作范围	5 支持条件
2.5 应交付成果	5.1 内部支持
2.5.1 需完成的软件	5.2 客户支持
2.5.2 需提交给用户的文档	5.3 外包
2.5.3 需提交内部的文档	6 预算
2.5.4 应当提供的服务	6.1 人员成本
2.6 项目开发环境	6.2 设备成本
2.7 项目验收方式与依据	6.3 其他经费预算
3 项目团队组织	6.4 项目合计经费预算
3.1 组织结构	7 关键问题
3.2 人员分工	8 专题计划要点

图9.2 软件项目管理计划书文档模板

9.1.2 能力目标

掌握项目与日常工作的区别，理解项目与软件项目的特点，掌握软件项目管理过程，了解软件项目管理计划书的编写。

9.1.3 任务驱动

1. 任务的主要内容

判断下面的活动是项目的是(　　)。

A. "2014 和平使命"军事演习　　　B. 校区保安
C. 朝鲜第五次核试验　　　　　　　D. 每天的卫生保洁
E. 海基中段反导拦截试验　　　　　F. 中国发射登月车计划

2. 任务分析

项目具有时限性和唯一性,而日常工作是重复进行的;项目以目标为导向,而日常工作是通过有效性体现的;项目是通过团队工作完成的,而日常工作是职能分工完成的。B 与 D 两个活动都是重复出现的,因此它们是日常工作不是项目。

3. 任务小结或知识扩展

项目管理知识体系(Project Management Body Of Knowledge,PMBOK)是由美国项目管理协会(Project Management Institution,PMI)提出的。PMBOK2000 一共包括 39 个项目管理过程,按所属知识领域分为九类(项目集成管理、项目范围管理、项目时间管理、项目成本管理、项目质量管理、项目人力资源管理、项目沟通管理、项目风险管理、项目采购管理);按时间逻辑分为五类(启动、计划、执行、控制、结束);按重要程度分为两类(核心过程和辅助过程)。

4. 任务的参考答案

【答案】 ACEF

9.1.4 实践环节

(1) 简述软件项目管理过程。

(2) 上网下载一份有关"人力资源管理系统"的软件项目管理计划书,并分析学习该计划书。

9.2　软件项目成本管理

软件项目成本管理是软件项目管理的一个重要组成部分,它是指在项目的具体实施过程中,为了确保在批准的预算内完成项目而展开的项目规模成本估算、项目预算编制和项目成本控制等方面的管理活动。

软件项目管理者必须加强对项目实际成本的控制,一旦成本失控,就很难在预算内完成项目。造成成本失控的原因通常有以下几点。

(1) 成本估算和成本预算工作进行的不够准确细致。

(2) 许多项目在成本估算、成本预算及成本控制方法上没有统一的标准可循。

(3) 思想上存在误区:实际成本超出预算成本是理所当然的。

本节将只对项目规模成本估算进行介绍,读者可查阅资料学习项目预算编制和项目成本控制的相关知识。

9.2.1 核心知识

1. 项目规模与成本的关系

软件项目规模(工作量)的单位可以是代码行、功能点、人天、人月、人年等。软件项目成本的单位一般采用货币单位,如人民币、美元等。一般来说,规模越大,成本越高。项目规模是成本的主要因素。规模估算和成本估算基本是同时进行的,有时对这两个概念不做区分,规模确定了,成本也就确定了。例如,如果一个软件项目的规模是50人月,人力成本是2万元/人月,则项目的成本是100万元。

2. 常用的估算方法

1) 代码行

代码行(Lines Of Code,LOC)方法是一种比较简单的定量度量软件项目规模的方法,是从软件程序代码量的角度估算软件项目规模。使用该方法估算软件项目规模时,要求功能分解足够详细,并有一定的经验数据。把实现每个功能所需要的源程序行数累加起来,就可以得到实现整个软件项目所需要的源程序行数。代码行方法常用的度量单位是代码行数(LOC)和千条代码行数(KLOC)。使用代码行方法估算项目规模会存在一些问题,原因如下。

① 源程序仅是软件开发工作中的一小部分,用它的规模代表整个软件项目规模是不够的。

② 用不同的语言实现同一个软件产品所需要的代码量并不一样。

③ 估算代码行数往往是不准确的,有时候会漏掉数据定义、注释等。

2) 功能点

功能点(Function Point,FP)是使用软件系统的功能数量来估算其规模,它用一个标准的单位来度量软件系统的功能,与实现软件系统所使用的程序语言和技术没有关系。功能点计算公式如下:

$$FP = UFC \cdot TCF$$

式中,UFC——未调整功能点计数;

TCF——技术复杂度因子。

(1) 计算未调整功能点计数 UFC。

首先,计算功能计数项。共有五类功能计数项,它们分别如下。

① 外部输入:由用户提供的、面向应用的数据输入的项(如键盘、表单、对话框、文件等)。

② 外部输出:软件向用户输出的数据的项(如报表、出错信息等)。

③ 外部查询:要求回答的交互式输入的项。

④ 外部文件:对其他系统的机器可读接口的项(如磁盘上的数据文件)。

⑤ 内部文件:软件系统里的逻辑主文件的项。

将上述五类功能计数项按其复杂性分为简单、一般和复杂3个级别。表9.1给出了五类功能计数项的复杂度权重。

表 9.1 功能计数项的复杂度权重

项 \ 权重	复杂度等级		
	简 单	一 般	复 杂
外部输入	3	4	6
外部输出	4	5	7
外部查询	3	4	6
外部文件	5	7	10
内部文件	7	10	15

其次,计算软件产品中所有功能计数项加权的总和,即得到该产品的 UFC。下面通过一个例子学习功能点方法。

【例 9.1】 假设某个软件产品的功能计数项如表 9.2 所示,计算该软件产品的未调整功能点计数 UFC。

表 9.2 某软件产品的功能计数项

各类计数项 \ 复杂度	简 单	一 般	复 杂
外部输入	6	3	2
外部输出	5	4	3
外部查询	8	7	5
外部文件	9	6	4
内部文件	8	7	5

按照 UFC 的计算方法,计算出 UFC=513,计算过程如表 9.3 所示。

表 9.3 计算 UFC 的过程

项	简 单	一 般	复 杂
外部输入	6×3	3×4	2×6
外部输出	5×4	4×5	3×7
外部查询	8×3	7×4	5×6
外部文件	9×5	6×7	4×10
内部文件	8×7	7×10	5×15
总计	163	172	178
UFC	513		

(2) 计算技术复杂度因子 TCF。

评估 14 种技术因素对软件规模的影响程度,在表 9.4 中列出了全部技术因素,每个因素的取值范围是 0~5,并用 $F_i(1 \leqslant i \leqslant 14)$ 代表这些因素。表 9.5 给出了每个因素取值范围的情况。技术复杂度因子 TCF 的计算公式为:

$$TCF = 0.65 + 0.01 \times \text{sum}(F_i)$$

其中,$i=1,2,3,\cdots,14$,F_i 的取值范围是 0~5,所以 TCF 的值在 0.65~1.35。

表 9.4 技术因素

F_i	技术因素	F_i	技术因素
F_1	数据通信	F_8	联机更新
F_2	分布式数据处理	F_9	复杂的计算
F_3	性能标准	F_{10}	可重用性
F_4	高负荷的配置	F_{11}	安装方便
F_5	高处理率	F_{12}	操作方便
F_6	联机数据输入	F_{13}	可移植性
F_7	终端用户效率	F_{14}	可维护性

表 9.5 技术因素的取值情况

调整系数	说明	调整系数	说明
0	不存在或者没有影响	3	平均的影响
1	不显著的影响	4	显著的影响
2	相当的影响	5	强大的影响

假设例 9.1 中软件产品的所有技术因素的影响程度都是显著影响,即技术因素的取值都为 4,那么该软件产品的技术复杂度因子 $TCF=0.65+0.01\times(14\times4)=1.21$。

(3) 计算功能点数 FP。

由上述两个步骤计算得出,例 9.1 中软件产品的未调整功能点计数 $UFC=513$,技术复杂度因子 $TCF=1.21$。再由公式 $FP=UFC \cdot TCF$,得出该软件产品的功能点数 $FP=621$。

软件项目功能点数的计算与编程语言无关,给人感觉使用功能点方法估算软件规模比代码行方法更合理一些。但是在判断各类计数项的权重和技术因素的影响程度时,功能点方法存在着很大的主观性。

3) 类比估算法

类比估算是指根据以往完成类似项目所消耗的总成本来估算当前项目的总成本,然后按比例把总成本分配到各个开发任务单元中。在项目详细信息不足时(例如在项目的早期阶段),采用此方法估算项目的规模或成本。

4) 自下而上估算法

自下而上估算法是利用任务分解结构(WBS),对工作组成部分进行估算的一种方法。估算过程如下。

首先,将软件项目的任务进行具体、细致地分解,得到项目的任务分解结构 WBS。

其次,对 WBS 中的单个工作包或活动的成本进行详细的估算。

最后,将这些细节性成本向上汇总累加,得出项目的总成本。

使用该方法估算的准确度较高,但是该方法非常费时费力,因为估算本身也需要成本。

5) 参数估算法

(1) 静态单参数估算模型。

这类模型的整体公式为:

$$E = A + B \cdot (ev)^C$$

其中，E 是以人月表示的工作量，A、B 和 C 是由经验数据导出的常量，ev 是主要的输入估算变量（$KLOC$ 或 FP）。

① 面向代码行的估算模型。

Walston_Felix 模型：

$$E = 5.2 \times (KLOC)^{0.91}$$

Bailey_Basili 模型：

$$E = 5.5 + 0.73 \times (KLOC)^{1.16}$$

Boehm 简单模型：

$$E = 3.2 \times (KLOC)^{1.05}$$

Doty 模型：

$$E = 5.288 \times (KLOC)^{1.047}$$

② 面向功能点的估算模型。

Albrecht & Gaffney 模型：

$$E = -13.39 + 0.0545 FP$$

Maston、Barnett 和 Mellichamp 模型：

$$E = 585.7 + 15.12 FP$$

(2) COCOMO 估算模型。

1981 年 Boehm 在《软件工程经济学》中首次提出了 COCOMO 模型（Constructive Cost Model，构造性成本模型）。该模型分为 3 个级别：基本级、中级和详细级。级别越高，模型中的参数约束就越多。

基本级 COCOMO 模型用于系统开发的初期，估算整个系统的工作量（包括软件维护）和软件开发所需要的时间。中级 COCOMO 模型用于估算各个子系统的工作量和开发时间。详细级 COCOMO 模型用于估算独立的软部件，如子系统内部的各个模块。

在模型中，根据开发环境，软件开发项目的类型可以分为三种：组织型、嵌入型和半独立型。

组织型：相对较小、较简单的软件项目。开发人员对开发目标理解比较充分，与软件系统相关的工作经验丰富，对软件的使用环境很熟悉，受硬件的约束较小，程序的规模不是很大。

嵌入型：要求在紧密联系的硬件、软件和操作的限制条件下运行，通常与某种复杂的硬件设备紧密结合在一起。对接口，数据结构，算法的要求高。软件规模任意，如大而复杂的事务处理系统，大型、超大型操作系统，航天用控制系统，大型指挥系统等。

半独立型：介于上述两种软件之间。规模和复杂度都属于中等或更高。

① 基本级 COCOMO 模型。

基本级 COCOMO 模型是一种静态单参数估算模型，估算公式如下：

$$E = a \times (KLOC)^b$$

其中，E 是以人月为单位的工作量，a 是模型系数，b 是模型指数，表 9.6 给出了 a，b 的值。

表 9.6 基本级 COCOMO 模型的参数值

项目类型	a	b
组织型	2.4	1.05
半独立型	3.0	1.12
嵌入型	3.6	1.2

② 中级 COCOMO 模型。

中级 COCOMO 模型是以基本 COCOMO 模型为基础,在估算公式中乘工作量调节因子 EAF,估算公式如下:

$$E = a \cdot (KLOC)^b \cdot EAF$$

其中,E 是以人月为单位的工作量,a 是模型系数,b 是模型指数,表 9.7 给出了 a,b 的值,调节因子 EAF 与软件产品属性、计算机属性、人员属性、项目属性有关。

表 9.7 中级 COCOMO 模型的参数值

项目类型	a	b
组织型	3.2	1.05
半独立型	3.0	1.12
嵌入型	2.8	1.2

软件产品属性、计算机属性、人员属性、项目属性等四种属性共有 15 个要素,每个要素的调节因子 $F_i(i=1,2,3,\cdots,15)$ 的值见表 9.8。F_i 的值分为 6 个级别:很低、低、正常、高、很高、极高。

表 9.8 成本因素及调节因子 F_i 的值

成本因素	级别					
	很低	低	正常	高	很高	极高
产品属性						
所需的软件可靠性	0.75	0.88	1.00	1.15	1.40	
应用程序数据库规模		0.94	1.00	1.08	1.16	
产品的复杂性	0.70	0.85	1.00	1.15	1.30	1.65
计算机属性						
执行时间约束			1.00	1.11	1.30	1.66
内存约束			1.00	1.06	1.21	1.56
软件环境的变化		0.87	1.00	1.15	1.30	
软件环境的影响速度		0.87	1.00	1.07	1.15	
人员属性						
分析员的能力	1.46	1.19	1.00	0.86	0.71	
应用经验	1.29	1.13	1.00	0.91	0.82	
软件工程师的能力	1.42	1.17	1.00	0.86	0.70	
开发环境的经验	1.21	1.10	1.00	0.90		
编程语言经验	1.14	1.07	1.00	0.95		
项目属性						
软件工程方法的应用	1.24	1.10	1.00	0.91	0.82	
软件工具的使用	1.24	1.10	1.00	0.91	0.83	
软件开发的进度要求	1.23	1.08	1.00	1.04	1.10	

当 15 个 F_i 的值选定后，工作量调节因子 EAF 的计算公式如下：
$$EAF = F_1 * F_2 * \cdots * F_{15}$$

调节因子集的定义和调节因子定值是由统计结果和经验决定的。不同的软件开发组织，在不同的历史时期，随着环境的变化，这些数据可能改变。

下面通过一个例子巩固学习 COCOMO 模型。

【例 9.2】 使用中级 COCOMO 模型估算一个组织型软件产品的工作量。假设该产品的代码量为 5 千行，产品属性的调节因子的值为低级别，计算机属性的调节因子的值为高级别，人员属性的调节因子的值为低级别，项目属性的调节因子的值为正常级别。

由于使用中级 COCOMO 模型估算软件规模，所以，估算公式为 $E = a \cdot (KLOC)^b \cdot EAF$；又因为软件产品为组织型的，所以，$a = 3.2, b = 1.05$；由该产品的代码量为 5 千行可知 $KLOC = 5$。

根据"产品属性的调节因子的值为低级别，计算机属性的调节因子的值为高级别，人员属性的调节因子的值为低级别，项目属性的调节因子的值为正常级别"的描述，计算出工作量调节因子 $EAF = 0.88 \times 0.94 \times 0.85 \times 1.11 \times 1.06 \times 1.15 \times 1.07 \times 1.19 \times 1.13 \times 1.17 \times 1.10 \times 1.07 \times 1.00 \times 1.00 \times 1.00$。

把上述 $a, b, KLOC$ 和 EAF 的值代入公式 $E = a \cdot (KLOC)^b \cdot EAF$ 即可估算出该软件产品的工作量。

③ 详细级 COCOMO 模型。

详细级 COCOMO 模型包括中级 COCOMO 模型的所有特性，但除了使用软件产品属性、计算机属性、人员属性、项目属性等影响因素调整工作量之外，还要考虑分析、设计、编码、测试等各步骤的影响。详细级模型过于烦琐，适用于大型复杂项目的估算，在此不做过多解读，其中的参数项也太多。

(3) COCOMO2 估算模型。

COCOMO2 是顺应现代软件开发的变化而对 COCOMO 做出的改进版，把最新软件开发方法考虑在内。

COCOMO2 给出了 3 个层次的估算模型，这 3 个层次的模型在估算时，对软件细节考虑的详细程度逐级增加。它们既可以用于估算不同类型的项目，也可以用于估算同一个项目的不同开发阶段。这 3 个层次的估算模型分别如下。

① 应用组合模型：适用于使用现代 GUI（图形用户界面）工具开发的项目。

② 早期开发模型：适用于在软件架构确定之前对软件进行粗略的成本和事件估算，包含了一系列新的成本和进度估算方法。基于功能点或者代码行。

③ 结构化后期模型：这是 COCOMO2 中最详细的模型。它使用在整体软件架构已确定之后。包含最新的成本估算、代码行计算方法。

由于国内现有的软件开发项目数据还不是很完善，COCOMO2 在国内的使用还受到限制，所以很多资料以及参数只能参考国外的网站。COCOMO2 现在还在持续开发完善中，在此不做过多解读。

9.2.2 能力目标

理解软件项目规模与成本的关系，掌握常用的估算方法。

9.2.3 任务驱动

1. 任务的主要内容

使用功能点估算方法估算某软件系统的功能点。表 9.9 给出了该软件系统的功能计数项，表 9.10 给出了该软件系统的 14 种技术因素的取值情况。各类计数项的权重参见表 9.1。

表 9.9 某软件系统的功能计数项

复杂度 各类计数项	简 单	一 般	复 杂
外部输入	4	3	2
外部输出	5	3	0
外部查询	6	3	2
外部文件	3	4	0
内部文件	5	3	1

表 9.10 某软件系统的技术因素的取值

技 术 因 素	调 整 系 数	技 术 因 素	调 整 系 数
数据通信	2	联机更新	3
分布式数据处理	0	复杂的计算	2
性能标准	4	可重用性	3
高负荷的配置	3	安装方便	0
高处理率	5	操作方便	2
联机数据输入	2	可移植性	2
终端用户效率	5	可维护性	3

2. 任务分析

使用功能点方法估算软件项目的规模需要以下几个步骤。

首先，根据各类计数项和它们的权重计算出未调整功能点计数 $UFC=236$。

其次，根据技术因素的调整系数技术复杂度因子 $TCF=1.01$。

最后，根据 UFC 和 TCF 计算最终功能点 $FP=238$。

3. 任务小结或知识扩展

进行软件规模成本估算时，要根据不同的时期，不同的状况采用不同的估算方法。如果估算方法选用不当，会增大估算的误差。为了降低估算的误差，一般采用如下估算技巧。

(1) 不做无准备的估算。

(2) 做好估算计划，留出足够的估算时间。

(3) 使用以往的类似项目的数据。

(4) 多用开发人员提供的经验数据进行估算。

(5) 使用估算工具。

(6) 不要遗漏普通任务。

(7) 使用多种估算方法，并比较它们的结果。

4. 任务的参考答案

【答案】 $FP=238$。

9.2.4 实践环节

假设使用 C 语言开发任务中的软件系统，估算该系统的 C 语言源程序的代码行数。根据经验数据研究得知，使用 C 语言实现一个功能点平均需要 150 行源代码。

9.3 软件项目进度管理

进度管理是软件项目管理中极其重要的一部分，是为了确保项目按期完成所需要的管理过程。它的主要目标是：用最短时间、最少成本，以最小风险完成项目。

9.3.1 核心知识

1. 进度管理概述

1) 进度管理的定义

进度是对执行的活动和里程碑所制定的工作计划日期表。进度管理包括进度计划的制定和控制两部分。进度控制是指在执行进度计划的过程中监控计划的执行，及时发现实际进度与计划进度的偏差，找出原因并采取补救措施以保障软件项目按时完成的一种管理手段。

进度计划安排通常有两种情景：一种是最终交付日期确定，然后安排进度计划；一种是使用资源确定，然后安排进度计划。进度计划是最重要的计划，它是通往最终目标的路线图，它标注出项目中各活动、各里程碑的起始点，是进一步开发的指南。

2) 进度管理的重要性

进度、成本和质量是一个软件项目的三大目标。在兼顾成本、质量控制目标的同时，按进度计划完成项目是项目经理最大的挑战之一，也是投资方最为关心的问题之一。但是，由于没有进行合理的项目进度计划管理，在付诸实践中出现诸多问题，如项目不能按进度执行；项目的实际成本大大超出预算等。因此，要使软件项目顺利实施，必须注重进度计划管理。

3) 编制项目进度计划

编制项目进度计划的过程如图 9.3 所示。

① 标识任务和里程碑。根据任务分解结构（WBS），识别项目的产品和活动。产品即可交付物，通常设置为里程碑，产生可交付物的活动被称为任务。里程碑是一个时间点，被用于管理检查点来检查成果。

② 排序工作活动。在确定了交付产品的任务和里程碑之后，计划制订者应该对它们进行逻辑排序，来反映将被执行的工作方式。排序建立了任务和里程碑之间的逻辑依赖，并被用于计算交付产品的进度。

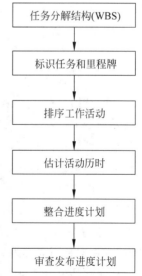

图 9.3 进度计划编制过程

③ 估计活动历时。活动的历时估计是项目进度计划中最具挑战的部分,也是成本估计的关键。历时估计是一个不断细化的过程,贯穿于整个计划过程,因为它直接受人员安排和成本估算活动的影响。

④ 整合进度计划。一旦任务和里程碑被标识、排序,并且有了活动的历时评估,对每一个交付产品就有了进度计划。若没有整合,每一部分的进度计划是独立的,不能描述与整个项目相关的进度计划。

⑤ 审查发布进度计划。在制订进度计划的过程中,难免出现错误。因此团队应该执行进度计划的审查来发现问题,并完善进度计划。

2. 软件活动

1) 软件活动定义

软件活动定义是一个过程,是指确定为完成项目的各个交付成果所必须进行的各项具体活动。活动定义是对 WBS 做进一步分解的结果,以便清楚为完成每个具体任务或交付物需执行哪些活动。例如,完成某一个功能的设计说明书(具体任务),需要执行"编写设计说明书"和"设计评审"两个活动。

2) 活动之间的依赖关系

项目各项活动之间存在相互联系与相互依赖的关系。为了制订切实可行的进度计划,需要根据活动之间的关系安排活动的先后次序。活动之间的关系主要有如下四类,如图 9.4 所示。

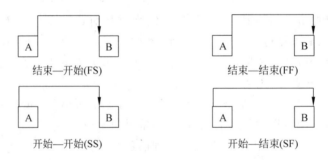

图 9.4 项目各活动之间的关系

图 9.4 中的含义。

结束—开始:表示 A 活动结束的时候,B 活动才能开始。这是最常见的逻辑关系。

结束—结束:表示 B 活动的结束必须等到 A 活动的结束。

开始—开始:表示 A 活动开始的时候,B 活动也开始。

开始—结束:表示 A 活动开始的时候,B 活动结束。极少出现这种关系。

3) 活动排序的依据

活动排序的依据有以下几种。

① 强制性依赖关系。强制性依赖关系是工作任务中固有的依赖关系,是一种不可违背的逻辑关系,它是因为客观规律和物质条件的限制造成的,又称硬逻辑关系。例如,需求分析一定要在软件设计之前进行。

② 软逻辑关系。软逻辑关系是由项目管理人员确定的项目活动之间的关系,它是一种根据主观意志去调整和确定的关系,也称指定性相关、偏好相关或软相关。例如,项目经理可以确定哪个功能先实现好些,哪个功能后实现好些。

③ 外部依赖关系。外部依赖关系是项目活动对一些非项目活动和事件的依赖。例如,一些项目活动会依赖于人们的资源(人员或设备)。

3. 进度管理工具

1) 甘特图

甘特图是一种按照时间进度标出工作活动,常用于项目管理的图表。甘特图以图示的方式通过活动列表和时间刻度形象地表示出任何特定项目的活动顺序与持续时间。下面通过一个简单的例子介绍这种工具。

【例 9.3】 假设完成某项工程需要 3 个阶段:a,b,c(可并行完成),但每个阶段必须经过 3 个任务步骤完成:首先任务 1,然后任务 2,最后任务 3。

为了方便理解,对 a,b,c 3 个阶段任务间的依赖关系做如下安排。

(1) b 阶段任务 1 的前置任务是 a 阶段的任务 1。

(2) c 阶段任务 1 的前置任务是 b 阶段的任务 1。

(3) a 阶段任务 2 的前置任务是 a 阶段的任务 1。

(4) b 阶段任务 2 的前置任务是 a 阶段的任务 2 和 b 阶段的任务 1。

(5) c 阶段任务 2 的前置任务是 b 阶段的任务 2 和 c 阶段的任务 1。

(6) a 阶段任务 3 的前置任务是 a 阶段的任务 2。

(7) b 阶段任务 3 的前置任务是 a 阶段的任务 3 和 b 阶段的任务 2。

(8) c 阶段任务 3 的前置任务是 b 阶段的任务 3 和 c 阶段的任务 2。

为了画图方便,做如下假设:工程于 2013 年 2 月 18 日开始,完成每个阶段任务 1 的工期估计是两个工作日(周六、周日休息),完成每个阶段任务 2 的工期估计是 3 个工作日,完成每个阶段任务 3 的工期估计是一个工作日。

根据上述分析,使用 Microsoft Project 管理工具(见 9.7 节)画出该工程的甘特图,如图 9.5 所示。

图 9.5 某工程的甘特图

从图 9.5 的甘特图中,可以估算出完成工程的总工期为 12 天。

2) 网络图

网络图是制订进度计划时另一种常用的图形工具,网络图不仅可以清晰地表示项目活动之间的逻辑关系,而且由于各个活动使用方框表示,通过扩展方框的内容,网络图显示更多的进度计划信息。

在使用 Microsoft Project 画出的网络图中,红色的粗线表示关键路径。所谓关键路径是指网络图中的最长路径,该路径上的工期之和就是完成项目的最短时间。使用 Microsoft Project 画出例 9.3 对应的网络图,如图 9.6 所示。为了清晰显示网络图,将图 9.6 分为图 9.6(a)～(c)三张子图显示,在 Project 工具中,这三张子图从左到右连接成一个完整的网络图。

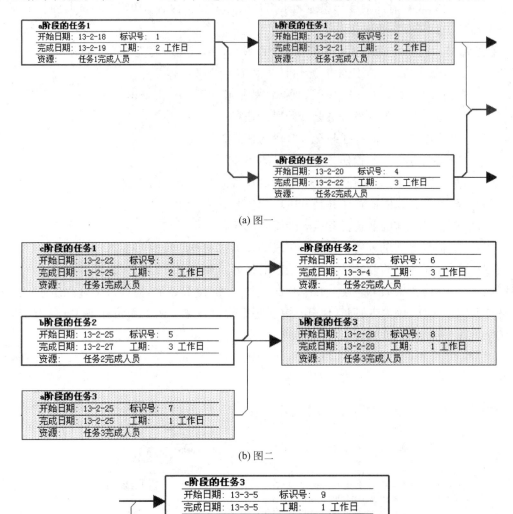

图 9.6 某工程的网络图

从图 9.6 网络图的关键路径中,可以估算出完成工程的总工期为 12 天。

3) 里程碑图

里程碑图是显示项目进展中的重大任务完成,是在甘特图或网络图上标示出一些关键事项。这些关键事项可反映项目进度计划的进展情况,因而这些关键事项被称为"里程碑"。图 9.7 给出了在甘特图中标识里程碑的画法。从图中可以看出成果物 1 是一个里程碑,该成果物的最后提交时间是 2013 年 2 月 27 日。同理,成果物 2 也是一个里程碑,该成果物的最后提交时间是 2013 年 3 月 5 日。

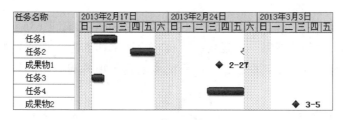

图 9.7　里程碑图

9.3.2　能力目标

掌握进度管理的定义,理解编制项目进度计划的过程,掌握软件活动定义以及活动之间的依赖关系,灵活使用进度管理工具。

9.3.3　任务驱动

1. 任务的主要内容

假设完成某项工程需要 3 个阶段:a,b,c(可并行完成),但每个阶段必须经过 3 个任务步骤完成:首先任务 1,然后任务 2,最后任务 3。假设分配 9 名员工去完成这项工程,但完成任务的工具却有限:只有 3 件工具完成任务 1,3 件工具完成任务 2,3 件工具完成任务 3。

现做如下假设:工程于 2013 年 2 月 28 日开始,3 名员工完成每个阶段任务 1 的工期估计是两个工作日(周六、周日休息),3 名员工完成每个阶段任务 2 的工期估计是 3 个工作日,3 名员工完成每个阶段任务 3 的工期估计是一个工作日。

怎样安排才能使工作进行得更有效呢?画出工程的甘特图,并估算出工程的总工期。

2. 任务分析

针对该任务的工程有一种做法是首先完成 3 个阶段的任务 1,然后完成 3 个阶段的任务 2,最后完成 3 个阶段的任务 3。显然这是效率最低的做法,因为共 9 名员工,而完成每种任务的工具只有 3 件,这样安排工作在任何时候都有 6 名员工闲着。这样安排进度计划的总工期估计是 18 个工作日。

读者可能已经想到,应该采用"流水作业"完成该工程:首先由 3 名员工完成 a 阶段的任务 1(其余 6 人休息);当 a 阶段的任务 1 完成后,另外 3 名员工立即去执行 a 阶段的任务 2(同时完成任务 1 的 3 名员工去执行 b 阶段的任务 1);当完成任务 1 的 3 名员工转移到 c 阶段并且完成任务 2 的 3 名员工转移到 b 阶段以后,余下的 3 名员工立即去执行 a 阶段的任务 3……这样安排基本保证每个员工都有活干,因此能提高工程的工作效率。

根据"流水作业"的叙述过程,可以清晰地找出3个阶段共9个任务活动之间的依赖关系。根据它们的依赖关系,画出工程的甘特图,并估算工程的总工期。

3. 任务小结或知识扩展

甘特图能从时间上整体把握进度,很清晰地表达每一项任务的起始时间与结束时间,且简单、直观、容易制作、便于理解,一般适用于比较简单的小型项目。但不能系统地表达一个项目所包含的各项工作之间的复杂关系,难以进行定量的计算和分析,难以进行计划等。

采用网络图进行进度控制,能够清晰地展现现在和将来完成的工作内容、各项工作单元间的关系。了解关键作业或某一项进度的变化对后续工作和总工期的影响度,便于及时地采取措施或对进度计划进行调整。但不能系统地表达每项的起始时间与结束时间,不易于对单项任务的过程进行跟踪。

4. 任务的参考答案

【答案】 略。

9.3.4 实践环节

画出与任务中甘特图对应的网络图,找出关键路径,并估算工程的总工期。

9.4 软件项目配置管理

随着软件团队人员的增加、软件版本不断变化、开发时间的紧迫以及多平台开发环境的采用,使得软件开发面临越来越多的问题。这些问题在实际开发中表现为:项目组成员沟通困难、软件重用率低下、开发人员各自为政、代码冗余度高、文档不健全等。如果不能及时、恰当地处理这些问题,可能会造成严重的后果。例如,数据丢失、开发周期漫长、产品可靠性差、质量低劣、软件维护困难、用户抱怨使用不便、项目风险增加等。有效的配置管理,正是解决这些问题的关键途径。

9.4.1 核心知识

1. 软件配置管理的相关概念

1) 软件配置管理定义

软件配置管理(Software Configuration Management,SCM)是一种标识、组织和控制软件变更的技术,它贯穿于整个软件生命周期,它为软件开发提供了一套管理方法和规则。

软件配置管理无论是对于软件企业管理人员,还是开发人员都有着重要的意义。软件配置管理主要包括3个方面的内容。

① 版本控制。版本控制是执行软件配置管理的基础,可以保证软件产品状态的一致性。其实,人们在日常工作中都或多或少地进行过版本控制的工作。比如为了防止文件丢失备份文件。当文件丢失或被修改后可以通过该备份文件恢复。版本控制是对软件产品不同版本进行标识和跟踪的过程。版本标识的目的是便于对版本加以区分、检索和跟踪,以表

明各个版本之间的关系。一个版本是软件产品的一个实例,与其他版本有所不同,或是更正、完善了前一版本的某些不足。实际上,对版本的控制就是对版本的各种操作控制,包括检入(Check In)、检出(Check Out)控制、版本的分支和合并、版本的历史记录和版本的发行。

② 变更控制。变更控制是软件配置管理中至关重要的工作,也是一项令项目管理者头疼的工作。软件开发过程中某个程序文件、某个文档的小小变化,都有可能导致一个巨大的错误,但这些变化也许能修补一个巨大的漏洞或者增加一些新功能。不管什么样的变更,项目管理者必须严格控制和管理。对于一个大型软件项目来说,不加控制的变更很快就会引起混乱,甚至导致开发失败。因此,变更控制是一项极其重要的软件配置管理任务。

③ 过程支持。目前,人们渐渐认识到了软件工程过程概念的重要性,而且也渐渐了解到这些概念和软件工程支持技术的结合,尤其是软件过程概念与软件配置管理有着密切的联系,因为软件配置管理可以作为一个管理变更的规则(或过程)。然而,传统意义上的软件配置管理主要着重于软件的版本管理,缺乏软件过程支持的概念。因此,即使软件的版本管理得再好,但组织所拥有的是相互独立的信息资源,从而形成了信息的"孤岛"。当软件配置管理提供了过程支持后,就解决了信息的"孤岛"问题。对于软件开发人员不必熟悉整个过程,也不必知道团队的开发模式,只需集中精力关心自己的工作。这样就可以延续一贯的工作程序和处理办法。

2) 软件配置项

软件配置项(Software Configuration Item,SCI)是软件过程的输出信息。软件生存周期各个阶段活动的产物经审批后即可称之为软件配置项,可以分为 3 个主要类别。

① 与合同、过程、计划和产品有关的文档和资料。
② 计算机程序(源代码和可执行程序)。
③ 数据(包含在程序内部或外部)。

除了这 3 个主要类别之外,软件配置项还包括软件工具、可重用软件、外购软件及顾客提供的软件等。

3) 基线

为了在不严重阻碍合理变化的情况下控制变化,软件配置管理引入了"基线"(Base Line)这一概念。IEEE 对基线的定义是:"已经正式通过复审和批准的某规约或产品,它因此可作为进一步开发的基础,并且只能通过正式的变化控制过程改变。"根据这个定义,在软件开发过程中把所有需加以控制的软件配置项分为基线配置项和非基线配置项两类。例如,基线配置项可能包括所有的设计文档和源程序等;非基线配置项可能包括项目的各类计划和报告等。

基线是软件过程中的里程碑,其标志是一个或多个已经通过复审的软件配置项的提交。因此,在软件配置管理中,有个重要原则:基线之前变更自由,基线之后严格控制变更。也就是说,在软件开发过程中,开发人员有权对本阶段的软件产品进行变更,一旦该阶段的软件产品通过复审成为基线配置项之后,任何人在对它变更时都要经过正式的报批手续。

4）软件配置控制委员会

及时、准确地处理软件配置项的变更是软件配置管理的主要目标之一，而实现这一目标的基本保障是软件配置控制委员会（Software Configuration Control Board，SCCB）的有效管理。SCCB可以是一个人，也可以是多人组成的小组。SCCB承担变更控制的全部责任，具体如下。

① 审核变更请求；
② 规范变更申请流程；
③ 对变更进行反馈；
④ 与项目经理沟通。

2. 软件配置管理过程

软件配置管理人员在配置管理过程中主要完成以下几个任务。

1）标识配置项

标识配置项，首先必须明确软件生存周期各个阶段活动的工作产品，然后确定工作产品的名称和标识规则。总体原则是：保证配置管理工具检索便利，让项目组成员容易记住标识规则，同时要确保组织一级的标识规则的一致性。下面给出一个标识配置项的实例：

项目名称_所属阶段_产品名称_版本标识

其中，版本标识以"V"开头，后面是版本号。版本号分三节：主版本号、次版本号和内部版本号。小节之间以点（.）间隔。例如，WAMNET_UT_TP_V1.2.0表示的配置项是名为WAMNET的项目，在单元测试（UT）阶段的测试计划（TP）的V1.2.0版本。

2）版本管理

一般情况下，版本管理是通过工具来完成的，如Microsoft Visual SourceSafe(VSS)、并发版本系统（Concurrent Versions System，CVS）、Rational ClearCase等。使用这些工具时，容易被忽视的一点是制定所使用工具的版本规则。如果直接采用工具的内部版本号，可能会给产品发布带来一些困难。通常，采用"X.Y.Z"方式进行版本标识，明确X、Y和Z各位数字递增的规则，然后结合工具标签功能，便可实现高效的版本管理。

3）基线变更管理

基线变更管理是软件配置管理的一个重点和难点，涉及的范围很广泛。要想实施高效的基线变更管理，至少包括两个部分：规范变更管理流程、使用自动化工具作为支持。在具体的实践中，首先填写变更申请表，提交给SCCB，由SCCB组织相关人员评估变更的影响，根据评估的结果，决定是否可以变更。然后，项目经理根据批准的结果，指导项目组进行相应的变更。

4）配置审核

配置审核包括两方面的审核："配置管理活动审核"和"基线审核"。

实施"配置管理活动审核"的目的是确保项目组的所有配置管理活动，遵循已批准的软件配置管理方针和规程，如工作产品版本升级原则、检入/检出的频度等。

实施"基线审核"的目的是保证基线化软件工作产品的完整性和一致性,并且满足其功能要求。基线的完整性可从以下几个方面考虑:所有计划纳入的配置项是否都已存在于基线库中,基线库中配置项自身的内容是否完整(如,文档中所提到的参考或引用是否存在)。此外,对于程序,要根据程序清单检查所有源程序文件是否都已存在于基线库中。同时,还要编译所有的源文件,检查是否可产生最终产品。基线的一致性主要检查需求与设计以及设计与代码的一致关系,尤其当变更发生时,要检查所有受牵连的部分是否都做了相应的变更。发现不符合项时,要进行记录并跟踪,直到解决。

5) 报告配置状态

报告配置状态的目的是向项目组所有成员提供基线内容、基线状态和基线变更信息,这也是实现资源共享的前提。当基线版本发生变化、变更请求被批准以及项目组提出任何需要时,都要进行配置状态报告。

3. 配置管理工具

配置管理工具很多,例如 Rational ClearCase、Merant PVCS、Microsoft VSS、CVS 等。目前,比较常用的配置管理工具是 CVS、VSS 和 ClearCase。

1) CVS

CVS 是 Concurrent Versions System 的缩写,它是主流的开放源码、网络透明的配置管理系统。

CVS 的客户端/服务器存取方法使得开发人员可以从任何 Internet 的接入点存取最新的代码。CVS 的无限制的版本检出模式避免了因为排他检出模式而引起的人工冲突。CVS 的客户端工具可以在绝大多数的平台上使用,例如 Eclipse。

由于 CVS 简单易用、功能强大,能跨平台使用,支持并发版本控制,而且免费,它在全球中小型软件企业中得到了广泛使用。

2) VSS

VSS 是微软公司开发的配置管理工具,它的主要功能是创建目录、添加文件、导入、导出、查看历史版本等。由于实惠的价格、简单易用、方便高效、与 Windows 操作系统及微软开发工具高度集成,是目前国内最流行的配置管理工具之一。

3) ClearCase

ClearCase 是 Rational 公司(已被 IBM 收购)开发的产品,是软件配置领域的先导,是软件业公认的功能最强大、价格最昂贵的配置管理工具。它主要基于 Windows 和 UNIX 的开发环境,适用于大型复杂项目的并行开发、发布和维护,并提供了全面的配置管理,包括版本控制、工作空间管理、建立管理和过程控制。虽然 ClearCase 的功能很强大,但其价格不菲,让很多软件企业望而却步。

4. 配置管理计划

软件配置管理计划是软件配置管理规划的产品,在整个软件项目开发过程中作为配置管理活动的依据进行使用和维护。

软件配置管理计划主要包括软件配置管理活动的相关内容,它没有一成不变的形式,完全根据项目的实际情况而定。图 9.8 给出了一个软件配置管理计划的参考模板。

```
1 引言                                3 3 配置状态报告
   1.1 目的                              3.3.1 项目介质存储和发布进程
   1.2 术语与缩略语                      3.3.2 报告的信息以及对信息的控制
   1.3 参考资料                          3.3.3 软件版本处理
2 软件配置管理                           3.3.4 变更管理状态统计
   2.1 机构                            3.4 配置审核
   2.2 任务                              3.4.1 审核组织
   2.3 职责                              3.4.2 审核对象
   2.4 接口控制                          3.4.3 审核责任
   2.5 里程碑                         4 技术、方法、工具
   2.6 适用的标准、条例和约定            4.1 技术
3 软件配置管理活动                       4.2 方法
   3.1 配置标识                          4.3 工具
      3.1.1 配置项的标识               5 里程碑
      3.1.2 项目基线                  6 培训和资源
      3.1.3 配置库                       6.1 培训
   3.2 配置控制                          6.2 资源
      3.2.1 变更请求的处理和审批      7 分包商和厂商软件控制
      3.2.2 变更控制委员会
```

图 9.8　软件配置管理计划模板

9.4.2　能力目标

掌握软件配置管理的相关概念，理解软件配置管理过程，了解软件配置管理工具，理解软件配置管理计划的编写过程。

9.4.3　任务驱动

有个程序员这样说："我是一名程序员，只专注编写程序，软件配置管理离我太遥远了，和我没有关系。"他这种想法正确吗？为什么？

9.4.4　实践环节

假如给你一个软件项目，为该项目编写配置管理计划，那么你应该从哪几个方面编写计划？

9.5　软件项目风险管理

在软件开发过程中，需要投入大量人力、物力和财力，同时或多或少地使用一些新技术、新方法，这就造成软件开发过程中存在某些"不确定因素"，必然会给项目的开发带来一定程度的风险。如果不加以管理这些风险，可能会使项目计划不能完全达到预期目标或失败。因此，软件项目风险管理是软件项目管理的一个重要组成部分。

9.5.1 核心知识

1．概述

1）风险类型

从范围角度上看，风险可分为项目风险、技术风险和商业风险。

（1）项目风险。项目风险是指在预算、进度、人员（包括个人和组织）、资源、客户以及需求等方面的潜在问题以及它们对项目的影响。例如，时间和人员分配的不合理、客户的需求变更频繁、与客户沟通困难等问题，这些问题可能造成项目成本提高和延期交付等风险。

（2）技术风险。技术风险是指在开发环境、设计、实现、接口和维护等方面的潜在问题。例如，设计说明书的错误或歧义、复杂的实现技术、开发环境的变化、接口间的不确定性等问题，这些问题可能威胁到项目的质量和交付时间，甚至使项目工作变得艰难或走向失败。

（3）商业风险。商业风险是指在市场、商业策略和管理等方面的潜在问题。例如，市场需求萎缩、运营战略转变、资金链断裂等问题，这些问题都会影响项目的研发和生存能力。

2）常见的软件风险

在软件项目开发过程中常见的风险如下。

（1）与需求相关的风险。①需求已成为基准，但还在变化；②需求定义不够明确、准确；③添加新需求；④产品定义含混的部分比预期需要更多的时间；⑤在需求分析中，客户参与的不够；⑥客户对产品需求缺少认同；⑦缺少有效的需求管理过程。

（2）与计划编制相关的风险。①没有完善、全面的项目计划，计划、资源和产品定义全凭客户或上层领导口头指令，并且不完全一致；②计划不现实；③计划基于使用特定的小组成员，而那些特定的小组成员可能指望不上；④实际的产品规模（代码行数、功能点）比估计的要大；⑤完成目标日期提前，但没有可用机动资源；⑥涉足不熟悉的产品领域，花费在设计和实现上的时间比预期的要多。

（3）与组织和管理相关的风险。①高级管理层不重视软件项目管理；②项目团队没有软件项目的管理标准、软件过程规范；③低效的项目组织结构，降低生产率；④预算削减，打乱项目计划；⑤管理层做出了让项目团队失望的决定；⑥非技术的第三方工作（预算批准、设备采购批准、法律方面的审查、安全保证等）时间比预期的延长。

（4）与人员相关的风险。①不能按时完成作为项目先决条件的任务（如培训及其他项目）；②开发人员和管理层之间关系欠佳，导致决策缓慢，影响全局；③缺乏激励措施，团队士气低下，降低了开发效率；④某些人员需要花费更多的时间适应软件工具和环境；⑤项目后期加入新的开发人员，需进行培训并与现有成员沟通，从而使现有成员的工作效率降低；⑥由于项目组成员之间发生冲突，导致沟通不畅、接口出现错误和额外的重复工作；⑦由于开发人员突然离职或调离，没有找到合适的人员顶替，而耽误了项目组的整体工作。

（5）与开发环境相关的风险。①软硬件设施未及时到位；②设施虽到位，但不配套，如没有电话、网线、办公用品等；③开发工具未及时到位；④开发工具不如期望的那样有效，开发人员需要时间创建工作环境或者切换新的工具；⑤新开发工具的学习周期比预期长；⑥新开发工具与现有环境存在潜在的冲突。

（6）与客户相关的风险。①客户不重视项目管理，与管理人员沟通不畅；②由于客户对于最后交付的产品不满意，可能重新设计和重做；③由于客户的意见未被采纳，造成产品最终无法满足用户要求，必须重做；④客户对规划、原型和需求规格的审核周期比预期长；⑤客户没有参与规划、原型和需求规格阶段的审核，导致需求变更；⑥客户答复的时间（如回答或澄清与需求相关问题的时间）比预期长；⑦客户没有多少时间进行需求分析工作，以确定项目范围；⑧客户提供的组件质量欠佳，导致额外的测试、设计和集成工作，以及额外的客户关系管理工作。

（7）与产品相关的风险。①矫正劣质的产品，导致重新设计、实现和测试；②开发额外的不必要的功能，延长了计划进度；③要求与其他系统或不受本项目组控制的系统相连，导致无法预料的设计、实现和测试工作；④开发一种全新的模块将比预期花费更长的时间。

（8）与设计和实现相关的风险。①设计质量不高，导致重复设计；②分别开发的模块无法有效集成，需要重新设计和实现；③代码编写质量不高，导致额外的测试、修正，甚至重新编写；④项目需要开发大量的接口以连接到其他系统，而这些接口的实现不能使用现有的代码。

（9）与开发过程相关的风险。①前期的质量保证行为过于形式化，导致后期的重复工作；②太不正规（不遵循软件开发策略和标准）的开发过程，导致沟通不足，质量欠佳，甚至需重新开发；③过于正规（教条地坚持软件开发策略和标准）的开发过程，导致过多耗时于无用的工作；④开发人员用大量的时间撰写进度报告，导致工期延长；⑤风险管理粗心，导致未能发现重大的项目风险。

3）软件项目风险管理过程

风险管理是指在软件项目进行过程中不断对风险进行识别、分析、应对以及监控的过程。风险管理过程的四部曲，如图9.9所示。

风险识别是风险管理过程的第一步，识别风险和风险来源，确定哪些风险会对项目造成危害，并记录它们的属性。风险识别是一个反复进行的过程，由项目的主要成员、企业风险管理小组分头进行，尽可能地识别出项目可能存在的风险。

风险分析是风险管理过程的第二步，对识别出的风险做进一步分析，评估风险的可能性与后果，估算风险出现的概率和影响程度，对风险进行优先级排序，指导接下来的风险应对计划的制订。

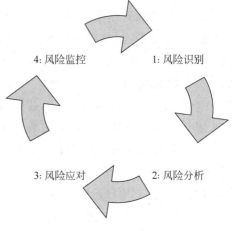

图9.9 风险管理过程

风险应对是风险管理过程的第三步,制订风险计划(包括应对策略和措施),按计划应对风险,执行风险行动计划,报告应对措施的结果,直到风险降低到可接受的范围。

风险监控是风险管理过程的第四步,跟踪已识别的风险,监视残余风险和识别新风险,确保项目风险应对计划的执行,评估风险应对措施对降低风险的有效性。风险监控是整个软件生命周期中的一个持续过程。

2．风险识别

1) 风险识别过程

风险识别过程如图 9.10 所示。其中,风险识别的输入可能是项目的任务分解结构、项目计划、历史经验数据、外部制度约束以及公司目标等;标识风险,识别并确定项目有哪些潜在的风险;评审风险,识别引起这些风险的主要因素,并定性评估这些风险可能引起的后果;风险分类,根据项目的实际情况对项目风险进行分类;风险列表,是风险识别的结果,作为风险分析的输入。

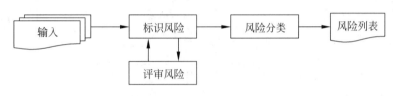

图 9.10　风险识别过程

2) 风险识别方法

风险识别有很多种方法,主要有核对清单法、头脑风暴法、德尔菲法、访谈法。

① 核对清单法。核对清单法是常用也是比较简单的风险识别方法。核对清单法是根据以往类似软件项目的有关资料和其他信息,将所有可能出现的问题列出清单,然后项目风险管理者对照清单检查项目潜在的风险。

软件项目风险核对清单一般根据风险因素进行编写,风险因素是项目经验的积累,可以按不同的方式组织。另外,可以采用 SEI(卡内基-梅隆大学软件工程研究所)推荐的软件风险分类系统作为核对清单。

SEI 软件风险分类系统是一个结构化的核对清单,将风险分为产品工程、开发环境和项目约束三类。每类又分若干元素,每个元素通过其属性来体现特征。SEI 软件风险分类系统如表 9.11 所示。

② 头脑风暴法。头脑风暴法是由美国创造学家奥斯本于 1939 年首次提出、1953 年正式发表的一种激发性的思维方法。此方法是解决问题时常用的一种方法,保证群体决策的创造性,提高决策质量。

采用头脑风暴法组织群体决策时,要集中有关专家召开专题会议,主持者以明确的方式向所有参与者阐明问题,说明会议的规则,尽力创造融洽轻松的会议气氛。一般不发表意见,以免影响会议的自由气氛。由专家们自由地提出尽可能多的解决方案。

表 9.11 SEI 软件风险分类系统

产品工程		开发环境		项目约束	
1. 需求	a. 稳定性	1. 开发过程	a. 正规性	1. 资源	a. 进度
	b. 完整性		b. 适宜性		b. 人员
	c. 清晰		c. 过程控制		c. 预算
	d. 有效性		d. 熟悉程度		d. 设施
	e. 可行性		e. 产品控制	2. 合同	a. 合同类型
	f. 案例	2. 开发系统	a. 生产量		b. 约束
	g. 规模		b. 适宜性		c. 依赖关系
2. 设计	a. 功能性		c. 可用性	3. 项目接口	a. 客户
	b. 困难		d. 熟悉度		b. 联合承包方
	c. 接口		e. 可靠性		c. 子承包方
	d. 性能		f. 系统支持		d. 主承包方
	e. 可测试性		g. 可交付性		e. 共同管理
	f. 硬件约束	3. 管理过程	a. 计划		f. 供货商
	g. 非开发软件		b. 项目组织		g. 策略
3. 编码和单元测试	a. 可行性		c. 管理经验		
	b. 单元测试		d. 项目接口		
	c. 编码/实现	4. 管理方法	a. 监控		
4. 集成和测试	a. 环境		b. 人事管理		
	b. 产品		c. 质量保证		
	c. 系统		d. 配置管理		
5. 工程特点	a. 可维护性	5. 工作环境	a. 质量态度		
	b. 可靠性		b. 合作		
	c. 安全性		c. 交流		
	d. 保密性		d. 士气		
	e. 人的因素				
	f. 特定性				

头脑风暴法用于软件项目风险识别的原理,是鼓励相关专家和项目组全体成员针对项目风险自由地提出主张和想法,主要侧重于提出风险项的数量,而不是质量。其目的是要相关专家以及团队成员想出尽可能多的风险,鼓励大家创新或突破常规。

③ 德尔菲法。德尔菲法又称专家调查法,最初由美国兰德公司首次将德尔菲法用于技术预测中,以后便迅速地应用于世界,并且在许多做长远规划和决策的人员中享有很高的声誉。

用德尔菲法进行软件项目风险识别的过程,是由项目风险小组确定项目风险专家,并与这些专家建立直接的函询联系,通过函询征求重要项目风险方面的意见,然后加以整理,再匿名反馈给各位专家,以便进一步讨论。这个过程经过几个回合后,逐步使专家的意见趋向一致。用德尔菲法有助于减少风险识别的偏见,并避免了个人主观因素对风险识别的结果产生的影响。

④ 访谈法。项目风险小组可以通过访谈资深项目经理或相关领域的专家进行风险识别。项目风险小组选择合适的被访谈人员,事先向他们做有关项目的简要说明,并提供必要

的信息。被访谈人员依据他们的经验、项目信息以及其他信息,对项目风险进行识别。

3) 风险识别结果

风险识别的结果一般是一个风险清单表,如表9.12所示,表的第一列代表识别出来的风险,第二列代表风险的类别。

表9.12 风险清单表

风　　险	类　　别
成本预算过低	项目约束
开发人员不熟悉开发环境	开发环境
需求不完整	产品工程

3. 风险分析

风险分析就是对识别出的风险做进一步分析:评估风险发生的概率,估计风险后果的严重程度,对风险进行优先级排序,最后得到风险分析结果。

1) 预测风险影响

在实践中,通常用风险发生概率与风险影响程度的乘积来度量风险的影响。公式如下:

$$风险影响(RE) = 风险发生概率(P) \times 风险影响程度(I)$$

其中,P被定义为大于0,小于1;I表示对项目成本、进度和技术目标的影响。

得出风险影响后,建立风险表,按风险影响排序,确定最需要关注的前10位(TOP10,一般说,前10位就够了,具体多少个可以视项目的具体情况而定)风险。

风险分析的方法包括定性风险分析和定量风险分析。

2) 定性风险分析

定性风险分析,就是对风险影响进行定性的评估,按其特点划分为相对的等级,形成一个风险评估矩阵,并赋权值来定性衡量风险大小。可以将风险发生概率定性地划分为高、中、低等级,或极高、高、中、极低等级,以及不可能、不一定、可能、极可能等级。可以将风险影响程度定性地划分为高、中、低等级,或极高、高、中、极低等级,以及灾难、严重、轻度、轻微等级。

例如,将风险发生概率分为5个等级:极高、高、中、低、极低;将风险影响程度分为4个等级:灾难、严重、轻度、轻微。然后,把风险发生概率和风险影响程度等级编制成矩阵并分别给予定性的加权指数,可形成风险评估指数矩阵,表9.13为一种定性风险评估指数矩阵实例。

表9.13 定性风险评估指数矩阵实例

影响等级 概率等级	Ⅰ(灾难)	Ⅱ(严重)	Ⅲ(轻度)	Ⅳ(轻微)
A(极高)	1	4	7	13
B(高)	2	5	9	16
C(中)	3	6	11	18
D(低)	8	10	14	19
E(极低)	12	15	17	20

表 9.13 中的数值(加权指数)称为风险评估指数,数值从 1~20 是根据风险发生可能性和影响程度综合确定的。一般情况下,1 代表最高风险指数,对应的风险是频繁发生的,并具有灾难性的影响;20 代表最低风险指数,对应的风险是几乎不可能发生的,而且给项目带来的影响可忽略。风险评估指数的确定具有随意性,但要便于区分各种风险的等级,需要根据项目的具体情况确定。

从风险管理的角度来看,风险影响程度和风险发生概率各自有着不同的作用。例如,一个具有高影响但低概率的风险不应占用过多的风险管理时间,而具有中到高概率、高影响的风险或具有高概率、低影响的风险就应该进行恰当的风险管理。

定性风险分析具有主观性,而且定性的指标有时没有实际意义,这是定性分析的缺陷。一般情况下,定性风险分析需要适当的定量风险分析来支持。

3)定量风险分析

有时候,需要知道风险发生的概率到底有多大,影响程度到底有多严重等。要想知道这些问题的答案,就需要对风险进行定量分析。

定量风险分析是一种广泛使用的管理决策支持技术。通常,首先进行定性风险分析,然后再定量风险分析。定量风险分析的目标是量化每一个风险的发生概率及其影响程度,同时分析项目总体风险的程度。定量风险分析方法可以有盈亏平衡分析法、决策树分析法、模拟法等方法。本节只简单介绍决策树分析法。

决策树分析法是一种直观、形象、易于理解的图形分析方法,它把软件项目的所有可供选择的行动方案、行动方案之间的关系和相互影响、每个方案的后果以及发生的概率等用树状的图形表示出来,为项目管理者提供决策的依据。决策树分析法采用损益期望值(Expected Monetary Value,EMV)作为一种计算依据,EMV 是根据风险发生的概率计算出一种期望的损益。

决策树中有许多分支,每一个分支代表一个决策或者一个偶然的事件,从出发点开始不断产生分支以表示所分析的问题的各种发展可能性。下面通过一个例子学习决策树分析法。

【例 9.4】 假设,某项目的一个方案实施成功的概率为 80%,失败的概率为 20%。如果方案实施成功后,将使系统获得高性能的可能性为 20%,而低性能的可能性为 80%。如果系统获得高性能,项目的收益为 2 000 000 元;如果系统获得低性能,项目的亏损为 200 000 元;如果该方案失败,项目的亏损为 300 000 元。使用决策树分析法判断该方案是否可以实施?并画出该方案的决策树。

问题分析过程如下。

方案实施成功后有两种可能情况,一种是系统获得高性能;一种是系统获得低性能。因此,要想计算方案实施成功后的 EMV,应该先计算这两种可能情况的 EMV。

如果系统获得高性能,项目的收益为 2 000 000 元,则项目的 EMV = 2 000 000 × 20% = 400 000(元)。

如果系统获得低性能,项目的亏损为 200 000 元,则项目的 EMV = −200 000 × 80% = −160 000(元)。

所以,该方案实施成功后的收益为 240 000 元(400 000 − 160 000 = 240 000),项目的 EMV = 240 000 × 80% = 192 000(元)。

如果该方案失败,项目的亏损为 300 000 元,则项目的 EMV = −300 000 × 20% = −60 000(元)。不实施该方案的损益和 EMV 值,显然都为 0 元。

从总体上看,实施该方案的 EMV = 192 000 − 60 000 = 132 000 元,可见应该实施该方案。

根据上述分析过程,画出如图 9.11 所示的决策树。

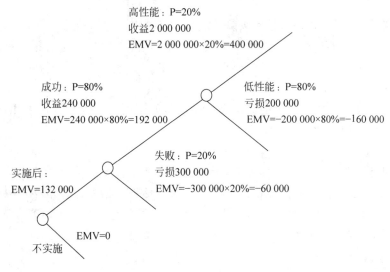

图 9.11　决策树

4) 风险分析结果

对风险进行量化分析后,可以得到量化的风险管理清单,见表 9.14。风险管理清单是重要的风险管理工具,清单上列出了风险名称、类别、概率、风险的影响程度以及风险的排序。最后,应该从风险清单中选择排序靠前的几个风险(TOP10)作为风险分析的最终结果。

表 9.14　风险分析结果

风险名称	风险类别	发生概率	影响程度	排序
人员流动频繁	项目约束	80%	4	1
系统的可靠性很低	开发环境	60%	5	2
接口设计不合理	产品工程	40%	5	3
……	……	……	……	……

4. 风险应对

风险应对的过程是:首先,针对风险分析的结果制订风险应对计划,计划包括风险应对策略和措施;然后,执行风险计划,报告应对措施的结果,直到风险降低到可接受的范围。

风险应对策略包括回避风险、转移风险、降低风险和接受风险。

1) 回避风险

通常,项目管理组可以改变项目管理计划来制止或消除风险的发生,这种过程称为回避风险。拒绝采用导致风险的方案是一种简单、易行、全面、彻底的回避方法。如果项目管理组只采用该方法,可能导致找不到解决问题的方案。因为,很难设计出不存在风险的方案。

在采用回避风险策略时,注意事项如下。

① 对发生概率极高的、后果很严重的、很明确的风险,可以采用该策略进行应对。

② 当找不到理想的风险应对策略时,可以考虑该策略。

③ 有些风险是无法回避的,如天灾(地震、洪灾等)风险。

2) 转移风险

顾名思义,转移风险就是将某些风险的全部或部分损失转嫁给第三方去承担。例如,将项目中有风险的部分外包给别的单位或个人。目前,风险转移的方法有很多种,包括投保、履约保函、担保书和保证书等。

3) 降低风险

降低风险包括降低风险发生的概率和减少风险发生后的影响程度。因此,降低风险的出发点是消除风险因素和减少风险损失。

4) 接受风险

人们不可能消除项目中的全部风险,所以就需要采用接受风险的策略来应对风险。接受风险又称承担风险,是一种由项目组自己承担风险损失的措施。该策略可以是被动的或主动的。被动策略就是待风险发生时再由项目组进行处理与应对。主动策略就是提前建立应急机制,安排一定的时间、财力、人力和物力来应对风险。

5. 风险监控

经过识别与分析风险,可以预测风险发生的概率和影响程度,但是想知道风险是否发生,什么时候会发生,什么样的表现形式,这些问题都需要通过风险监控才能得以解决。

9.5.2 能力目标

理解风险管理的过程,了解风险识别的方法,掌握"决策树"风险分析方法,理解风险应对策略。

9.5.3 任务驱动

1. 任务的主要内容

某项目的管理层使用决策树风险分析法决定一个备选方案是否可行。该方案的风险对应的决策树如图9.12所示。假如你是项目组的决策者,你认为该方案可行吗?(假设,实施后的EMV大于或等于50 000即可行。)

2. 任务分析

方案判定过程如下。

首先,根据决策树中的数据,分别计算获得高性能系统和低性能系统的EMV。

其次,根据高性能系统和低性能系统的EMV,计算实施成功的收益。

再次,根据实施成功的收益和失败的亏损以及它们的发生概率,分别计算成功和失败的EMV。

最后,根据成功和失败的EMV,计算实施后的EMV,不实施的EMV为0。如果实施后的EMV大于或等于50 000,则该方案可行。

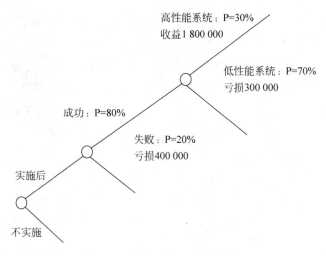

图 9.12　某备选方案的决策树

3. 任务小结或知识扩展

使用决策树风险分析方法的前提是合理估计已识别风险的发生概率和影响程度(收益或亏损)。如果风险发生概率和影响程度的估计远远大于(或小于)实际,那么即便使用定量分析法也不能正确分析风险。因此,风险管理者要想对风险进行正确地分析,需要一定量的历史经验数据。

4. 任务的参考答案

【答案】　可行。

9.5.4　实践环节

试想:在平时的生活、学习以及工作中,你有没有对你身边发生的事情(例如,缺勤软件工程课程)进行风险管理?

9.6　CMM 与 CMMI

质量是软件的灵魂,竞争力是产品的生存与发展之道。为了确保软件质量,提高产品竞争力,软件开发组织需要规范软件开发过程,并实施软件过程管理。软件过程管理的主要框架模型就是 CMM 和 CMMI。

9.6.1　核心知识

1. CMM 简介

1) 基本概念

能力成熟度模型(Capability Maturity Model,CMM),是由美国卡内基-梅隆大学软件工程研究所(SEI)在美国国防部资助下于 20 世纪 80 年代末研究制定的,是对于软件开发组织在定义、实施、度量、控制和改善其软件过程的实践中各个发展阶段的描述，是目前国际上最流行、最实用的一种软件过程管理标准，已经得到了国际软件产业界的认可，成为当今企业从事软件生产不可缺少的一项内容。

CMM 为软件企业的过程能力提供了一个阶梯式的改进框架，它基于过去所有软件工程过程改进的成果，吸取了以往软件工程的经验教训，提供了一个基于过程改进的框架；它指明了一个软件组织在软件开发方面需要管理哪些主要工作、这些工作之间的关系以及以怎样的先后次序一步一步地做好这些工作而使软件组织走向成熟。

2) 基本内容

CMM 的基本思想是：因为问题是由于管理软件过程的方法不当引起的，所以新软件技术的运用不会自动提高生产率和利润率。CMM 有助于软件开发组织建立一个有规律的、成熟的软件过程。改进后的软件过程将会生产出质量更好的软件，使更多的软件项目免受时间和费用的超支之苦。

CMM 明确地定义了 5 个不同的"成熟度"等级，一个软件开发组织可按一系列小的改良性步骤向更高的成熟度等级前进。5 个等级从低到高依次是：初始级（又称为 1 级）、可重复级（又称为 2 级）、已定义级（又称为 3 级）、已管理级（又称为 4 级）和优化级（又称为 5 级）。下面介绍这 5 个等级的特点。

① 初始级。处于初始级的软件开发组织，基本上没有健全的软件工程管理制度，并且管理过程是无序的，有时甚至混乱。项目能否开发成功完全取决于个人能力。如果一个特定的项目恰好由一个有能力的管理员和一个经验丰富的、有能力的软件开发团队承担，则这个项目可能是成功的。然而，更多的情况是，由于缺乏健全的管理和详细计划，延期交付和费用超支经常发生，结果大多数行动只是应付危机，而非完成事先计划好的任务。

总之，处于初始级的软件开发组织，其软件过程能力是不可预测的，也是不稳定的。软件产品质量只能根据相关人员的个人能力预测，而不是该组织的软件过程能力。人员变化了，过程也跟着变化。因此要想准确地预测软件项目的开发时间和费用，几乎是不可能的。

② 可重复级。处于可重复级的软件开发组织，基于相似项目中的经验建立了基本的软件项目管理过程，可跟踪成本、进度、功能和质量。处于该级的软件开发组织采取了一定措施，这些措施是实现一个完备管理过程必不可少的第一步。典型的措施包括仔细地跟踪费用和进度。不像在初始级那样，管理人员疲于应付各种危机状态。

处于可重复级的软件开发组织的过程能力可以概括为：基本有序的和实现有望的，为管理过程提供可重复以前成功实践的项目环境。软件项目工作过程处于项目管理体系的有效控制之下，执行以前的项目准则且合乎现实的计划。

③ 已定义级。处于已定义级的软件开发组织，为软件开发过程编制了完整的文档。软件过程的管理方面和技术方面都明确地做了定义，并按需要不断地改进过程，采用评审的办法来保证软件质量。这一级包含了可重复级的全部特征。

处于已定义级的软件开发组织的过程能力可以概括为管理和技术都是稳定的。软件开发的成本、进度、产品功能和质量都受到控制,而且软件产品的质量具有可追溯性。

④ 已管理级。处于已管理级的软件开发组织,为每个项目都设定质量和生产目标。质量和生产目标将被不断地测量,当偏离目标太远时,就采取行动来修正。处于已管理级的软件开发组织收集了过程度量和产品度量的方法并加以运用,可以定量地控制软件过程,并为评定项目的过程质量奠定了基础。这一级包含了已定义级的全部特征。

处于已管理级的软件开发组织的过程能力可以概括为软件过程是可度量的。

⑤ 优化级。处于优化级的软件开发组织的目标是连续地改进软件过程。这样的组织使用统计质量和过程控制技术作为指导,从各个方面获得的知识将被运用在以后的项目中,从而使软件过程不断优化,使生产率和质量得到稳步的改进。这一级包含了已管理级的全部特征。

处于优化级的软件开发组织的过程能力可以概括为软件过程是可优化的。

从上面的介绍可以看出,CMM 为软件开发组织的过程能力提供了一个阶梯式的改进框架,基于以往软件工程的经验教训,提供了一个基于过程改进的框架图,指出一个软件开发组织在软件开发方面需要哪些主要工作,这些工作之间的关系,以及开展工作的先后顺序,一步一步地做好这些工作而使软件开发组织走向成熟。

2. CMMI 简介

1) 基本概念

为了满足除软件开发以外的软件系统工程和软件采购工作中的迫切需求,能力成熟度模型集成(Capability Maturity Model Integration,CMMI)将各种能力成熟度模型,包括软件能力成熟度模型(Software CMM)、系统工程能力成熟度模型(Systems Eng-CMM)、人力资源成熟度模型(People CMM)和采购成熟度模型(Acquisition CMM),整合到同一架构中去,由此建立起包括软件工程、系统工程和软件采购等在内的各模型的集成。

2) 基本内容

CMMI 也定义了 5 个不同"成熟度"的等级,从低到高依次是:初始级、已管理级、严格定义级、定量管理级和优化级。下面介绍这 5 个等级的特点。

① 初始级。在初始级水平上的软件开发组织,对项目的目标与要做的努力很清晰,项目的目标才得以实现。但是由于任务的完成带有很大的偶然性,软件开发组织无法保证在实施同类项目的时候仍然能够完成任务。项目实施成功主要取决于软件开发团队的技能。

② 已管理级。处于已管理级的软件开发组织,在项目实施上能够遵守既定的计划与流程,有资源准备,权责到人,对相关的项目实施人员有相应的培训,对整个流程有监测与控制,并与上级单位对项目与流程进行审查。软件开发组织在已管理级水平上体现了对项目的一系列的管理程序。这一系列的管理手段排除了在初始级时完成任务的随机性,基本保证了所有项目实施都会得到成功。

③ 严格定义级。在严格定义级水平上的软件开发组织,不仅能够对项目的实施有一整套的管理措施,并保障项目的完成;而且能够根据自身的特殊情况以及自己的标准流程,将

这套管理体系与流程予以制度化。这样不仅能够在同类项目上成功实施，在不同类的项目上一样能够得到成功的实施。

④ 定量管理级。在定量管理级水平上的软件开发组织，项目管理不仅形成了一种制度，而且要实现数字化的管理。对管理流程要做到量化与数字化。通过量化技术来实现流程的稳定性，实现管理的精度，降低项目实施在质量上的波动。

⑤ 优化级。在优化级水平上的软件开发组织，项目管理达到了最高的境界。软件开发组织不仅能够通过信息手段与数字化手段来实现对项目的管理，而且能够充分利用信息资料，对在项目实施的过程中可能出现的次品予以预防。能够主动地改善流程，运用新技术，实现流程的优化。

软件开发组织在实施 CMMI 的时候，要一步一步地走。一般来讲，应该先从已管理级入手，在管理上下功夫，争取最终实现 CMMI 的第五级。

9.6.2 能力目标

了解 CMM 和 CMMI 的基本概念，理解 CMM 和 CMMI 的等级划分。

9.6.3 任务驱动

你所了解的软件企业（公司）的 CMM 是几级？这个等级说明了什么？

9.6.4 实践环节

简述 CMM 与 CMMI 的关系。

9.7 项目管理工具 Microsoft Project 及使用

目前，有很多种先进的项目管理工具，包括面向计划与进度管理的，基于网络环境信息共享的，以及围绕时间、费用、质量三坐标控制的。其中，最流行的项目管理工具当属 Microsoft Project。本节将简单介绍 Microsoft Project 工具的使用。

9.7.1 核心知识

1. Project 简介

Project 软件是 Office 办公软件的组件之一，是一个很流行的项目管理工具软件，它集成了先进的、成熟的管理理念和管理方法，能够帮助项目经理高效地管理各类项目。

使用 Project 软件，不仅可以创建项目、任务分解，使项目经理从大量烦琐的工作中解脱出来，而且还可以设置项目资源和成本等基础信息，轻松实现资源的调度和任务的分配。最重要的是，在项目实施阶段，Project 能够跟踪和控制项目进度，分析、预测和控制项目成本，以便有效利用项目资源，提高项目的经济效益。

Project 产品有许多不同版本，具体如下。

（1）Project Standard（标准版），基于 Windows 的桌面应用程序。此版本为单一项目管理者设计，不能与服务器交互。

（2）Project Professional（专业版），包括标准版的所有特性，可以和后台的服务器相连接，将项目信息发布到服务器上，供相关负责人和项目组相关成员查看。

（3）Project Server（服务器版），安装在项目管理后台服务器上，存储项目管理信息，实现用户账户和权限的管理。该版本是 Microsoft 项目管理解决方案的基础和核心组件，它需要 SQL Server 和 Windows SharePoint Service 做底层支持。

（4）Project Web Access（Web 的方式访问）项目站点，分享项目相关文档，查看任务分配情况，在线更新进度状态，提出问题和风险，实现沟通和协作。总之，适用于广大的项目组成员和相关负责人。

Microsoft 项目管理解决方案（EPM），是由 Project Professional、Project Server 和 Project Web Access 结合在一起组成的。

Project Standard 版本是入门级的桌面项目管理工具，下面应用该版本讲述 Project 工具的使用。

2．Microsoft Project 工具使用

1）Microsoft Project 导论

（1）启动 Project 2007 并进入主界面。

首先，在 Windows 任务栏上，单击"开始"按钮，显示"开始"菜单。然后，在"开始"菜单上，单击"所有程序"命令，见单击"Microsoft Office"命令，最后单击"Microsoft Office Project 2007"命令即可启动 Project 2007。

图 9.13 所示为 Project 2007 启动之后看到的主界面。Project 2007 默认的主界面是甘特图视图，由三部分组成，从左到右依次是：视图栏、输入工作表和甘特图。与其他 Office 办公软件相似，在主界面的最顶端有菜单条、标准工具条、格式工具条。

图 9.13　Project 2007 主界面

注意：如果你的工具栏顺序和图标与图 9.13 的不同，这取决于用户选择的功能。

如果你想选择除甘特图以外的视图，则可以从主界面左侧的"视图栏"中选择你需要的视图，或者从菜单条中选择"视图"命令，从中选择你需要的视图，如图 9.14 所示。

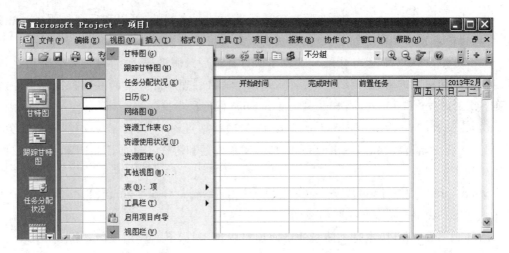

图 9.14 Project 2007"视图"菜单选项

(2) Project 2007 视图。

Project 2007 中的工作区称为视图。Project 2007 包含若干视图,但通常一次只使用一个视图。使用视图输入、编辑、分析和显示项目信息。默认视图(Project 2007 启动时所见)是"甘特图"视图。

通常,视图着重显示任务或资源的详细信息。例如,如图 9.15 所示的"甘特图"视图在视图左侧以表格形式列出了任务的详细信息,而在视图右侧将每个任务图形化,以条形表示在图中。"甘特图"视图是显示项目计划的常用方式,特别是要将项目计划呈送他人审阅时。它对于输入和细化任务详细信息及分析项目是有利的。

	任务名称	工期	开始时间	完成时间	前置任务
1	a阶段的任务1	2 工作日	2013年2月18日	2013年2月19日	
2	b阶段的任务1	2 工作日	2013年2月20日	2013年2月21日	1
3	c阶段的任务1	2 工作日	2013年2月22日	2013年2月25日	2
4	a阶段的任务2	3 工作日	2013年2月20日	2013年2月22日	1
5	b阶段的任务2	3 工作日	2013年2月25日	2013年2月27日	2,4
6	c阶段的任务2	3 工作日	2013年2月28日	2013年3月4日	3,5
7	a阶段的任务3	1 工作日	2013年2月25日	2013年2月25日	4
8	b阶段的任务3	1 工作日	2013年2月28日	2013年2月28日	5,7
9	c阶段的任务3	1 工作日	2013年3月5日	2013年3月5日	6,8

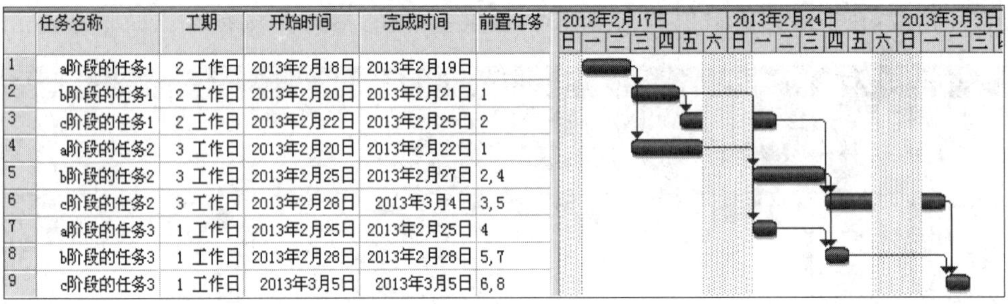

图 9.15 "甘特图"视图

Project 2007 的视图可以分为以下三大类。

① 图形:使用线条、方框和图像显示数据。

② 任务表:一种表述任务的工作表形式,每项任务占据一行,任务的每项信息以列表示。可以用不同的表格展示不同的信息。

③ 表格:表示一项任务的具体信息。使用表格的形式强调一项任务的具体细节。

这三大类视图会在后面的项目管理图示中见到。另外,还可以使用一些模板,进入并进一步研究 Project 2007 的一些视图。Project 2007 所提供的模板可以下载到本地硬盘上,可以从"文件"菜单中选择"新建"命令,然后单击"计算机上的模板"超链接,进入"模板"窗口,再单击"项目模板"命令打开这些文件,如图 9.16 所示。

图 9.16　打开 Project 2007 所提供的模板

（3）Project 2007 筛选器。

为了筛选有用的项目信息，可以单击"工具条"上"筛选器"旁边的筛选文本框的列表箭头，如图 9.17 所示，将会显示"筛选器"的列表内容，可以使用滚动条获得更多的筛选选项。

图 9.17　筛选器

2）项目范围管理

所谓项目范围管理，是指确定实施项目所需完成的工作。在使用 Project 2007 管理项目之前，首先需要确定项目范围。确定项目范围需要这样的过程：创建新项目文件，输入项目名称和开始日期，形成项目所需完成任务的任务列表（又称为工作分解结构）。

（1）创建新项目文件。

创建新项目文件的步骤如下。

① 创建空白项目文件。单击"文件"菜单中的"新建"命令。在"新建项目"任务窗格中，单击"空白项目"命令。单击"项目"中的"项目信息"命令，显示项目信息对话框，如图 9.18 所示。文件名默认是"项目 1""项目 2"，以此类推。

② 输入项目日期。如果从项目的开始日期安排项目日程，可在"开始日期"框中输入或选择项目开始的日期；如果从项目的完成日期安排项目日程，选择"日程安排方法"框中的

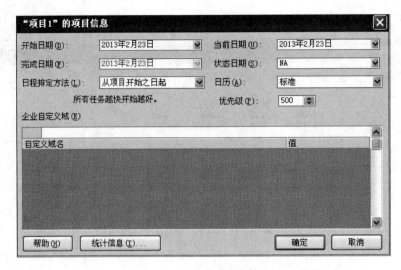

图 9.18　项目信息对话框

"从项目完成之日起"项,然后在"完成日期"框中输入或选择项目完成的日期。

③ 输入项目属性。单击"文件"菜单中的"属性"命令,显示项目属性对话框。单击"摘要"选项卡,在"标题"文本框中输入项目名称,"作者"文本框中输入姓名,如图 9.19 所示。

图 9.19　项目属性对话框

(2) 输入任务。

在"输入工作表"中"任务名称"列标题下的单元格中,输入"任务名称",然后按 Enter 键。输入例 9.3 中的任务,如图 9.20 所示。

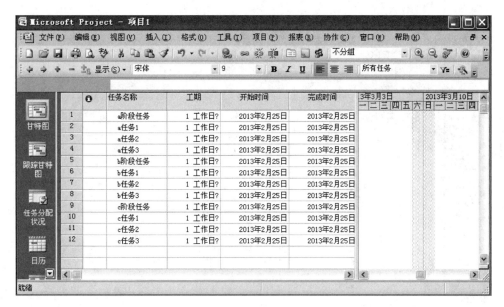

图9.20 输入项目所有任务

(3) 创建摘要任务。

图9.20中的摘要任务是指刚才输入的任务1(a阶段任务)、任务5(b阶段任务)、任务9(c阶段任务)。可以使用突出的显示方式创建摘要任务,相应的子任务以缩进布局显示。创建摘要任务步骤如下。

① 选择子任务。选中任务2文本,按住鼠标左键,然后将光标拖到任务4的文本上,即可选中任务2~任务4。

② 子任务降级。在选中子任务后,单击右键选择"降级"选项,在子任务缩排之后,摘要任务(任务1)自动变为黑体,表明它是一项摘要任务。

③ 创建其他的摘要任务。按照同样的步骤,为任务5和任务9创建摘要任务,如图9.21所示。

如果希望某一项子任务变为摘要任务,则可以对该项任务进行"升级"。做法是选中该项任务,单击右键选择"升级"选项即可。

3) 项目时间管理

使用Project 2007的时间管理功能,可以很好地管理项目的时间进度。进行时间管理的第一步是输入任务工期或任务开始时间。如果需要进行关键路径分析,则必须输入任务的依赖关系。

(1) 输入任务工期。

输入一项任务时,Project 2007会默认分配"1天"的工期。如果需要改变工期的默认单位,可以通过单击"工具"菜单中"选项"命令,然后在打开的对话框中,切换至"日程"选项卡,在"日程选项"下的"工期显示单位"下拉列表中,选中需要的工期单位。最后,单击"设为默认值"按钮,如图9.22所示。

图 9.21 创建摘要任务

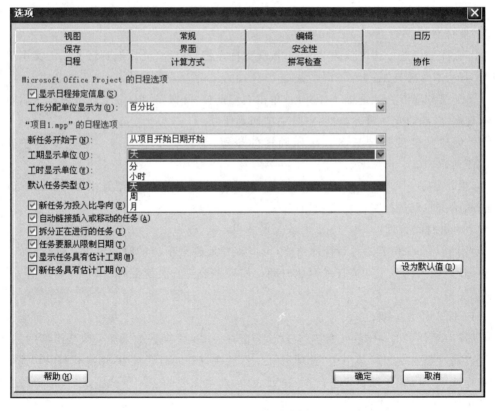

图 9.22 "日程"选项卡

如果对工期估计没有把握，希望以后再进一步研究。具体做法是：双击某项任务，打开"任务信息"对话框，选中"工期"后面的"估计"复选框，如图 9.23 所示。

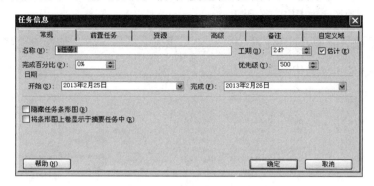

图 9.23　输入任务工期

在输入任务工期时，如果只输入一个数字，Project 2007 会自动输入"天"作为工期单位。因此，为了正确显示一项任务工期长短，必须输入一个数字和相关的单位符号。工期单位符号有：d 代表天，w 代表周，m 代表分钟，h 代表小时，mon 代表月。

（2）输入任务依赖关系。

在 Project 2007 中创建任务依赖关系，比较方便的方式是输入任务的"前置任务"。具体做法是：双击某项任务，打开"任务信息"对话框，选择"前置任务"选项卡，在"任务名称"下拉列表中选择该任务的前置任务，如图 9.24 所示。

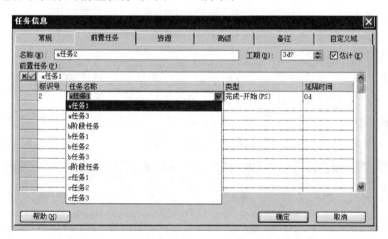

图 9.24　输入任务依赖关系

例 9.3 中任务间的依赖关系如下。

① b 阶段任务 1 的前置任务是 a 阶段的任务 1。
② c 阶段任务 1 的前置任务是 b 阶段的任务 1。
③ a 阶段任务 2 的前置任务是 a 阶段的任务 1。
④ b 阶段任务 2 的前置任务是 a 阶段的任务 2 和 b 阶段的任务 1。
⑤ c 阶段任务 2 的前置任务是 b 阶段的任务 2 和 c 阶段的任务 1。
⑥ a 阶段任务 3 的前置任务是 a 阶段的任务 2。

⑦ b 阶段任务 3 的前置任务是 a 阶段的任务 3 和 b 阶段的任务 2。
⑧ c 阶段任务 3 的前置任务是 b 阶段的任务 3 和 c 阶段的任务 2。
建立好的依赖关系如图 9.25 所示。

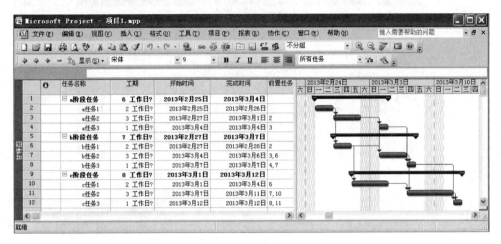

图 9.25　建立依赖关系的甘特图

(3) 甘特图。

Project 2007 将甘特图和输入工作表一起作为默认视图显示,如图 9.25 所示。甘特图反映项目及所有任务活动的时间范围。在甘特图中任务间的依赖关系通过任务间的箭线表示。但很多情况下,许多甘特图并不反映任何依赖关系,这时需要使用项目网络图来反映任务间的依赖关系。

(4) 网络图。

在网络图中,任务或活动在方框内显示,方框间的箭线代表活动之间的依赖关系。在网络图中,关键路径上的任务将显示为红色,并将方框的边框加粗。

可以单击视图栏中的"网络图"图标或选择"视图"菜单中的"网路图"命令,将甘特图转换为网络图。图 9.25 所对应的网络图,如图 9.26 所示。

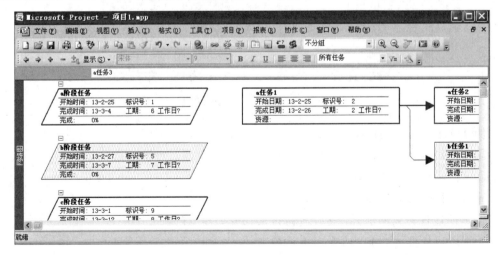

图 9.26　网路图

如果需返回甘特图视图,单击视图栏中的"甘特图"图标或选择"视图"菜单中的"甘特图"命令。

(5) 关键路径分析。

关键路径代表完成项目最短的可能时间。通过图 9.26 所示的网络图,可以得出该工程的关键路径是 a 任务 1→a 任务 2→b 任务 2→c 任务 2→c 任务 3,由此计算出完成该工程最短的可能时间是 12 个工作日。

除了上述的管理功能外,Project 2007 还有很多重要的管理功能,例如,成本管理、人力资源管理、任务跟踪管理等。这些管理功能的用法,读者可以参考相关的 Project 2007 教程学习,本书不再赘述。

9.7.2 能力目标

灵活使用 Project 2007 进行项目范围管理和时间管理。

9.7.3 任务驱动

假设有一个矩形的房间需要重新给四周墙壁粉刷白色涂料。这项工作必须分四步完成:首先刮掉旧涂料,其次磨平墙面,再次刷上新涂料,最后清除溅在门窗上的涂料。假设一共分配 16 名工人去完成这项工程,然而工具却很有限:只有 4 把刮旧涂料的刮板,4 把磨平墙面的磨具,4 把粉刷涂料的刷子,4 把清除溅在门窗上的涂料用的小刀。假设,每道工序估计需用的时间如表 9.15 所示。

表 9.15 每道工序估计需用的时间(小时)

墙壁 \ 工序	刮旧涂料	磨平墙面	刷新涂料	清 理
1 或 3	4	3	2	1
2 或 4	8	6	4	2

怎样安排才能使工作进行得更有效?使用 Project 2007 画出该工程的甘特图,并估算出工程的工期。

9.7.4 实践环节

使用 Project 2007 画出任务中工程的网络图,并找出关键路径。

9.8 小　　结

项目是为完成一个独特的产品、服务或任务所做的一次性努力,具有独特性、目标性、约束性、一次性、周期性和结果不可逆转性等特点。

软件项目是一种特殊的项目,它创造的产品或服务是逻辑载体,没有物理形状,只有逻辑的规模和运行的效果。

软件项目管理,一般由启动、规划、跟踪控制和结束 4 个阶段组成,每个阶段都有各自的过程。规划和跟踪控制是软件项目管理的核心部分。

为了确保在批准的预算内完成项目,软件项目管理者需进行必要的成本管理。成本管理包括项目规模成本估算、项目预算编制和项目成本控制等方面的管理活动。成本估算的方法有很多种,包括代码行、功能点、类比估算法、自下而上估算法以及参数模型估算法。

为了确保项目按期完成,软件项目管理者需进行必要的进度管理。进度管理的目标是用最短时间、最少成本,以最小风险完成项目。进度管理图示工具包括甘特图、网络图和里程碑图。

在软件开发过程中,有效地使用配置管理,可以避免出现诸多棘手问题,例如,项目组成员沟通困难、软件重用率低下、开发人员各自为政、代码冗余度高、文档不健全等问题。目前,常用的配置管理工具有:Rational ClearCase、Merant PVCS、Microsoft VSS、CVS 等。

在软件开发过程中,或多或少存在一些"不确定因素",这些因素必然会给项目的开发带来一定程度的风险。如果不加以控制这些风险,可能会使项目计划不能完全达到预期目标或失败。风险管理过程,包括风险识别、风险分析、风险应对以及风险监控等过程。

软件过程管理是确保软件质量,提高产品竞争力的有力保障。CMM 和 CMMI 是软件过程管理的主要框架模型。CMM 定义了 5 个不同的"成熟度"等级,从低到高依次是:初始级、可重复级、已定义级、已管理级和优化级。CMMI 将各种能力成熟度模型(Software CMM、Systems Eng-CMM、People CMM 和 Acquisition CMM)整合到同一架构中去。CMMI 也定义了 5 个不同"成熟度"的等级,从低到高依次是:初始级、已管理级、严格定义级、定量管理级和优化级。

Microsoft Project 是目前最流行的项目管理工具,集成了先进的、成熟的管理理念和管理方法,帮助项目经理高效地管理各类项目。有许多不同版本的 Project 产品,包括标准版、专业版、服务器版以及 Web 的方式访问项目站点。使用 Project 可以帮助项目管理者进行成本、进度、资源等诸方面的管理。

习 题 9

一、单项选择题

1. 下列活动不是项目活动的是(　　)。
   A. 核动力船舶立项　　　　　　　　B. 策划钓鱼岛自驾游
   C. 社区保安　　　　　　　　　　　D. 开发一个物联网系统
2. 下列选项不属于进度管理的图示工具的是(　　)。
   A. 甘特图　　　　　　　　　　　　B. 数据流图
   C. 网络图　　　　　　　　　　　　D. 里程碑图
3. 下列选项不是软件项目配置管理工具的是(　　)。
   A. Java　　　　　　　　　　　　　B. VSS
   C. CVS　　　　　　　　　　　　　D. ClearCase
4. 下列选项不属于能力成熟度等级的是(　　)。
   A. 已定义级　　　　　　　　　　　B. 已管理级
   C. 优化级　　　　　　　　　　　　D. 可开发级

二、简答题
1. 简述软件项目管理的过程。
2. 软件项目规模成本估算方法有哪几种？
3. 软件任务活动之间的关系有哪几种？
4. 简述编制项目进度计划的过程。
5. 简述软件项目配置管理的过程。
6. 简述软件项目风险管理的过程。

第 10 章 软件工程实验

主要内容

(1) 结构化分析。
(2) 数据库概念结构设计。
(3) 结构化设计。
(4) 软件测试。
(5) 软件项目管理。

根据"教学做"一体化的要求,本章从可行性研究、需求分析、软件设计以及软件测试等软件工程传统方法学中的关键知识点出发设计了 5 个相关实验。每个实验均给出了详细的实验目的、实验环境、实验内容、实验注意事项等,非常适合《软件工程》的初学者对软件工程基本理论和知识的掌握。

10.1 结构化分析实验

10.1.1 实验目的

通过绘制数据流图,熟练掌握数据流图的基本原理,能对简单系统进行数据流图的分析,独立完成数据流图的设计,并对数据流图中的元素采用数据字典进行详细的说明。

10.1.2 实验环境

安装了 Microsoft Word 和 Microsoft Visio 的计算机。

10.1.3 实验内容

1. 实验案例

某图书管理系统的主要功能是图书管理和信息查询。对于初次借书的读者,系统自动生成读者号,并与读者基本信息(姓名、单位、地址等)一起写入读者文件。系统的图书管理功能分为 4 个方面:购入新书、读者借书、读者还书以及图书注销。

购入新书时需要为该书编制入库单。入库单内容包括图书分类目录号、书名、作者、价格、数量和购书日期,将这些信息写入图书目录文件并修改文件中的库存总量(表示到目前为止,购入此种图书的数量)。

读者借书时需填写借书单。借书单内容包括读者号和所借图书分类目录号。系统首先检查该读者号是否有效,若无效,则拒绝借书;若有效,则进一步检查该读者已借图书是否超过最大限制数(假设每位读者能同时借阅的书不超过 5 本),若已达到最大限制数,则拒绝借书;否则允许借书,同时将图书分类目录号、读者号和借阅日期等信息写入借书文件中。

读者还书时需填写还书单。系统根据读者号和图书分类目录号,从借书文件中读出与该图书相关的借阅记录,标明还书日期,再写回到借书文件中,若图书逾期,则处以相应的罚款。

注销图书时,需填写注销单并修改图书目录文件中的库存总量。

系统的信息查询功能主要包括读者信息查询和图书信息查询。其中读者信息查询可得到读者的基本信息以及读者借阅图书的情况;图书信息查询可得到图书基本信息和图书的借出情况。

2．实验要求

1) 确定"某图书管理系统"的输入输出,画出顶层数据流图

(1) 根据案例的需求说明,首先确定系统的输入输出。

分析可知,购入新书、读者借书、读者还书以及图书注销将来都是由图书管理员来操作系统,因此,图书管理员是系统的外部实体之一。若图书逾期,则处以相应的罚款,所以,系统时钟和读者也是系统的外部实体。

(2) 分析外部实体与系统间的数据流。

① 由管理员流向系统的数据流。

管理员的两大功能是管理功能和查询功能,因此管理员会向系统输入管理请求信息和查询请求信息。对于初次借书的读者来说,管理员需要把读者信息输入给系统,所以,读者信息也是一个由管理员流向系统的数据流。

② 由系统流向管理员的数据流。

系统需要根据管理员的请求反馈给管理员相关信息,当管理员进行读者信息查询和图书信息查询时,系统应该反馈给管理员读者情况和图书情况。如果管理员提交非法的请求,系统应该给管理员"非法请求信息"的提示。综上所述,由系统流向管理员的数据流有读者情况、图书情况和非法请求信息。

③ 系统与读者、系统时钟之间的数据流。

当读者因为图书逾期交罚款后,系统应该给读者罚款单。系统应该从系统时钟得到当前日期。

由上述两步的分析,画出顶层的数据流图。

2) 逐层分解顶层数据流图,画出中间层数据流图

由需求说明可知,系统有"管理""查询"和"登记读者信息"3 个功能,因此,可以把顶层数据流图中的"图书管理系统"进一步细化为这三大功能处理。根据对顶层数据流图的细化,画出中间层数据流图。(数据流和数据存储请从需求说明中找到。)

3) 画出底层的数据流图

由需求说明可知,管理功能由购入新书、读者借书、读者还书以及图书注销这 4 个功能构成;查询功能由读者信息查询和图书信息查询两个功能构成。因此,可以对中间层的"管

理"和"查询"两个处理进一步细化。而中间层的"登记读者信息"这个处理不需要再细化了。根据对中间层数据流图的细化,画出底层数据流图。(数据流和数据存储请从需求说明中找到。)

4) 对数据流图中的数据流使用数据字典进行详细说明

把底层数据流图中的数据流使用数据字典进行详细说明。

10.1.4 实验成果

某图书管理系统的数据流图、数据字典以及实验报告。

10.2 数据库概念结构设计实验

10.2.1 实验目的

通过设计系统的实体联系图,掌握实体联系图的基本原理,并能建立系统的数据模型。

10.2.2 实验环境

安装了 Microsoft Word 和 Microsoft Visio 的计算机。

10.2.3 实验内容

1. **实验案例**

某物流公司为了整合上游供应商与下游客户,缩短物流过程,降低产品库存,需要构建一个信息系统以方便管理其业务运作活动。需求分析结果如下。

(1) 物流公司包含若干部门,部门信息包括部门号、部门名称、经理、电话和邮箱。一个部门可以有多名员工处理部门的日常事务,每名员工只能在一个部门工作。每个部门有一名经理,只需管理本部门的事务和人员。

(2) 员工信息包括员工号、姓名、职位、电话号码和工资。其中,职位包括经理、业务员等。业务员根据托运申请负责安排承运货物事宜,例如,装货时间、到达时间等。一个业务员可以安排多个申请,但一个托运申请只能由一个业务员处理。

(3) 客户信息包括客户号、单位名称、通信地址、所属身份、联系人、联系电话、银行账号。其中,客户号唯一标识客户信息的每一个元组。每当客户要进行货物托运时,先要提出货物托运申请。托运申请信息包括申请号、客户号、货物名称、数量、运费、出发地、目的地。其中,一个申请号对应唯一的一个托运申请;一个客户可以有多个货物托运申请,但一个托运申请对应唯一的一个客户号。

2. **实验要求**

根据需求分析结果,设计信息系统的实体联系图。

10.2.4 实验成果

信息系统的实体联系图以及实验报告。

10.3 结构化设计实验

10.3.1 实验目的

学会使用层次图描绘软件系统的层次结构图,并熟练地掌握几种常用的软件详细设计工具,如程序流程图、盒图、PAD图,并能把给定的软件问题描述转化为过程设计结果,同时进行环形复杂度计算,判断结构化设计结果的复杂性。

10.3.2 实验环境

安装了 Microsoft Word 和 Microsoft Visio 的计算机。

10.3.3 实验内容

1. 软件系统的层次结构图

使用层次图描绘 10.1 节中的"图书管理系统"的层次结构图。

2. 常用的软件详细设计工具

1) 程序流程图

编写一个程序模拟行人横穿马路的过程。该程序对应的程序流程图如图 10.1 所示。

2) 盒图

把行人过马路的流程图转换成盒图。

3) PAD 图

把行人过马路的流程图转换 PAD 图。

3. 使用 McCabe 方法计算程序的环形复杂度

1) 由程序流程图映射成流图

把行人过马路的流程图映射成流图。

2) 计算程序的环形复杂度

计算行人过马路程序的环形复杂度。

10.3.4 实验成果

"图书管理系统"的层次结构图、程序流程图、盒图、PAD图、流图、程序的环形复杂度以及实验报告。

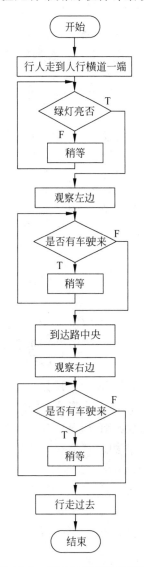

图 10.1 行人过马路的流程图

10.4 软件测试实验

10.4.1 实验目的

深刻理解软件测试的目的,熟知软件测试的基本方法和基本策略,学会设计软件测试用例。

10.4.2 实验环境

安装了 Microsoft Word 和 Microsoft Visio 的计算机。

10.4.3 实验内容

1. 白盒测试

使用白盒测试技术完成模块的单元测试,被测模块的流程图如图 10.2 所示。

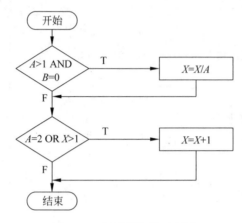

图 10.2 被测模块的流程图

1) 逻辑覆盖

针对如图 10.2 所示的模块,分别完成语句覆盖、判定覆盖、条件覆盖、判定/条件覆盖、条件组合覆盖和路径覆盖测试的测试用例编写。

此外,还要测试如下情况。

① 如果将第一个判定中的"AND"错写成了"OR",用数据$\{A=2, B=0, X=3\}$(首先,该组数据满足何种逻辑覆盖)对程序进行测试,可否发现错误?为什么?

② 如果将第一个判定中的"AND"错写成了"OR",则用数据$\{A=3, B=0, X=1\}$和$\{A=2, B=1, X=2\}$(首先,两组数据满足何种逻辑覆盖)对程序进行测试,可否发现错误?为什么?

2) 基本路径测试

针对如图 10.2 所示的模块,完成基本路径测试的测试用例编写。

2. 黑盒测试

输入 3 个整数 a、b、c 分别作为三边的边长构成三角形。通过程序判定所构成三角形的类型,当此三角形为一般三角形、等腰三角形及等边三角形时,分别输出三角形的类型;当不能构成三角形时,输出"非三角形"。用等价类划分方法为该程序进行测试用例设计。

1) 问题分析

分析题目中给出和隐含的对输入条件的要求。

①整数;②3 个数;③非零数;④正数;⑤两边之和大于第三边;⑥等腰;⑦等边。

如果 a、b、c 满足条件①~④,则输出下列四种情况之一。

(1) 如果不满足条件⑤,则程序输出为"非三角形"。
(2) 如果三条边相等即满足条件⑦,则程序输出为"等边三角形"。
(3) 如果只有两条边相等,即满足条件⑥,则程序输出为"等腰三角形"。
(4) 如果三条边都不相等,则程序输出为"一般三角形"。

2) 等价类划分并编号

(1) 输入条件的有效等价类。

整数　　　　1
3个数　　　 2
非零数　　　3
正数　　　　4

(2) 输入条件的无效等价类。

① 与整数对应的无效等价类。

a 为非整数　　　　　5
b 为非整数　　　　　6
c 为非整数　　　　　7
a、b 为非整数　　　8
b、c 为非整数　　　9
a、c 为非整数　　　10
a、b、c 均为非整数　11

② 与3个数对应的无效等价类。

只输入 a　　　　　　12
只输入 b　　　　　　13
只输入 c　　　　　　14
只输入 a,b　　　　15
只输入 b,c　　　　16
只输入 a,c　　　　17
输入三个以上数字　　　18

③ 与非零数对应的无效等价类。

a 为 0　　　　　　　19
b 为 0　　　　　　　20
c 为 0　　　　　　　21
a、b 为 0　　　　 22
b、c 为 0　　　　 23
a、c 为 0　　　　 24
a、b、c 均为 0　25

④ 与正数对应的无效等价类。

$a<0$　　　　　　　　26
$b<0$　　　　　　　　27
$c<0$　　　　　　　　28

$a<0$ 且 $b<0$	29
$b<0$ 且 $c<0$	30
$a<0$ 且 $c<0$	31
$a<0$ 且 $b<0$ 且 $c<0$	32

(3) 输出条件的有效等价类。

① 构成一般三角形。

$a+b>c$	33
$a+c>b$	34
$b+c>a$	35

② 构成等腰三角形。

$a=b$	36
$b=c$	37
$a=c$	38

③ 构成等边三角形。

$a=b=c$	39

(4) 输出条件的无效等价类。

$a+b<c$	40
$a+b=c$	41
$a+c<b$	42
$a+c=b$	43
$b+c<a$	44
$b+c=a$	45

3) 覆盖有效等价类的测试用例

列出覆盖有效等价类的测试用例。

4) 覆盖无效等价类的测试用例

为每个无效等价类设计测试用例。

10.4.4 实验成果

白盒测试用例、黑盒测试用例以及实验报告。

10.5 软件项目管理实验

10.5.1 实验目的

熟悉 Microsoft Project 2007 工具的功能。

10.5.2 实验环境

安装了 Microsoft Project 2007 的计算机。

10.5.3 实验内容

假设有一个矩形的房间需要重新给四周墙壁粉刷白色涂料。这项工作必须分三步完成：首先刮掉旧涂料，然后刷上新涂料，最后清除溅在门窗上的涂料。假设一共分配 15 名工人去完成这项工程，然而工具却很有限：只有 5 把刮旧涂料的刮板，5 把粉刷涂料的刷子，5 把清除溅在门窗上的涂料用的小刀。假设每道工序估计需用的时间如表 10.1 所示。

表 10.1 每道工序估计需用的时间（小时）

墙壁 \ 工序	刮旧涂料	刷新涂料	清 理
1 或 3	3	2	1
2 或 4	4	3	2

怎样安排才能使工作进行得更有效？使用 Project 2007 画出该工程的甘特图和网络图，并估算出该工程的工期。

10.5.4 实验成果

甘特图和网络图。

10.6 综合实例——网上书店系统

通过网上书店系统实例，介绍用软件工程的方法来开发软件的全过程，该系统是在 Windows 环境下，采用 ASP.NET＋SQL Server 2005 进行开发。

10.6.1 问题定义

随着网络通信技术的发展，网上书店作为出版社的一种全新的电子商务模式的销售手段，越来越受到人们的关注。网上书店有着传统销售模式无可比拟的优点，它创造了一种全新的销售模式，打破了传统销售模式在时间、空间上的限制，采用了先进的销售手段和销售方法，大大提高了经济效益和资源利用率，使商务活动上了一个新的台阶。

在网上书店消费的顾客可以足不出户，就可以通过网络选购商品，并由相应的网络经销商送货上门。这种直销的好处是消费者可以方便地得到所需的商品，而有效地减少了销售环节，从而最大限度地降低了商品的最终价格。

本系统在设计要求完成以下几项功能。

（1）前台功能，要求如下。

① 图书搜索（可按分类方式查找图书，或者通过关键字进行查询）。

② 查看图书详细情况。

③ 用户注册。

④ 用户登录。

⑤ 修改用户个人信息。

⑥ 购物车功能。

⑦ 查看用户的订单信息。

（2）后台功能，要求如下。

① 图书信息管理：添加、修改、删除和查看。

② 用户信息管理：删除和查看。

③ 订单信息管理：查看订单清单，更新订单付款状态，更新出货状态。

10.6.2 系统需求分析

网上书店系统是基于 Internet/Intranet 及 Web 技术，以 B/S 为系统开发模式、以数据库为后台核心应用，以服务、销售为目的的信息平台。

1．系统用户

网上书店系统的主要参与者是用户和系统管理员。用户的网上销售物流如下。

（1）用户在进行第一次购物之前要进行会员注册。注册完成后，用户还可以修改自己的密码。

（2）用户进入网上书店，挑选商品。用户可以按图书类别搜索商品，也可以输入图书名称进行图书搜索。

（3）用户查看图书详细信息，了解图书内容、价格、付款及送货方式等信息。

（4）选中图书后，输入购买数量并单击"购买"按钮，将图书放入购物车。

（5）选购结束，检查购物车，核实图书信息和数量是否正确，如有出入，可以重新调整图书和数量；如无误，则去"结算"处结账。

（6）收银台提交购物清单、收货人详细信息，选中付款方式及送货方式，完成购物过程。

系统管理员的操作系统的过程如下。

（1）管理员输入用户名和密码后进入系统管理界面。

（2）进入系统管理页面后，系统管理员可以进行图书管理、订单管理、用户管理。

2．系统功能需求

本系统的目的是建立一个动态的、交互的在线购书书店。通过对需求的分析得知系统需要提供的主要功能有：用户管理、图书管理、图书类别管理、订单管理、图书搜索及购物车功能。系统功能模块图如图 10.3 所示。

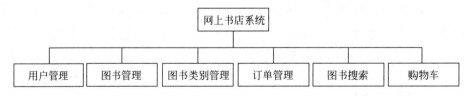

图 10.3　系统功能模块图

1）用户管理

用户管理模块包括用户注册、会员登入、修改个人信息及找回密码 4 个功能模块，其用例图如图 10.4 所示。

"用户注册"模块说明如下。

用例编号：101；

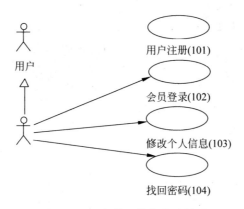

图 10.4　用户管理模块的用例图

用例名称：用户注册；

前置条件：用户申请注册；

后置条件：用户注册成功成为会员。

活动步骤如下。

① 用户选择注册。

② 系统返回一个注册页面。

③ 用户根据提示输入相应的注册信息。

④ 系统验证用户输入成功。

⑤ 用户提交注册信息。

⑥ 系统提示用户注册成功，并返回系统首页。

扩展点：无。

异常处理如下。

① 用户输入信息和系统验证不一致，系统给出相应的提示信息并返回注册页面。

② 用户输入用户名是已注册用户名，系统给出提示并返回注册页面。

③ 系统异常，无法完成注册，应给出相应的信息（如系统维护等）。

"用户注册"模块的顺序图如图 10.5 所示。

"会员登录"模块说明如下。

用例编号：102；

用例名称：会员登录；

前置条件：该会员必须是本系统已注册的用户；

后置条件：会员登录成功。

活动步骤如下。

① 用户选择登录。

② 系统返回一个登录页面。

③ 用户根据提示输入用户名、密码和验证码并提交。

④ 系统进行数据验证，若验证成功，记录该用户为登录用户并返回系统首页。

扩展点：无。

异常处理如下。

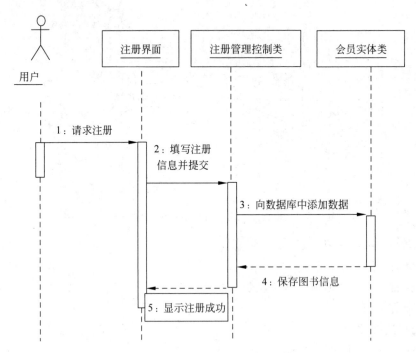

图 10.5 "用户注册"模块的顺序图

① 用户忘记密码,选择"找回密码"功能,进入找回密码用例。
② 系统验证用户登录信息有误,提示用户重新登录。
③ 系统处理异常,应给出相应的提示信息。

"会员登录"模块的顺序图如图 10.6 所示。

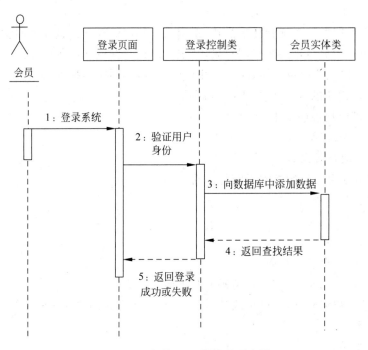

图 10.6 "会员登录"模块的顺序图

2）图书管理

图书管理模块的用例图如图10.7所示。

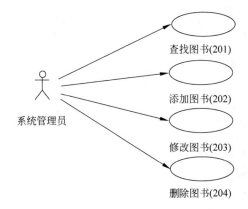

图 10.7　图书管理模块的用例图

3）订单管理

订单管理模块的用例图如图10.8所示。

4）图书搜索

图书搜索模块的用例图如图10.9所示。

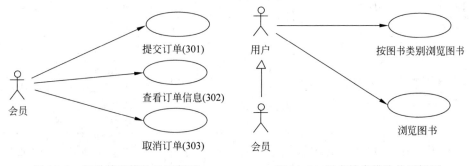

图 10.8　订单管理模块的用例图　　　图 10.9　图书搜索模块的用例图

5）购物车

用户购书的活动图如图10.10所示。

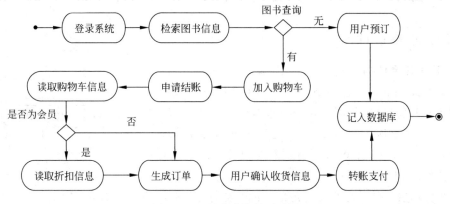

图 10.10　用户购物的活动图

3. 性能需求

1）硬件环境

CPU：Intel PⅢ 6 000MHz 以上。

内存：1GB 以上。

显示：至少 1 024×768。

2）软件环境

操作系统：Windows XP Professional。

Web 服务器：IIS6.0。

开发工具：Microsoft Visual Studio 2005。

浏览器：IE6.0 版本以上。

数据库：SQL Server 2005。

性能需求列表如表 10.2 所示。

表 10.2　性能需求列表

编号	性能名称	使用岗位	性能描述	输入	系统响应	输出
1	相应的图书查询	用户、会员、管理员	在数据库中查找相应的图书信息	图书的相关信息（如图书名称、ISNB、作者、出版日期等）	在 3s 内列出所有的记录	输入符合要求的记录
2	信息的输入、修改、删除	会员、管理员	在数据库中输入、修改、删除相应的信息	输入、修改、删除的信息	在 0.5s 内对数据进行输入、修改和删除并输出提示信息	输出提示信息
3	检查信息的规范性	用户、会员、管理员	检查输入、修改、删除信息的正确性	输入各种信息	在 0.1s 内对信息进行检查	输出信息是否符合规范
4	报表输出	会员、管理员	用报表形式显示出数据库中的所有记录	输入需要显示的报表	在 10s 内显示出所有数据库中的记录	输出需要显示的报表

10.6.3　软件设计

1. 系统体系结构

本系统采用的是基于 B/S 结构的体系结构，并且采用微软的 .NET 开发架构，利用 C♯ 语言进行开发。B/S 结构以访问的 Web 数据库为中心，HTTP 为传输协议，客户端通过浏览器（Browser）访问 Web 服务器和与其相连的后台数据库。基三级结构组成如图 10.11 所示。

（1）表示层：用于处理人机交互。它主要的责任是处理

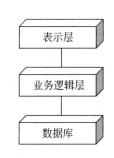

图 10.11　B/S 三层结构图

用户请求,例如鼠标单击、输入、HTTP 请求等。

(2) 业务逻辑层:模拟了企业中的实际活动,也可以认为是企业活动的模型。

(3) 数据库:处理数据库、消息系统、事务系统等。

2. 功能模块

1) 子系统清单

子系统清单如表 10.3 所示。

表 10.3 子系统清单

子系统编号	子系统名称	子系统功能描述
SS1	用户管理	1. 用户可以进行注册,成为会员 2. 会员登录系统时,对其身份进行检验和识别 3. 已注册的用户可以修改个人信息、找回密码
SS2	图书管理	系统管理员可以对与图书相关的各种信息进行添加、修改、删除和查询等操作
SS3	订单管理	会员可以提交订单,并可以查看及取消个人的订单信息
SS4	图书搜索	用户可以浏览图书的类别或图书信息
SS5	购物车	会员可以向购物车中添加或删除图书,可以查看购物车的信息,也可以清空购物车

2) 功能模块清单

功能模块清单如表 10.4 所示。

表 10.4 功能模块清单

模块编号	名 称	模块功能描述
SS1-1	用记注册	用户注册,成为会员
SS1-2	会员登录	会员登录系统
SS1-3	找回密码	会员登录密码丢失后,经过审核可以重新获得密码
SS1-4	修改个人信息	会员登录后可以进行个人信息管理
SS2-1	查询图书	系统管理员查询图书信息
SS2-2	添加图书	系统管理员增加图书信息
SS2-3	修改图书	系统管理员可以修改图书信息
SS2-4	删除订单	系统管理员可以删除指定图书的信息
SS3-1	提交订单	会员提交订单
SS3-2	查看订单信息	会员查看个人订单信息
SS3-3	取消订单	会员取消订单
SS4-1	按图书类别搜索	用户根据图书类别浏览图书列表
SS4-5	浏览图书	用户浏览图书的详细信息
SS5-1	添加图书	会员向购物车中添加图书信息
SS5-2	查看购物车	会员查看购物车信息
SS5-3	删除图书	会员删除购物车中图书信息
SS5-4	清空购物车	会员清空购物车中的信息

3. 数据库设计

1）数据库中表名列表

数据库中表名列表如表 10.5 所示。

表 10.5 数据库中的表名列表

编号	表名	表功能说明
1	Users	会员信息表
2	BookType	图书类别表
3	BookInfo	图书信息表
4	Orders	订单信息表
5	OrderDetails	订单详情表
6	ShopCart	购物车表

2）数据库表之间的关系

数据库表之间的关系图如图 10.12 所示。

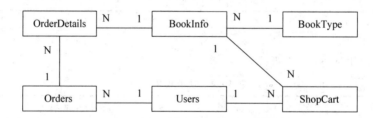

图 10.12 数据表之间的关联关系

3）数据库中表结构的详细清单

① Users 表如表 10.6 所示。

表 10.6 Users 表

序号	字段名	数据类型	长度	允许空	约束	描述
1	U_ID	Int	4	Not Null	主键	会员编号
2	U_Name	Varchar	20	Null	唯一	会员名称
3	U_RealName	Varchar	20	Null		真实姓名
4	U_Pwd	Varchar	20	Null		密码
5	U_Sex	Char	2	Null		性别,男或女
6	U_Phone	Varchar	20	Null		电话号码
7	U_E-mail	Varchar	50	Null		电子邮箱
8	U_Address	Varchar	50	Null		地址
9	U_PostCode	Char	6	Null		邮政编码

② BookType 表如表 10.7 所示。

表 10.7　BookType 表

序号	字段名	数据类型	长度	允许空	约束	描述
1	BT_ID	Int	4	Null	主键	图书类别编号
2	BT_Name	Varchar	20	Null		图书类别名称
3	BT_FatherID	Int	4	Null		父类图书类别编号
4	BT_HaveChild	Char	2	Null		是否有子类型

③ BookInfo 表如表 10.8 所示。

表 10.8　BookInfo 表

序号	字段名	数据类型	长度	允许空	约束	描述
1	B_ID	Int	4	Not Null	主键	图书编号
2	B_Name	Varchar	50	Not Null		图书名称
3	BT_ID	Int	4	Not Null	外键	图书类别编号
4	B_Author	Varchar	20	Not Null		作者
5	B_ISBN	Varchar	30	Not Null		ISBN
6	B_Publisher	Varchar	30	Not Null		出版社
7	B_Date	Datetime	8	Not Null		出版日期
8	B_MarketPrice	Money	8	Not Null		市场价格
9	B_SalePrice	Money	8	Not Null		会员价格
10	B_Quality	Smallint	2	Not Null		库存数量
11	B_Sales	Smallint	2	Not Null		销售数量

④ Orders 表如表 10.9 所示。

表 10.9　Orders 表

序号	字段名	数据类型	长度	允许空	约束	描述
1	O_ID	Int	4	Not Null	主键	订单编号
2	U_ID	Int	4	Not Null	外键	会员编号
3	O_Time	Datetime	8	Not Null		订单生产时间
4	O_Status	Tinyint	1	Not Null		订单状态
5	O_UserName	Varchar	20	Not Null		收货人姓名
6	O_Address	Varchar	50	Not Null		收货人地址
7	O_PostCode	Char	6	Not Null		收货人邮编
8	O_E-mail	Varchar	50	Not Null		收货人 E-mail
9	O_TotalPrice	Float	8	Not Null		订单总价

注：O_Status(订单状态)，使用 0 表示图书还没发送；1.表示图书已发送但客户还没有收到；2.表示图书已经到客户手中，表示图书购买订单结束。

⑤ OrderDetails 表如表 10.10 所示。

表 10.10 OrderDetails 表

序号	字段名	数据类型	长度	允许空	约束	描述
1	OD_ID	Int	4	Not Null	主键,标识列	订单详细编号
2	O_ID	Int	4	Not Null	外键	订单编号
3	B_ID	Int	4	Not Null	外键	图书编号
4	OD_Number	Smallint	2	Not Null		购买数量
5	OD_Price	Float	8	Not Null		图书总价

⑥ ShopCart 表如表 10.11 所示。

表 10.11 ShopCart 表

序号	字段名	数据类型	长度	允许空	约束	描述
1	Car_ID	Int	4	Not Null	主键,标识列	购物车编号
2	U_ID	Int	4	Not Null	外键	用户编号
3	B_ID	Int	4	Not Null	外键	图书编号
4	B_Number	Int	4	Not Null		购买数量

4. 存储过程的设计

网上书店系统中创建的存储过程如表 10.12 所示。

表 10.12 存储过程

存储过程	描述
Up_AddOrder	添加一个订单信息
Up_AddShopCart	添加一个图书到购物车
Up_AddUser	添加一个会员信息
Up_AllBook	查询所有图书信息
Up_CheekUser	检测用户名是否已被使用
Up_EmptyShoppingCart	清空购物车
Up_TotalPrice	计算购物车中图书总价格

10.6.4 系统测试

1. 用户界面测试

用户界面的测试主要是针对系统的界面美观性、功能的直观性及易操作性。作为一个系统,最主要的是实现"用户至上"的思想。

由于系统的用户群是大众化的,所以应该尽可能多的考虑到那些计算经验或 Web 经验比较低的用户,为他们提供尽可能友好、直观的界面。

2. 功能测试

系统在功能测试时,主要进行的黑盒测试,即只是对各功能的操作进行了测试。管理员登录界面如图 10.13 所示,登录失败后的界面如图 10.14 所示。

图 10.13 管理员登录界面 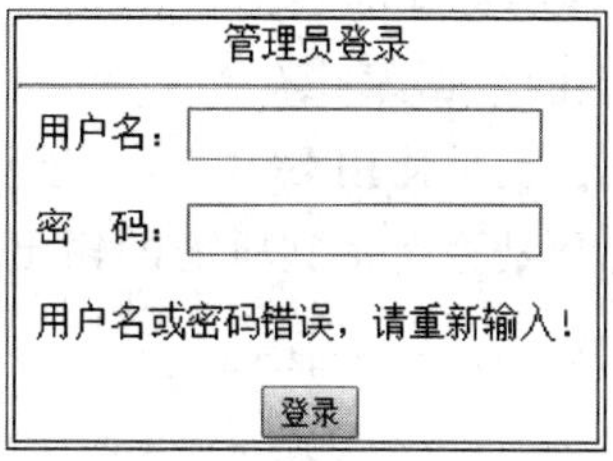　　　　　　图 10.14 管理员登录失败后的界面

管理员登录的测试用例参见表 10.13。

表 10.13　管理员登录的测试用例

编号	输 入 操 作	期 望 输 出
TC1	在"管理登录"页面中输入用户名：Admin，密码：12345，单击"登录"按钮	进入"后台管理"框架页面，并且页面左侧为系统管理员操作页面
TC2	在"管理登录"页面中输入用户名：Admin，密码：12345789，单击"登录"按钮	提示错误信息
TC3	在"管理登录"页面中输入用户名：空值，密码：12345，单击"登录"按钮	提示错误信息
TC4	在"管理登录"页面中输入用户名：空值，密码：空值，单击"登录"按钮	提示错误信息

测试结论：实际输出结果与期望输出结果一致，测试通过。

3．数据库测试

对数据库的测试主要包括测试实际数据以及数据完整性，以确保数据没有损坏并且模式是正确的，通常是使用 SQL 脚本进行数据库测试。

1）对表操作的测试

在此，主要采用 SQL 查询语句对数据库进行测试。由于本系统使用的数据库是 SQL Server 2005，所以使用如下 SQL 语句进行查询，得到查询结果，如表 10.14 表示。

SQL 查询语句如下。

```
Select * from BookInfo
```

表 10.14　查询结果

B_ID	B_Name	BT_ID	B_Author	B_ISBN	B_Publisher	B-Date	B_Market Price	B_Sale Price	B_Quality	B_Sales
1	大学计算应用基础	2	董正雄	9787302166184	清华大学出版社	2009-01-01 00:00:00	32.00	25.60	150	50
2	数据库基础	3	张庆伟	9787303011184	人民邮电出版社	2011-06-01 00:00:00	35.00	28.00	100	30
3	C语言程序设计	1	五小科	9787303022114	机械工业出版社	2007-09-01 00:00:00	39.00	31.20	50	20

2) 对存储过程的测试

本系统的数据库共有 6 个存储过程,用来完成对数据库的各种操作。对于数据库存储过程的测试,也是使用 SQL 语句进行存储,对于每一个存储过程分别输入不同的 SQL 语句,进行查看是否能得到所需的输出,如对存储过程 up_AddUser 进行存储测试如下。

```
EXEC up_AddUser 'zhangsan',''张三'',null,null,null,null,null
```

运行结果显示:1 行受影响。

参 考 文 献

[1] 胡思康.软件工程基础[M].北京:清华大学出版社,2015.
[2] 杜文洁,白萍.实用软件工程与实训[M].北京:清华大学出版社,2014.
[3] 张恺.软件工程与团队开发实践[M].北京:机械工业出版社,2011.
[4] 韩利凯.软件工程[M].北京:清华大学出版社,2013.